KB162542

지리의 쓸모

지리의 쓸모 : 새내기 지리 덕후를 위한 '진짜' 한국지리 이야기

초판 발행 2021년 6월 10일
4쇄 발행 2024년 7월 31일

지은이 전국지리교사모임 / **펴낸이** 김태헌
총괄 임규근 / **책임편집** 고현진 / **교정교열** 김예진
디자인 여만엽 / **일러스트** 김수연
영업 문윤식, 신희용, 조유미 / **마케팅** 신우섭, 손희정, 박수미, 송수현 / **제작** 박성우, 김정우 / **전자책** 김선아

펴낸곳 한빛라이프 / **주소** 서울시 서대문구 연희로2길 62
전화 02-336-7129 / **팩스** 02-325-6300
등록 2013년 11월 14일 제25100-2017-000059호
ISBN 979-11-90846-18-9 03980

한빛라이프는 한빛미디어(주)의 실용 브랜드로 우리의 일상을 환히 비추는 책을 펴냅니다.

이 책에 대한 의견이나 오탈자 및 잘못된 내용에 대한 수정 정보는 한빛미디어(주)의 홈페이지나 아래 이메일로 알려주십시오. 잘못된 책은 구입하신 서점에서 교환해 드립니다. 책값은 뒤표지에 표시되어 있습니다.

한빛미디어 홈페이지 www.hanbit.co.kr / 이메일 ask_life@hanbit.co.kr

Published by HANBIT Media, Inc. Printed in Korea

지금 하지 않으면 할 수 없는 일이 있습니다.
책으로 펴내고 싶은 아이디어나 원고를 메일(writer@hanbit.co.kr)로 보내주세요.
한빛라이프는 여러분의 소중한 경험과 지식을 기다리고 있습니다.

새내기 지리 덕후를 위한
'진짜' 한국지리 이야기

지리의 쓸모

전국지리교사모임 지음

HB 한빛라이프

머리말

지리, 꼭 알아야 할까?

내비게이션과 지도 앱 서비스가 내 위치에서 목적지까지 가는 방법을 상세히 알려주는 세상인데, 굳이 지리를 배우고 이해해야 할까요? 질문에 대답하자면, 그렇습니다. 우리는 지리를 알아야 합니다. 예나 지금이나 땅에 발을 딛고 사는 우리는 지리를 제대로 알아야만 과거를 돌아보고, 현재를 이해하며, 미래를 내다볼 수 있습니다.

이 책은 학교 현장에서 학생들에게 직접 지리 과목을 가르치거나 전·현직 지리 선생님 다섯 명이 함께 썼습니다. 학교에서 지리를 배우는 학생에게는 교과서에서 배울 수 없었던 '진짜' 지리 이야기를 들려주고, 새내기 '지리 덕후'를 꿈꾸는 독자에게는 우리나라의 지리를 제대로 이해하기 위해 꼭 필요한 25개 핵심 개념을 소개합니다.

다양한 지도 이미지는 이 책의 커다란 장점입니다. 지리에 대한 이해를 높이고 재미까지 더합니다. 핵심 개념을 소개하기에 앞서 내용과 주제를 파악할 수 있도록 다양한 지도 자료를 담았습니다. 똑같은 공간이라도 주제와 내용에 따라 전혀 다른 옷을 입는 지도를 통해 우리나라 지리의 다채로운 이면을 함께 살펴볼 수 있을 것이라 기대합니다.

생각과 질문을 멈추지 않는 독자를 위한 내용도 추가했습니다. 단순히 지리 개념을 독자에게 전달하는 것에서 그치지 않고 내용의 깊이를 더하고자, 주제별로 흥미로운 질문과 그에 대한 선생님들의 답변을 수록한 것입니다. 독자의 궁금증을 해소할 수 있는 좋은 콘텐츠가 되기를 바랍니다.

코로나19 팬데믹을 지나는 우리에게는 지리 정보를 이해하고 판단하는 지리적 사고력이 어느 때보다도 중요합니다. 지리적 사고력이란 단순히 지리 정보만 읽는 능력이 아니라 장소, 현상, 사람의 관계까지 살필 줄 아는 능력을 말합니다. 지금 우리는 어떤 장소에서 살고 있고, 앞으로는 어디에서 살까요? 이 책이 현재를 읽고 미래를 예측하는 지리적 사고력을 기르는 밑거름이 될 수 있기를 간절히 희망합니다.

저자를 대표하여

민석규

목차

위치

방구석에서 여행하는 둥근 지구 위의 세계

2부

자연

하늘을 알고 땅을 알면 보이는 기후와 날씨

도시

복잡한 도시를 한눈에 이해하는 인문지리학

경제

지리로 풀어보는 우리나라 경제와 산업구조

미래

한반도의 미래를 한발 앞서 살펴보는 시간

1부

▼

위치

방구석에서 여행하는 둥근 지구 위의 세계

아프리카의 실제 면적

*자료 — THE TRUE SIZE OF

지도

우리가 보는 지도는
실제 모습과 똑같을까?

지리부도는 이제 아련한 추억이 되었다. 요즘은 카카오맵이나 네이버지도처럼 포털에서 제공하는 지도 앱 서비스가 지리부도의 자리를 대신한다. 지도 앱 서비스를 사용하면 곧바로 내 위치와 목적지로 이동하는 방법을 확인할 수 있다. 지도 중첩 기능은 지형과 기후, 미세먼지 농도, 도로교통과 자전거도로 상황을 한눈에 보여준다. 지도 앱 서비스의 몇 가지 기능만 알고 있으면 더이상 길치 소리를 듣지 않는 세상이 된 것이다.

지도는 크게 방향, 형태, 거리, 면적 등의 정보를 전달하는 그림을 말한다. 지리 정보를 알아보기 편리하게 그림으로 그렸지만, 실제로 둥근 지구를 평평한 지면에 표현한 지도에는 어쩔 수 없이 실제와 다른 왜곡이 발생한다. 따라서 모든 지도는 방향·형태·거리·면적 가운데 어느 정보를 실제와 더 가깝게 표현하고, 어느 정보의 왜곡을 감수할지 결정해야 한다. 이를 간단하게 투영법投影法이라 부른다.

같은 장소도 다르게 보이는 신비한 투영법의 세계

크리스토퍼 콜럼버스는 1492년 리스본을 떠나며 대서양을 건너 인도에 도착하리라 확신했다. 프톨레마이오스의 『지리학』Geographike Hyphegesis에 수록된 세계지도가 믿음의 근거였다. 로마시대의 천문지리학자 프톨레마이오스가 고안한 세계지도는 유럽 중세시대에 유실되었다가 14세기에 다시 발견되었고, 15세기 출판물에 수록되면서 유럽인에게 소개되었다. 콜럼버스가 대서양을 건너 도착한 장소는 인도가 아니라 아메리카대륙이었지만, 콜럼버스는 1506년에 죽는 날까지 그곳을 인도라고 확신했다. 프톨레마이오스의 지도에 아메리카대륙은 존재하지 않았기 때문이다.

유럽에서 중세시대가 끝나고 대항해시대가 도래하면서 세계지도가 본격적으로 제작되었다. 기독교 세계관이 지배한 유럽 중세시대에는 기독교 성지 예루살렘을 세계의 중심에 두는 일명 'TO 지도'를 사용했다. 기독교 세계관을 담지 않고 지구를 둥글게 표현한 프톨레마이오스의 지도는 중세시대에 환영 받을 수 없

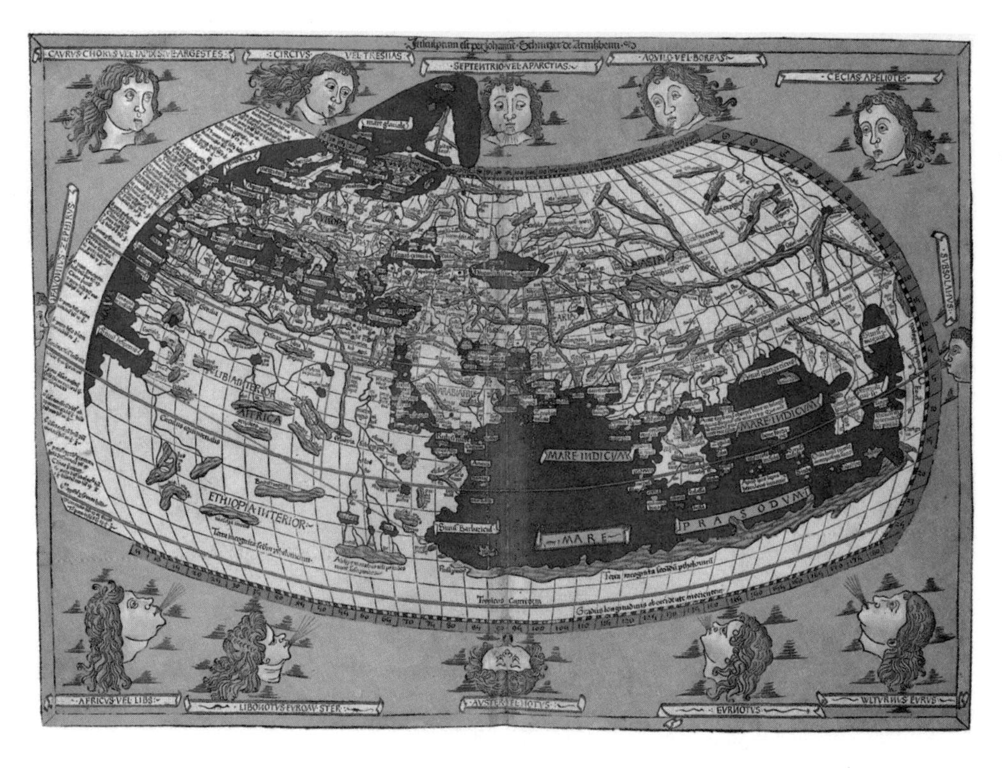

프톨레마이오스의 세계지도

1467년 독일의 지도학자 니콜라우스 게르마누스가 다시 그린 프톨레마이오스의 세계지도

었다. 하지만 대항해시대가 시작하면서 지도 제작의 목적은 기독교 세계관의 표현이 아니라 신항로 개척으로 바뀌게 된다. 지도와 나침반에 의지해 미지의 바다를 항해하려면 위선과 경선을 정확하게 표시한 지도가 필요해진 것이다.

1569년 네덜란드의 지도학자 헤라르뒤스 메르카토르Gerardus Mercator가 고안한 세계지도는 장거리 항해에 사용하도록 만들어졌다. 이때 사용한 투영법을 '메르카토르 도법'이라고 한다. 메르카토르 도법은 위선과 경선이 만드는 각도를 정확하게 표현하도록 고안되었다. 이에 따라 형태·거리·면적에서 왜곡이 발생하는데, 특히 기준인 적도에서 멀수록 면적이 크게 왜곡된다. 적도와 가까운 아프리카와 남아메리카의 면적은 지도와 실제 면적의 비율이 유사한 반면, 적도에서 멀리 떨어진 유럽이나 북아메리카의 면적은 실제보다 훨씬 크게 보인다. 이런 한계에도 불구하고, 나침반과 함께 정확한 방향을 제시해줄 지도가 필요한 대항해시대에 메르카토르의 세계지도는 크게 환영받는다.

2017년 미국 보스턴 교육 당국은 지난 500년 동안 세계지도의 표준으로 자리매김한 메르카토르 세계지도 대신 다른 지도를 교실에서 사용하기로 결정했다. 메르카토르 세계지도 대신 학교에 걸린 세계지도는 1974년 독일의 지리학자 아르노 페터스Arno Peters가 만든 세계지도다. 페터스는 메르카토르 도법으로 만든 지도에서 왜곡되는 면적을 정확하게 표현함으로써 세계지도에 반영된 대항해시대의 제국주의적 인식을 허물고자 했다. 페터스가 만든 세계지도를 보면 아프리카와 남아메리카의 면적이 넓어지고, 유럽과 러시아와 북아메리카의 면적은 줄어든 느낌을 받는다. 면적을 사실적으로 표현한 지도가 낯설게 느끼는 건 우리가 그만큼 기존 관념에 익숙해졌다는 뜻이다.

메르카토르 도법과 페터스 도법 이외에도 다양한 투영법이 존재하고 그만큼이나 다양한 세계지도가 존재한다. 하지만 어떤

투영법에 따른 면적 비교

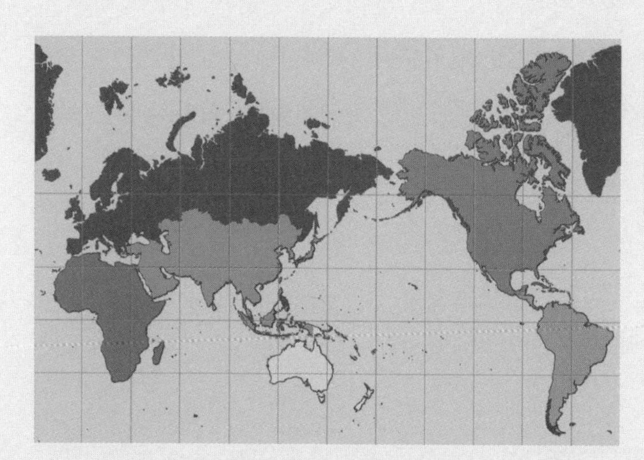

메르카토르 도법

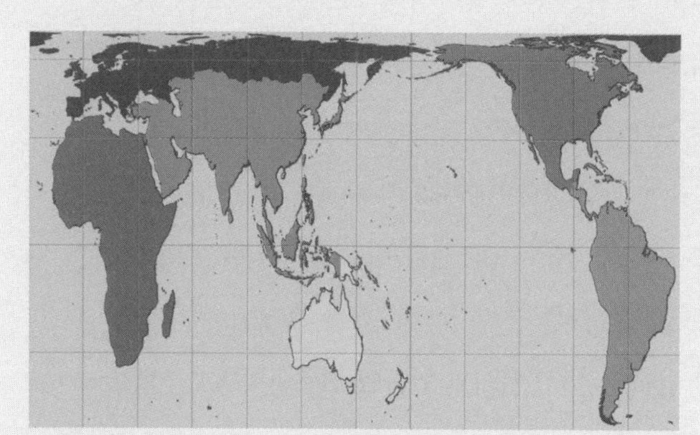

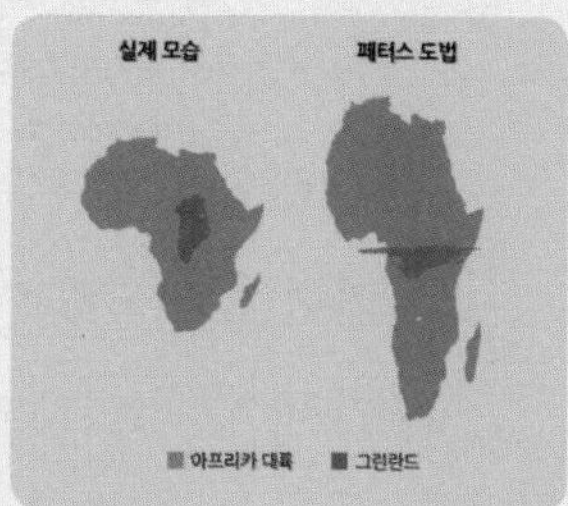

페터스 도법

지도든 완벽한 것은 없다. 모든 지도는 방향, 형태, 면적, 거리에서 왜곡이 발생하기 때문이다. 무엇에 초점을 두고 지도를 제작하는지는 제작자의 가치관, 사회적 필요, 세계관에 영향을 받는다. 때로는 패권을 지닌 국가의 입김이 지도 제작에 영향을 미치기도 한다. 지구의 시간을 정하는 경도의 기준이 영국 런던 근교의 그리니치 천문대가 되고, 대서양을 중심으로 세계지도를 제작하는 것처럼.

조선 사람들은 왜 지도를 만들었을까?

과거에 만든 지도는 당시의 사회상과 세계관을 엿볼 수 있는 좋은 자료다. 조선 초기에 만든 혼일강리역대국도지도와 조선 후기에 만든 대동여지도가 대표적이다. 콜럼버스가 아메리카대륙을 발견한 것보다 약 100년 앞선 1402년, 조선에서도 세계지도를 제작했다. 지도의 이름은 혼일강리역대국도지도混壹疆理歷代國都之圖, 줄여서 '강리도'라고 부른다. 가로 164센티미터 세로 148센티미터의 대형 채색 지도로, 동아시아권에서 만든 가장 오래된 세계지도로 알려져 있다. '혼일'은 섞어서 하나로 만들었다는 의미이고, '강리'는 영토, '역대국도'는 중국의 역대 수도를 말한다. 지도는 중국을 중심으로 동쪽과 남쪽에 각각 조선과 일본을 두고 있으며, 인도·아라비아·아프리카·유럽까지 담고 있다.

오늘날 실측지도와 비교하면 정확성에 한계가 있지만 강리도가 지닌 의의는 남다르다. 콜럼버스가 항해할 당시 유럽인이 사용하던 프톨레마이오스의 세계지도에는 아프리카 대륙의 북단만 표현되어 있는 반면, 강리도는 아프리카 대륙 전체를 비교적 온전하게 나타낸다. 세계에서 가장 길다는 나일강과 그 발원지인 빅토리아 호수, 세계 7대 불가사의 중 하나인 알렉산드리아의 파로스 등대까지 정확하게 표현하고, 아프리카 35곳, 유럽 100여 곳의 지명도 등장하는 명실상부한 세계지도인 것이다.

강리도의 제작 배경은 1392년 조선을 개국한 세력이 내비친 자신감에서 찾을 수 있다. 지도를 제작한 권근은 지도 발문에서 이렇게 말한다. "지도를 보고 지역의 멀고 가까움을 아는 것은 천하를 다스림에 보탬이 되는 법이다."夫觀圖籍而知地域之遐邇，亦爲治之一助也 지도는 새롭게 개국한 조선이 통치할 천하를 담은 것이었다. 여기에 고려 후기 원나라를 통해 전해진 지리 정보도 한몫했다. 유럽까지 세력을 넓힌 원나라를 통해 유럽, 아프리카, 아라비아를 아우르는 지리 정보가 고려 후기부터 천천히 전해져 지도에 반영되었다.

강리도를 모르는 사람은 있어도 대동여지도大東輿地圖를 모르는 사람은 거의 없다. 대동여지도는 지금으로부터 약 150년 전인 1861년에 제작된 지도로 오늘날 지도와 비교해도 손색이 없다. 목판으로 만들어 판화처럼 수십 장의 지도를 제작할 수 있으며, 여러 기호로 정보를 효과적으로 전달한다. 성곽 도시는 두 개의 원으로 표시하고, 성곽이 없는 도시는 한 개의 원으로 표시하며, 수로 이용이 가능한 하천은 두 줄, 불가능하면 한 줄로 구별했다. 게다가 일정한 간격으로 점을 찍어 거리 정보까지 담고 있다.

대동여지도가 제작된 조선 후기는 상공업이 발달하면서 시장을 돌아다니는 상인들의 지도 수요가 폭발하던 때였다. 상인들이 지도를 휴대하기 편하도록 병풍처럼 접고 펼 수 있게 만든 것은 대동여지도의 중요한 특징이다. 세로로 22개 층으로 나뉜 대동여지도는 각 층이 책 크기로 접히는데, 모든 지도를 펼치면 세로 길이가 6.6미터로 교실 길이와 비슷하다.

대동여지도 편찬을 주도한 김정호에 대해서 잘못 알려진 정보가 많다. 김정호가 혼자 전국을 돌아다니면서 직접 지도를 그렸다는 이야기가 대표적이다. 직접 곳곳을 방문하여 그리는 지도를 실측도라 하는데, 아무리 철인이라도 조선 팔도를 혼자 답사하는 건 불가능하다. 임진왜란과 병자호란을 거치면서 지리 정보 파악의 중요성을 실감한 조선 조정이 지방 관아에 지도 제작을 지시하고, 김정호가 이전의 작업을 이어받아 집대성한 결과물이 바로 대동여지도다. 대동여지도처럼 기존 지도와 자료를 엮어 만든 지도를 편찬도라고 한다.

〈포켓몬 고〉가 말해주는 지도의 가능성

과학기술이 발달하면서 지도는 더욱 정확해지고 종류는 다양해졌으며, 지도를 활용한 콘텐츠 역시 무궁무진해졌다. 가상현실Virtual Reality과 증강현실Augmented Reality을 기반으로 하는 콘텐츠가 지도와 결합하기도 한다. 없는 현실을 만들어 내는 것이 가상현실이라면, 증강현실은 우리가 눈으로 보는 현실 세계에 컴퓨터가 추가로 만든 정보를 결합한 것을 말한다. 가령 〈포켓몬 고〉Pokémon GO는 지도를 기반으로 증강현실을 구현한 게임이라고 할 수 있다.

〈포켓몬 고〉는 2016년 여름을 뜨겁게 달군 게임으로, 7월 중순에 오스트레일리아와 뉴질랜드에서 가장 먼저 서비스를 시작했다. 8월에는 아시아 국가 대부분에서 서비스를 시작했으며, 10월에는 아프리카에서도 이용할 수 있었다. 하지만 아이러니하게도 인터넷 게임의 선두국인 한국에는 해를 넘겨서야 겨우 출시되었다. 새로운 게임을 가장 먼저 접하고 싶은 우리나라 게이머들에게는 속이 터질 일이었다.

서비스가 뒤늦게 시작된 이유가 구글지도Google Map였다는 주장이 퍼지면서 논란이 크게 일었다. 증강현실을 접목한 〈포켓몬 고〉는 구글지도를 기반으로 서비스되는데, 우리나라는 국가 안보를 이유로 지리 정보를 해외에 제공하지 않는다. 2016년 8월 구글이 한국 정부에 지리 정보를 요청하며 〈포켓몬 고〉 같은 혁신적인 서비스를 위해서 지리 정보가 꼭 필요하다고 주장하자, 사람들은 이것이 〈포켓몬 고〉 한국판 서비스가 지연된 결정적인 배경이라고 확신했다.

한국 정부는 구글의 요청에 〈포켓몬 고〉와 지리 정보의 해외 반출은 별개의 사안이라고 선을 그었다. 〈포켓몬 고〉 한국판 서비스에 정밀한 지리 정보가 필요하지 않다고 판단한 것이다. 2017년 서비스를 시작한 〈포켓몬 고〉 한국판은 결국 구글지도 대신 오픈스트리트맵OpenStreetMap을 사용하여 서비스를 개시했다. 오픈스트리트맵은 위키백과의 지도 버전이라고 할 수 있다. 사용자의 자발적인 편집으로 지리 정보가 그려지는 오픈스트리트맵 한국판은 이제 시작 단계나 마찬가지기에 증강현실을 제대로 구현하기 힘들다는 우려의 목소리도 있었다.

〈포켓몬 고〉 한국판 서비스는 지도의 새로운 가능성을 엿볼 수 있는 좋은 사례로 지리 정보의 국외 반출 문제를 환기시켰다. 지리 정보의 개념과 활용을 일반인에 알리고 오픈스트리트맵 편집이 활성화되었다는 것 역시 성과라면 성과다. 지도는 앞으로 더욱 정확해지겠지만, 어떤 지도라도 완벽할 수는 없다. 지도를 제작하는 이유와 제작자의 의도에 따라 똑같은 위치, 똑같은 면적이라도 지도 위에서 다르게 표현된다는 사실을 기억해야 한다. 보이는 그대로 지도를 믿기보다 지도 내면의 이야기를 충분히 살필 줄 아는 지혜로운 눈이 필요한 이유다.

최근에는 어떤 투영법이 주목받고 있을까요?

방향, 각도, 거리, 면적 가운데 어느 것을 지도에 정확하게 나타내는지에 따라 투영법을 나누어요. 경선과 위선의 각도를 정확하게 표현하면 정각도법正角圖法, 거리를 정확하게 표현하면 정거도법正距圖法, 면적을 정확하게 표현하면 정적도법正積圖法, 방향을 정확하게 표현하면 방위도법方位圖法이라고 해요.

과거에는 나침반과 함께 사용할 항해용 지도가 필요해서 메르카토르 도법 같은 정각도법 지도가 주목받았어요. 앞에서 소개한 페터스의 세계지도나 아프리카의 실제 면적을 가늠하게 하는 앞의 지도는 면적을 정확하게 표현한 정적도법으로 그린 지도예요. 오늘날에는 항공기를 많이 이용하면서 정확한 거리를 표현한 정거도법 지도의 효용이 커지고 있어요.

최근에는 방향·각도·거리·면적 어느 것도 정확하지 않지만, 네 가지 정보를 적절히 왜곡하여 전체 왜곡을 줄인 절충도법折衷圖法을 세계지도 제작에 많이 활용해요. 국토해양부 국토지리정보원에서는 2011년부터 로빈슨 도법으로 세계지도를 제작하는데, 로빈슨 도법은 면적과 형태를 조금씩 왜곡하여 만든 절충도법이에요.

표준 시간대 지도

*자료 — 미국 CIA 월드팩트북(2013)

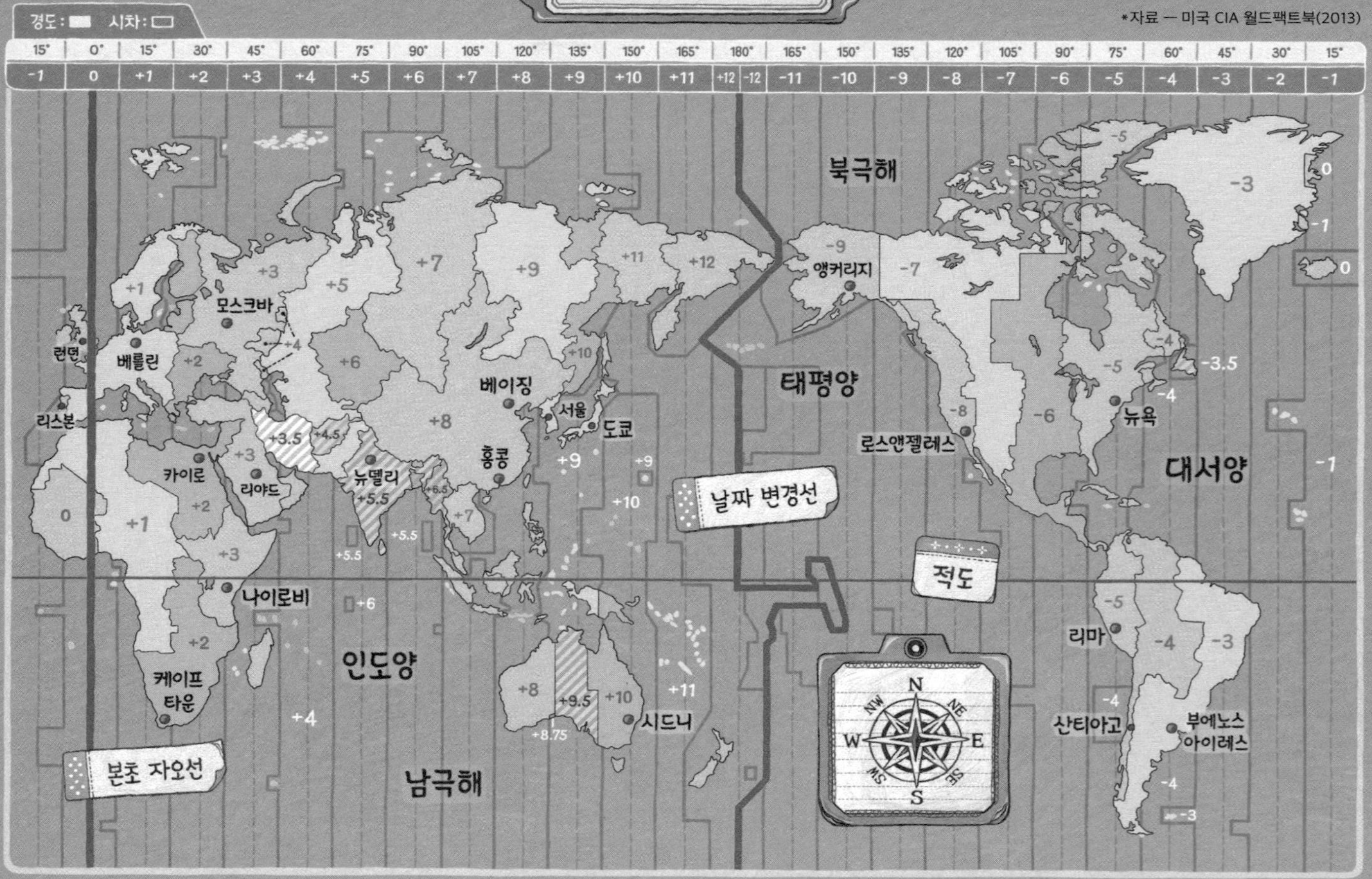

위치

나라마다 다른 시간은 무엇을 기준으로 정할까?

만약 세계 여행 중 만난 외국인이 한반도가 어디 있는지를 묻거나 뉴스를 보던 가족이 다른 나라의 위치를 묻는다면 어떻게 대답할 수 있을까? 넓은 세계지도 위에서 특정 장소를 효율적으로 설명하는 방법으로 수리적 위치, 지리적 위치, 관계적 위치가 있다. 위치를 정확하게 파악하면 해당 장소의 대략적인 기후와 생활 모습을 예측할 수 있고, 나아가 주변국과의 관계를 유추하는 것도 가능하다. 따라서 어느 지역을 이해하려면 지역의 위치를 정확하게 알아둘 필요가 있다.

왜 나라마다 시간이 다를까?

2018년 4월, 11년 만에 개최된 남북정상회담에서 북한의 김정은 국무위원장은 "회담장에 서울 시계와 평양 시계가 두 개여서 가슴이 아프다. 우리가 바꿨으니 원래대로 돌아가겠다."라며 표준시를 화두로 꺼냈다. 두 정상이 만난 2018년 당시 남한과 북한은 서로 다른 표준시를 사용하였으므로 한반도에는 서로 다른 두 시간대가 동시에 존재하고 있었다.

나라별로 시간대가 서로 다른 배경을 제대로 알려면 수리적 위치를 이해해야 한다. 수리적 위치는 지도 제작에서 출발한 개념이다. 지구를 정확하게 지도에 그리려면 일정한 기준이 있어야 했으므로 지구에 가상의 가로선과 세로선을 그리고, 두 선이 만나는 지점을 기준으로 지구 표면의 정보를 도면에 옮긴 것이 지도다. 이때 북극점과 남극점을 이은 세로선을 경선經線, 적도와 평행하게 그은 가로선을 위선緯線이라고 한다. 경선과 위선으로 표현한 위치가 곧 수리적 위치다.

표준시는 경도와 밀접한 연관이 있다. 기준이 되는 하나의 경선에서 다른 경선이 얼마나 떨어져 있는지를 숫자로 표기한 것이 경도라면, 기준이 되는 위선에서 다른 위선이 얼마나 떨어져 있는지를 숫자로 표기한 것이 위도다. 위도는 지구의 중심을 통과하는 자전축에 수직인 적도를 기준으로 삼았지만, 경도는 자연적인 기준이 없어서 임의로 기준을 설정해야 했다. 그리하여 1884년 국제자오선회의에 25개 나라가 모여 영국의 그리니치 천문대를 지나는 경선을 경도의 기준선으로 채택했다. 그리니치 천문대를 지나는 경선은 다른 경선의 기준이라는 의미에서 본초자오선本初子午線이라 부르고, 경도 0°(도)로 표기한다.

표준시는 본초자오선을 기준으로 나뉜 24개 시간대에 따라 각국이 결정한다. 경도 15도마다 시간대가 만들어지는데, 이는 지구 둘레 360도를 하루 24시간으로 나눈 값이다. 본초자오선이 지나는 영국을 기준으로 동쪽으로 갈수록 빠른 시간대를 사용하고, 서쪽으로 갈수록 늦은 시간대를 사용한다. 본초자오선의 정반대에 해당하는 경도 180도는 태평양 한가운데를 지나며, 통상 날짜

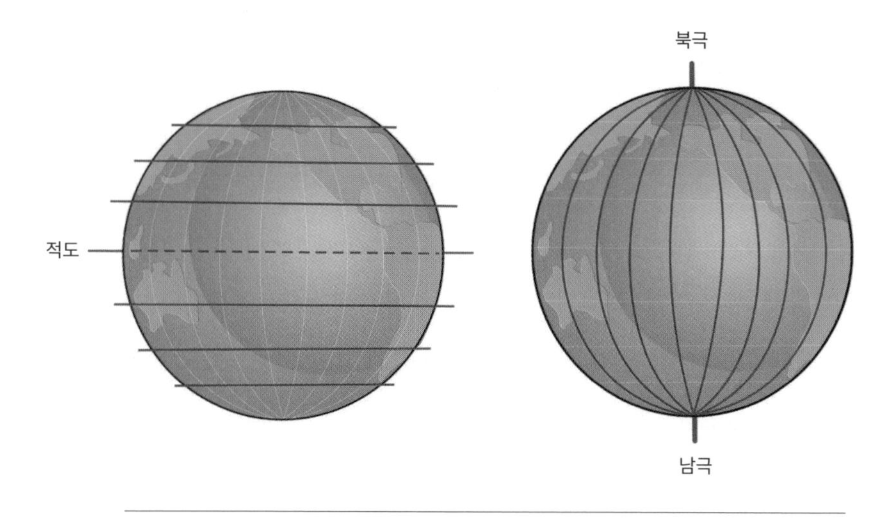

← 위선, → 경선

적도와 평행하게 그은 가로선이 위선, 북극과 남극을 잇는 세로선이 경선이다.

변경선이라 부른다. 날짜변경선에서 동쪽으로 가면 하루를 빼고, 서쪽으로 가면 하루를 더하여 시간을 계산한다.

경선은 곧게 뻗은 반면 날짜변경선은 들쭉날쭉 꺾여 있다. 육지나 섬을 피해 날짜변경선을 그렸기 때문이다. 만약 날짜변경선을 직선으로 그어 여러 섬을 가로지르면, 하나의 작은 섬에 두 시간대가 공존하므로 사회가 혼란스러울 수밖에 없다. 이런 혼란을 줄이려고 날짜변경선은 여러 섬을 피해 들쑥날쑥한 모양을 하고 있다. 날짜변경선을 필요에 의해 꺾어서 그은 것처럼 표준시 역시 절대적이라기보다 각 나라의 상황과 기준에 따라 선택하여 사용한다.

동일한 경선이 지나는 한반도에 어떻게 두 개의 시간이 흘렀을까?

남한과 북한의 시간이 같은지 다른지를 확인하려면 남북한의 표준 경선을 알아봐야 한다. 표준 경선은 그 나라 표준시의 기준이 되는 경선을 말한다. 한반도는 동경 124도에서 132도에 위치한다. 본초자오선으로부터 동쪽으로 124도에서 132도 사이에 있다는 의미다. 1908년 대한제국은 서울을 지나는 동경 127.5도를 표준 경선으로 채택했지만, 1910년 대한제국을 강제로 합병한 일본은 1912년 1월 1일부터 한반도에서도 일본과 동일하게 동경

135도를 표준 경선으로 사용하도록 만들었다. 일본 교토를 지나는 동경 135도를 양국 공통의 표준 경선으로 삼아 통치의 편리함을 추구한 것이다.

일본이 강제로 지정한 표준 경선은 광복 이후에도 유지되다가, 1954년 이승만 정부가 다시 서울을 지나는 동경 127.5도를 표준 경선으로 채택하면서 변화를 맞는다. 이승만 정부가 내건 명목

본초자오선

양발 사이에 있는 세로선이 바로 본초자오선으로 그리니치 평균시(GMT)의 기준이 된다. 단, 1972년부터는 국제원자시(International Atomic Time)를 기반으로 하는 협정 세계시(UTC)를 새로운 표준 시간으로 삼았다.

은 일제 잔재의 청산이었다. 하지만 1961년 박정희 정부는 표준 경선을 8년 만에 다시 기존의 동경 135도로 되돌린다. 이후 지금까지 약 60년 동안 남한은 동경 135도를 표준 경선으로 삼아 영국보다 9시간 빠른 표준시를 사용하고 있다.

남한과 달리 북한은 분단 이후에도 줄곧 동경 135도를 표준 경선으로 유지했다. 그러다 광복 70주년인 2015년 8월 15일에 일제 잔재를 청산한다는 명분으로 표준 경선을 동경 127.5도 바꾸고, 바뀐 표준시에 '평양시'平壤時라고 이름을 붙였다. 이에 따라 2015년부터 2018년 남북정상회담 전까지 북한 표준시는 남한 표준시보다 30분 늦어 한반도에 두 개의 시간이 존재한 것이다. 남북한 사이에 시차가 생겨 연락에 혼선을 빚는 어려움이 있었으나, 2018년 남북정상회담을 계기로 3년 만에 다시 한반도의 시간은 하나로 통일된다.

한편 미국이나 러시아처럼 국토 면적이 넓은 나라에서는 같은 나라 안에서 시차가 생기기도 한다. 미국은 본토에서 동부·중부·산악·태평양 표준시를 사용하고, 알래스카·하와이에서도 별도의 표준시를 사용한다. 다양한 시간대를 사용하는 미국에서는 시차로 인한 혼란을 줄이려고 특정 상황에서 지역을 초월한 하나의 표준시를 사용하는데, 예를 들어 미국의 증권시장은 뉴욕 월가에 위치하므로 동부 표준시를 기준으로 개장 및 폐장한다. 반면 중국은 넓은 국토 면적에도 불구하고 수도 베이징를 지나는 경도 120도를 기준으로 하는 단일 표준시를 사용한다. 통치의 편의성을 고려했다는 주장이 있으나 공식적으로 알려진 이유는 없다.

세계 기후와 생활양식의 경계

위도는 적도를 기준으로 북쪽 또는 남쪽으로 떨어진 거리를 숫자로 나타낸 것이다. 경도가 인위적으로 영국 그리니치 천문대를 지나는 경선을 기준으로 설정한 반면, 위도는 자연적으로 지구 자전축과 수직을 이루는 적도를 기준으로 삼는다. 위도 0도에 해당하는 적도를 기준으로 북반구와 남반구를 각각 북위와 남위로 구분하며, 적도와 가까울수록 저위도, 멀수록 고위도라고 표현한다.

위도는 지역의 기후 특징, 식물 분포, 계절 차이를 결정짓는 중요한 기준이다. 가령 적도와 가까운 저위도 지역은 태양열을 일 년 내내 많이 받아 월평균기온이 섭씨 18도 이상 이어지는 열대기후가 나타난다. 반면 북극이나 남극과 가까운 고위도 지역은 태양열을 적게 받아 한대기후가 나타난다. 한대기후에서는 가장 따뜻한 달의 평균기온이 섭씨 10도를 넘지 않는 무척 추운 날씨가 계속된다.

한반도는 북위 33도에서 43도의 중위도에 위치한다. 중위도에서는 사계절의 변화가 뚜렷하고 냉대기후와 온대기후의 특징이 두루 나타난다. 중위도에서 계절 변화가 뚜렷한 이유는 지구의 자전축이 23.5도 기울어 있기 때문이다. 기울어진 자전축으로 인해 중위도는 여름에 저위도처럼 낮이 길고 기온이 높으며, 겨울에 고위도의 겨울 못지않게 낮이 짧고 기온이 낮다.

위도가 비슷한 지역은 기후와 생활양식도 상당히 유사하다. 한반도와 비슷하게 북위 30도에서 40도 사이에 위치한 나라로는 중국과 일본 이외에 터키, 그리스, 이탈리아, 튀니지, 스페인, 포르투갈, 미국이 있다. 이들 나라는 모두 사계절이 비교적 뚜렷하며, 계절마다 먹는 음식이 다르다.

대륙과 해양 사이의 반도 국가
한반도 기후의 특징 알아보기

위도와 경도 이외에 한반도의 위치를 알려줄 또 다른 방법은 없을까? 세계지도를 폈을 때 한눈에 보이는 큰 대륙과 해양, 즉 오대양 육대주를 기준으로 위치를 설명할 수 있다. 우리나라는 유라시아대륙의 동쪽, 북태평양의 서쪽에 위치하며 삼면이 바다로 둘러싸인 한반도에 자리한다. 한반도韓半島라는 이름은 삼면이 바다로 둘러싸이고 한 면은 육지에 이어진 땅, 즉 대륙에서 바다 쪽으로 돌출한 육지인 '반도'라는 지형 용어와 반도에 사는 '한민족'韓民族의 앞 글자를 합쳐서 지었다. 이처럼 고정되어 있는 대륙이나 해양, 반도 등을 기준으로 위치 정보를 표현하는 방법을 지리적 위치라고 한다.

한반도가 위치한 북위 30도에서 60도 사이의 중위도 상층에는 연중 편서풍이 분다. 편서풍이란 중위도에서 일 년 내내 서쪽에서 동쪽으로 부는 바람을 말하는데, 태풍의 진로는 편서풍의 영향력을 단적으로 보여준다. 일기예보를 보면 저위도에서 발생한 태풍이 북서쪽으로 이동하다 북위 30도 부근에서 편서풍을 만나면서 북동쪽으로 방향을 바꾼다. 편서풍의 영향으로 대륙에서 바람이 불어오는 한반도에는 대륙성기후가 나타난다. 대륙은 해양에 비해 비열물질 1그램의 온도를 1도 올리기 위해 필요한 열량이 작아 빨리 데워지고 냉각된다. 이 때문에 유라시아대륙 동쪽에 위치한 한반도는 비슷한 위도에 위치한 대륙의 서쪽 나라보다 연교차가 큰 편이다.

일반적으로 한반도에서 가장 더운 달은 8월, 가장 추운 달은 1월이다. 기상청에 따르면 지난 40년간 서울의 8월 평균기온은 25.9도이며, 1월 평균기온은 영하 2.5도로 두 달의 기온 차는 28.4도에 달한다. 만약 가장 추운 날과 더운 날의 기온 차를 계산한다면 차이는 더욱 크게 나타난다. 한반도와 달리 유라시아대륙 서쪽의 유럽 국가들에서는 연중 바다의 영향을 받아 연교차가 작은 해양성기후가 나타난다. 가령 여름철 평균기온이 25도 정도로 한반도와 비슷하지만 건조하고, 겨울철에는 평균기온이 10도 정도로 온난하고 습윤한 날씨가 계속된다.

기후 차이는 사회문화 영역에도 영향을 미친다. 가령 우리나라와 영국의 프로축구대회 일정이 서로 다른 이유를 기후 차이에서 찾을 수 있다. 영국의 프로축구대회 프리미어리그를 비롯해 유럽

대부분 지역에서 프로축구대회는 9월쯤 시작해 이듬해 5월까지 이어진다. 겨울이 심하게 춥지 않아 축구하기에 어려움이 없는 해양성기후와 여름에 피서나 휴양을 즐기는 문화가 반영된 결과다. 반면 대륙성기후가 나타나는 한반도는 겨울 추위가 혹독하다. 한국의 프로축구대회 K리그가 겨울을 피해 3월부터 11월까지 진행되는 이유를 한반도의 지리적 위치로 설명할 수 있는 것이다.

위치는 언제든지 달라질 수 있다

한 나라의 위도와 경도, 국가를 둘러싼 대륙과 해양의 분포는 임의로 바꿀 수 없다. 즉, 수리적 위치와 지리적 위치는 변하지 않고 고정된 값이다. 반면 시기에 따라 변화하며 상대적이고 가변적인 위치도 있다. 주변 지역이나 국가와의 관계를 바탕으로 위치를 설명하는 관계적 위치가 그렇다.

대륙 세력과 해양 세력이 만나는 곳에 위치한 한반도는 고대부터 주변 세력의 침략 전쟁에 쉽게 노출되었다. 중국과 러시아는 한반도를 해양 진출의 발판으로 이용하려 눈독을 들였고, 일본은 대륙 진출의 교두보를 확보하려고 한반도를 침략했다. 광복 이후 한반도는 민주주의 진영과 사회주의 진영이 각축전을 벌이는 전쟁터가 되기도 했다. 이후에도 냉전 체제에 따라 소련과 미국은 물론 한반도와 근접한 중국과 일본으로부터 직간접적인 영향을 받았다.

경제가 성장하고 정치·외교적 역량을 기르면서 국제사회에서 한국의 위치는 6·25전쟁 전후와 비교할 때 크게 달라졌다. 오늘날 한반도는 유럽-아시아-북아메리카를 잇는 지리적 요충지로 주목받는다. 유럽과 북아메리카 사이에 자리하고 인구밀도가 높은 아시아의 도시들을 배후에 두고 있어서, 이들을 연결하는 물류 중심지로서 최적의 입지 조건을 갖추고 있기 때문이다.

한국의 관계적 위치가 긍정적으로 변화하고 있지만 분명한 한계가 존재한다. 한반도가 남북으로 단절되어 반도라는 지리적 이점을 충분히 살리지 못하는 것이다. 지금의 남한은 마치 섬나라와 다를 바 없다. 남한과 북한 사이의 긴장 관계는 경제 성장의 발목을 잡는다. 대한민국의 기업 주가가 저평가받는 코리아 디스카운트한국의 고유한 상황으로 기업 주가가 실제 가치보다 낮게 평가 받는 현상의 주요 원인 중 하나가 남북 분단이다. 만약 남한과 북한의 관계가 개선되고 교류가 활성화된다면 한반도의 지리적 장점은 더욱 부각될 수 있다.

미국의 지리학자 재러드 다이아몬드는 『총,균,쇠』에서 특정한 집단이 동물과 식물, 기후, 지형 등 여러 자연조건의 결합으로 유리한 환경적 기회를 잡은 덕분에 다른 이들보다 우월한 위치를 점했다고 주장했다. 장소가 모든 것을 결정한다는 생각은 지나치지만 지리의 영향을 아예 무시할 수도 없다. 지리적 위치를 정확히 이해한다면 지역의 특징과 지리의 영향을 정확히 파악하는 데 도움이 되고도 남기 때문이다.

1884년 국제자오선회의는 어떻게 열리게 되었나요?

1884년 이전까지는 전 세계를 아우르는 표준시가 없었어요. 1880년대까지 서로 다른 본초자오선이 적어도 10개 이상 사용되었다고 해요. 하지만 국제 교역이 증가해 시간 체계를 통일할 필요성이 커지면서 1884년 미국 워싱턴에서 국제자오선회의을 열고 본초자오선을 통일한 것이에요.

국제자오선회의에서 영국 그리니치 천문대를 지나는 경선을 본초자오선으로 결정한 데에는 당시 '해가 지지 않는 나라'라 불리던 영국의 영향력이 작용했어요. 본초자오선은 여러 개가 있었지만, 당시 전 세계 선박의 72퍼센트가 영국과 같은 기준으로 만든 지도와 시간 체계를 사용하고 있을 만큼 영국의 영향력이 컸어요. 결국 회의에 참가한 25개국 가운데 기권한 프랑스와 브라질, 그리고 유일하게 반대한 산도밍고현 도미니카 공화국를 제외한 22개국이 찬성하면서 그리니치 천문대를 지나는 경선이 본초자오선으로 채택되었어요.

박정희 정부는 왜 과거의 표준 경선을 사용하기로 했을까요?

우리나라가 처음으로 표준 경선을 채택한 때는 1908년 대한제국 시기로, 지금의 서울을 지나는 동경 127.5도를 표준 경선으로 채택했어요. 하지만 대한제국이 1910년 일본에 강제로 합방되면서 1912년부터는 일본을 따라 동경 135도를 표준 경선으로 사용했어요. 이로 인해 한반도의 실제 시간보다 시계가 가리키는 시간이 30분 빨라지게 되었어요.

1954년 이승만 정부는 일제 잔재를 청산한다며 표준 경선을 대한제국 당시 기준이었던 동경 127.5도로 변경해요. 하지만 1961년 5·16군사정변으로 정권을 잡은 박정희 정부는 국가재건최고회의를 통해 이전처럼 일본에서 사용하는 동경 135도를 대한민국의 표준 경선으로 결정해요.

박정희 정부가 표준 경선을 변경한 이유나 과정에 대해 구체적으로 알려진 정보는 없어요. 전쟁에 대비하여 주한미군, 주일미군, 한국군이 사용하는 시간이 통일되어야 한다는 미국의 요청이 반영되었다는 주장이 있어요. 일각에서는 군사 쿠데타를 통해 집권한 박정희 정부가 미국에게 인정받으려는 방책이었다고 주장하기도 해요.

표준 경선과 관련된 논란은 현재까지도 이어지고 있어요. 표준시 변경에 관한 법률 개정안 발의나 청원도 계속 시도되고 있어요. 서울을 지나는 경선을 표준 경선으로 변경해야 할까요? 아니면 국제적 혼란과 외국과의 교류에 어려움이 예상되니 현재의 표준 경선을 유지해야 할까요? 경도는 인위적으로 그어진 선이고, 표준 경선은 정부가 결정할 수 있기 때문에 정치적·사회적 논란은 앞으로도 이어질 것으로 보여요.

대한민국 영토와 영해
러시아
범례
영해선
북방한계선
배타적 경제수역 가상중간선
특정금지구역
한중 잠정조치수역
한일 어업협정 중간수역
*자료 — 해양수산부(2017)
최북단
함경북도 유원진
중국
최서단
평안북도 마안도
남한 최북단
강원도 고성
남한 최서단
인천 백령도
대한민국
최동단
경상북도 독도
일본
최남단
제주도 마라도

영역

우리나라 영토는
어디서부터 어디까지일까?

어디서부터 어디까지를 우리 땅이라고 할 수 있을까? 국민이 생활하는 삶의 터전을 국가의 영역領域이라고 한다. 영역은 해당 국가의 헌법이 효력을 발휘하며 행정력을 비롯한 국가 주권이 미치는 범위를 뜻한다. 영역은 땅·바다·하늘을 모두 포괄하는데, 땅에서의 영역은 영토, 바다에서의 영역은 영해, 하늘에서의 영역은 영공이라 부른다.

대한민국 헌법 제3조는 우리나라 영토를 다음과 같이 정의한다. “대한민국의 영토는 한반도와 그 부속도서로 한다.” 하지만 6·25전쟁 끝에 1953년 7월 27일 휴전 협정이 체결되면서 남한과 북한 사이에는 지금도 여전히 휴전선이 놓여 있다. 이 때문에 상황이나 사람에 따라 영토의 범위를 다르게 떠올리기도 한다. 누군가는 한반도 전체를 떠올리고, 또 다른 누군가는 휴전선 이남의 남한 지역만 떠올리는 것이다.

지금은 자유롭게 갈 수 없는 대한민국 영토

주권, 국민, 영역은 국가를 구성하는 3요소로 통한다. 그중 영역은 나라의 주권이 미치는 범위이자 국민이 안전을 보장받을 수 있는 생활 터전이다. 그뿐만 아니라 국가의 독립성과 정체성 확립, 국제 관계 형성의 근간으로서도 무척 중요하다. 헌법 제66조 2항에서는 영토의 보전을 대통령의 책무로 분명하게 명시하고 있다. "대통령은 국가의 독립·영토의 보전·국가의 계속성과 헌법을 수호할 책무를 진다."

게다가 영토는 영해와 영공을 설정하는 기준이 되므로 영역에서도 가장 핵심이 되는 개념이다. 대한민국 헌법에 따르면 우리나라 영토는 한반도와 그 부속도서로 오늘날 남한과 북한 지역을 모두 포괄한다. 탈북민을 외국인이 아니라 대한민국 국민으로 인정하고, 대한민국 주민등록번호를 발급해 남한에 적응하도록 돕는 것은 이러한 영토 정의에 따른 것이다.

대한민국 영토의 최동단·최서단·최남단·최북단, 다시 말해 영토의 동서남북 끝을 통틀어 극점極點이라고 표현한다. 최동단과 최남단은 각각 독도와 마라도로 모두 섬이다. 최서단과 최북단은 각각 압록강 서쪽 평안북도 용천군 마안도, 함경북도 온성군 유원진으로 모두 북한 지역이다. 대한민국의 주권이 실질적으로 미치는 남한을 기준으로 살펴보면 최서단은 인천광역시 백령도이며, 최북단은 강원도 고성군이다.

우리나라는 정말 좁을까?

2019년 기준 한반도의 전체 면적(223,614㎢)은 영국(243,610㎢), 뉴질랜드(268,021㎢), 루마니아(238,397㎢) 면적과 비슷하다. 북한을 제외한 남한 면적(100,401㎢)만 본다면 포르투갈(92,212㎢), 헝가리(93,030㎢), 요르단(89,342㎢) 면적과 비슷하다. 단, 영토 면적은 고정된 값이 아니라 증가하거나 감소할 수 있다. 가령 우리나라는 하굿둑이나 방조제를 만들어 바닷물의 유입을 막고, 갯벌을 용지로 바꾸는 간척 사업을 진행하여 영토가 조금씩 변하고 있다.

한반도와 함께 대한민국의 영토를 이루는 한반도 부속도서, 쉽게 말해 섬은 그 수가 약 3,300개에 이른다. 섬이란 바닷물로 둘러싸여 있고 밀물일 때에도 수면 위에 있으며 자연적으로 형성된 육지를 말한다. 우리나라는 세계적으로 섬이 많은 나라로 꼽히지만 섬의 수를 정확히 파악하기란 쉽지 않다. 간척 사업으로 섬이 사라지기도 하고, 섬과 암초의 차이가 불분명하기 때문이다.

우리나라와 관계가 밀접한 중국, 미국, 러시아 영토가 무척 넓다 보니 상대적으로 한반도가 매우 작다고 생각할 수 있다. 하지만 2020년 기준 193개 유엔 회원국 가운데 한반도 면적은 83번째, 남한 면적은 107번째로 넓다.

하물며 기술 혁신이 이루어지는 제4차 산업혁명 시대에는 영토 개념이 이전과 전혀 달라질 수도 있다. 물리적 영토에서 디

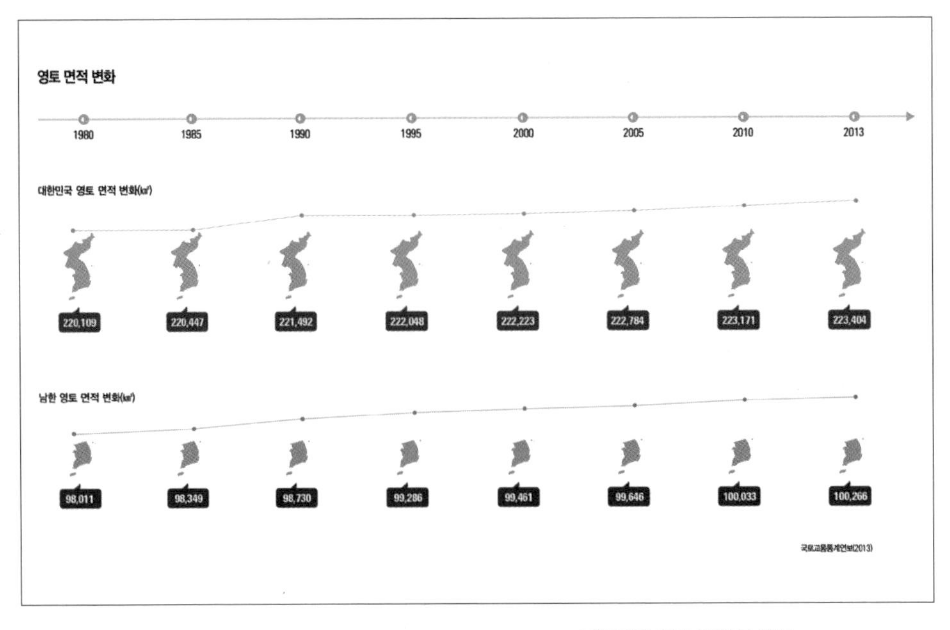

대한민국 영토 면적의 변화

통계청에 따르면 2019년 기준 남한(100,401㎢)과 북한(123,214㎢) 면적을 합한 한반도 면적은 총 223,614제곱킬로미터로, 2013년에 비해 210제곱킬로미터가 늘어났다. 7년 동안 무려 여의도 면적(2.9㎢)의 72배가 증가한 것이다.

지털 세상의 사이버 영토로 산업 활동의 중심이 확장하기 때문이다. 디지털 강국인 우리나라가 제4차 산업혁명을 선도하며 물리적 영토의 한계를 넘어서 디지털 영토를 넓게 확보하는 미래도 얼마든지 가능하다.

잃어버린 우리의 땅
간도의 영유권 분쟁 알아보기

대한민국의 영토사에서 간도間島는 빼놓을 수 없을 만큼 중요하다. 간도의 정확한 위치에 대해서는 지금도 의견이 분분하지만, 대략 오늘날 중국 지린성吉林省 동남쪽 일부 지역으로 본다. 과거 고조선, 고구려, 발해의 세력 범위 안에 포함된 간도는 한민족이 고대부터 활동하던 무대였다. 하지만 17세기 중엽 명나라를 멸망시키고 청나라를 세운 만주족은 간도 일대를 만주족의 발원지로 삼고, 만주족 이외에 다른 민족의 출입을 금지하는 봉금封禁 지역으로 선포한다.

하지만 월경하는 조선인 문제로 갈등이 계속되자 1712년 조선과 청나라는 양국 사이의 국경을 확정하기 위해 간도 주변을 조사하고 백두산에 정계비를 세운다. 비문에는 "서西로는 압록강, 동東으로는 토문강土門江의 분수령에 경계비를 세운다."라고 적었다. 하지만 토문강의 위치를 두고 양국의 의견이 충돌했다. 정계비의 토문강을 청나라는 두만강豆滿江이라고 주장하고, 조선은 만주의 송화강松花江이라고 주장하면서 양국은 끝내 국경 문제를 분명하게 매듭짓지 못한다.

19세기 중엽 간도 문제가 다시금 대두된다. 다수의 조선인이 간도로 건너가 농경지를 개척하며 정착했고, 청나라는 봉금을 해제하고 자국인의 간도 이주를 장려하면서 양국 국민이 간도에서 갈등을 빚게 된 것이다. 1880년대 청나라는 간도를 자국 영토라고 주장하며 조선인을 송환하라고 조선에 요구하고, 조선인을 강제 추

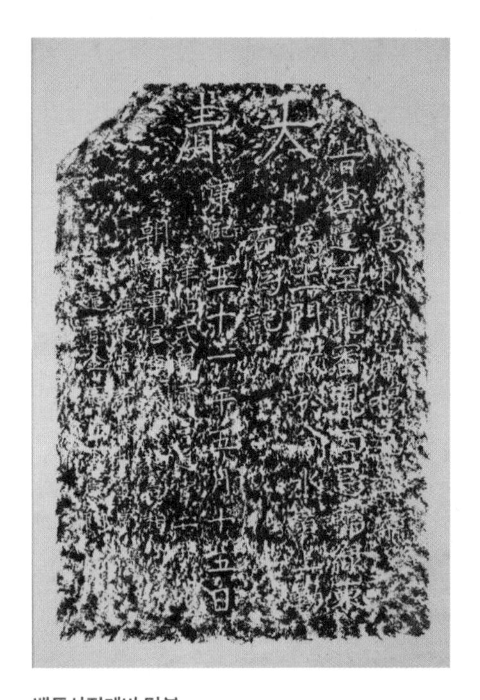

백두산정계비 탁본

조선과 청나라 사이의 경계를 나타내고자 1712년 백두산에 세운 백두산정계비의 탁본이다.

방하기도 했다. 이에 조선과 청나라 양국은 간도 문제를 해결하려고 1885년과 1887년 두 차례에 걸쳐 협상을 진행하지만 합의에 이르지 못했다.

1905년 을사조약 체결로 대한제국이 외교권을 일본에 빼앗기면서 간도 문제는 허망한 결론을 맺는다. 1909년 일본은 청나라로부터 만주 지역의 철도 부설권·탄광 채굴권을 얻는 대가로, 모호하게 남아 있던 간도 영유권을 청나라에 양도하는 간도협약을 체결한다. 이듬해인 1910년 대한제국이 멸망하고, 1931년 만주사변 당시 일본이 백두산정계비를 철거함으로써 간도는 청나라에 귀속되고, 우리의 영토는 두만강 이남으로 한정되고 만다.

독도의 소중한 가치와 독도가 우리 땅인 이유

간도가 잃어버린 영토라면 독도는 지켜야 할 영토이다. 울릉도에서 동남쪽으로 87.4킬로미터 떨어진 독도는 제주도와 울릉도보다 먼저 형성된 화산섬으로 두 개의 큰 섬인 동도와 서도, 89개의 작은 바위섬으로 이루어져 있다. 해수면 위로 드러난 부분은 독도의 일부분에 지나지 않는다. 물속에 잠긴 부분을 포함하면 독도의 전체 높이(2,068m)가 한라산(1,950m)보다 더 높다.

독도는 동해로 둘러싸여 해양성기후가 나타나 연교차가 작으며, 연평균 기온은 12도이다. 독도 주변 해역은 한류와 난류가 교차하는 조경수역潮境水域으로 오징어, 꽁치를 비롯한 어종이 풍부해 '황금어장'이라고 불린다. 미래의 에너지원으로 주목받는 가스 하이드레이트와 해양 심층수 같은 지하자원도 풍부하여 개발 잠재력 역시 크다. 또한 독도는 환경 및 생태적으로도 가치가 뛰어나 천연기념물 제336호 '독도 천연보호구역'으로 지정되어 보호받고 있다.

신라시대부터 대한제국 때까지 줄곧 우리 영토였던 독도는 1905년 만주와 한반도 이권을 두고 러시아와 갈등하던 일본으로 강제로 편입된다. 하지만 1943년 제2차 세계대전에서 승리한 연합국은 카이로 선언에서 "일본은 폭력과 탐욕으로 탈취한 모든 지역에서 축출될 것"이라고 명시했고, 1951년 샌프란시스코 강화조약에서 "일본은 한국의 독립을 인정하고, 제주도, 거문도 및 울릉도를 포함한 한국에 대한 모든 권리, 권원 및 청구권을 포기한다."라고 확인함으로써 독도는 다시금 우리 영토로 돌아왔다.

현재 독도는 대한민국 경찰과 군대가 지키고, 등대를 비롯한 시설물을 운영하여 확고한 영토 주권을 행사하고 있다. 그럼에도 일본은 독도가 일본 영토라고 일방적으로 주장하며 분쟁 지역으로 만들고자 끈질기게 시도한다. 이에 우리나라는 무대응 원칙을 고수하고 있다. 대한민국이 독도에 대한 실효적 영유권을 가지고 있으며, 굳이 국제재판소에서 권리를 증명할 이유가 없기 때문이다. 외교부는 대신 독도 홈페이지를 직접 운영하며 독도 소유권을 다음과 같이 명확하게 밝히고 있다.

"대한민국의 아름다운 영토 독도. 독도는 역사적, 지리적, 국제법적으로 명백한 우리 고유의 영토입니다."

바다와 하늘에도 국경이 있을까?

영해는 바다에서 한 나라의 주권이 미치는 범위를 말하는데, 해수면에서 해저까지 모두 포함한다. 통상 영해의 범위는 기선에서 12해리선박의 운항에 사용되는 거리 단위, 1해리≒1,852미터까지이지만, 해안선과 해안선 사이의 거리가 짧은 경우 예외도 존재한다. 가령 부산과 일본 규슈 사이의 대한해협은 폭이 좁아서 한국과 일본이 합의하여 12해리가 아닌 3해리를 기준으로 영해를 설정했다.

반면 하늘에서의 영역을 의미하는 영공은 영토와 영해의 수직 상공을 말한다. 외국의 항공기는 해당 국가의 승인 없이 마음대로 영공에 진입할 수 없다. 외국 항공기의 영공 침범 문제가 종종 뉴스에 나오곤 하지만, 앞서 살펴본 영토 분쟁이나 뒤에 소개할 배타적 경제수역 분쟁에 비하면 논란이 적은 편이다. 이는 영공의 수직적 높이 기준에 대해서 아직 국제적인 합의가 이루어지지 않았기 때문이다.

항상 소란스러운 한반도 주변의 바다

나라의 주권이 미치는 범위는 아니지만, 배타적 경제수역EEZ, Exclusive Economic Zone은 경제 측면에서 매우 중요한 개념이다. 배타적 경제수역은 1994년 발효되어 '세계 바다의 헌법'이라 불리는 유엔 해양법협약UNCLOS에서 확립되었다. 20세기 들어 과학기술이 발달하고 해양자원에 대한 관심이 증가하면서 연안국들이 해양 관할권을 확대하기 시작했다. 해양 관할권 확대를 원하는 연안국과 가능한 이를 차단하여 공해에서 더 많은 자유를 누리고 싶은 전통적인 강대국이 타협하여 등장한 개념이 배타적 경제수역이다.

배타적 경제수역은 영해를 설정하는 기준인 기선으로부터 최대 200해리까지이며, 선적을 막론하고 어느 배든 자유롭게 통항할 수 있다. 하지만 배타적 경제수역 안에서 자원을 개발하거나 어업 활동, 에너지 생산, 해양 과학 조사를 진행할 때에는 반드시 관할국의 허가를 받아야 한다.

기선에서 200해리까지를 배타적 경제수역으로 설정하면 우리나라의 배타적 경제수역이 중국과 일본의 배타적 경제수역과 겹치게 된다. 이럴 때는 상호 협의를 통해 배타적 경제수역을 설정하지만, 나라마다 서로 의견이 달라서 한반도 주변의 배타적 경제수역은 아직 확정하지 못했다. 다만 시급한 어업 문제를 해결하기 위해 한·중 잠정조치수역, 한·일 중간수역 등 별도의 어업 협정을 맺어 공동 권리를 인정하고 어업 활동을 보장하는 상황이다. 그런데 협정을 무시하고 다른 나라의 수역을 침범하는 외국 어선으로 매번 문제가 발생하기도 한다.

우리나라의 배타적 경제수역에서 주목할 만한 수중 암초가 있다. 10미터 이상의 높은 파도가 칠 때만 잠시 그 모습을 볼 수 있는 이어도離於島이다. 이어도는 국토 최남단인 마라도에서 서남

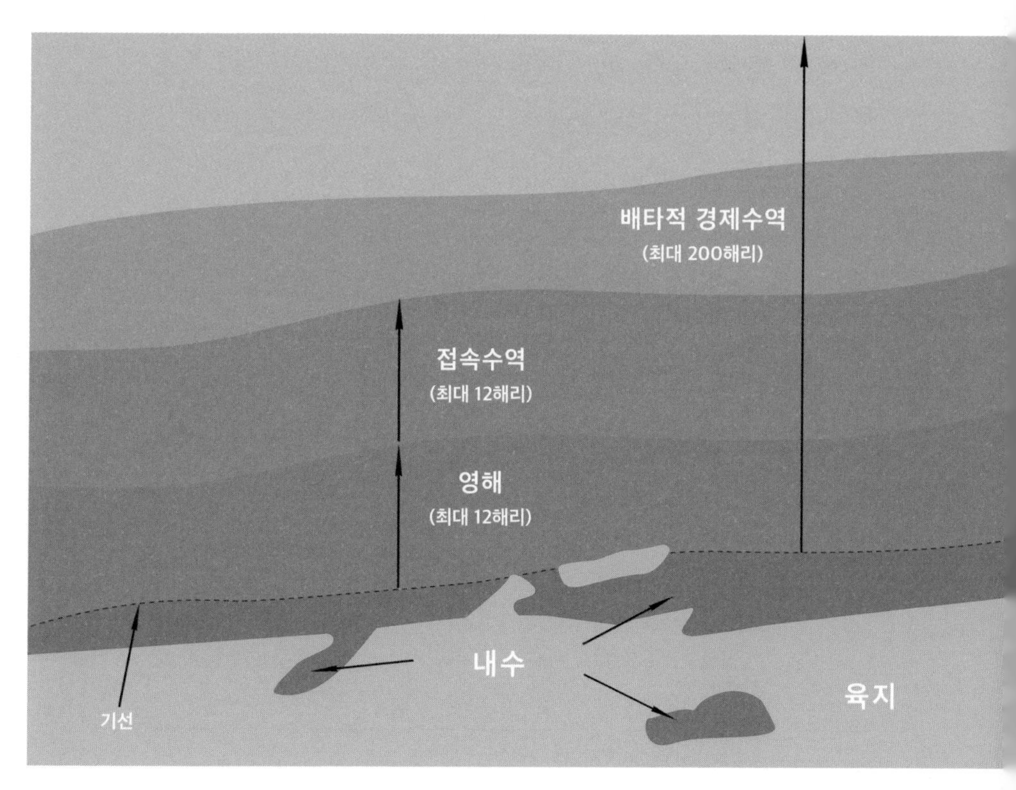

유엔 해양법협약에 따른 바다의 구분

쪽으로 약 149킬로미터 떨어져 있는데, 우리나라는 2003년 이어도에 무인 해양과학기지를 설치해 태풍 등 해양 및 기상 현상과 기후변화 등을 연구하고 있다. 뿐만 아니라 해외로 나가는 선박 대부분이 이어도 인근을 통과하기 때문에 지정학적으로도 무척 중요하다.

최근 중국은 이어도가 자국의 배타적 경제수역 안에 포함된다며 이어도 주변의 관할권을 요구해 논란이 되고 있다. "역사적으로 남북한은 사실 중국의 일부였다." 중국 시진핑 주석이 2017년 미·중 정상회담 당시 언급했다고 알려진 말이다. 독도 영유권을 주장하는 일본과 이어도 관할권을 주장하는 중국처럼 한반도의 영역을 넘보는 인접 국가의 억지와 위협이 계속되고 있다. 우리의 영토를 안전하게 지키려면 정부 차원의 현명한 대응은 물론이고, 영역 문제에 대한 국민의 정확한 이해와 지속적인 관심이 필요하다.

헌법 제3조를 개정하자는 주장이 나오는 배경은 무엇일까요?

"대한민국의 영토는 한반도와 그 부속도서로 한다." 헌법 제3조에 따르면 한반도와 부속도서를 포함하는 범위 내에 정당한 주권을 가진 국가는 대한민국밖에 없으며, 북한은 휴전선 이북을 불법 점유하고 있는 셈이에요. 한편 헌법 제4조는 평화통일 정책에 헌법적 정당성을 부여하는 조항으로, 통일의 대상으로 북한의 실체를 인정하고 있어요. "대한민국은 통일을 지향하며, 자유민주적 기본질서에 입각한 평화적 통일 정책을 수립하고 이를 추진한다."

이를 두고 일각에서는 두 헌법 조항이 서로 충돌한다며 헌법을 개정할 필요가 있다고 주장해요. 과거 적대적이었던 남북 관계와 달리 변화된 남북 관계에 맞추어 헌법 내용을 개정하고, 헌법 조항 사이의 충돌을 막아 북한을 공존의 대상으로 여겨야 한다는 의견이에요. 반면 두 조항의 성격에 차이가 있으므로 서로 충돌하지 않는다는 의견도 있어요. 이렇게 서로 합리적 근거를 제시하며 의견이 엇갈리고 있기 때문에 당장 헌법 조항이 바뀌지는 않을 전망이에요.

남북한 행정구역
나선
청진
혜산
함경북도
강계
양강도
자강도
함경남도
신의주
평안북도
함흥
평안남도
평성
평양
원산
남포
황해북도
강원도
사리원
황해남도
개성
해주
의정부
춘천
강원도
서울
인천
경기도
수원
충청북도
홍성
세종특별자치시
청주
안동
충청남도
대전
경상북도
대구
전주
전라북도
울산
경상남도
창원
부산
광주
전라남도
무안
제주
제주특별자치도
특별시 (남)
직할시 (북)
광역시 (남)
특별시 (북)
도청
*자료 — 대한민국 국가지도집(2019)

행정구역

남북한의 행정구역은
언제 어떻게 변했을까?

일상에서 쉽게 느끼지는 못하지만, 행정구역은 실생활과 매우 밀접한 관계에 있다. 가령 영남권 신공항 문제는 행정구역과 함께 살펴야 이해가 쉽다. 영남권의 부족한 공항 문제를 부산의 김해공항을 확장해서 해결할지, 아니면 경상남도 밀양 또는 부산 가덕도에 새로운 공항을 지어서 해결할지 결정하는 문제는 행정구역과 떼려야 뗄 수 없기 때문이다. 수요가 부족한 지역이 포함된 행정구역은 어디인지, 새로운 공항을 신설할 부지가 어느 행정구역에 속하는지에 따라 지역의 이익과 지역 주민의 생활에 큰 영향을 끼친다. 따라서 행정구역을 제대로 이해한다면 지역 간의 관계와 특징을 이해하는 데에 큰 도움이 된다.

행정구역의 뼈대가 만들어진 조선시대, 남북한의 행정구역이 크게 달라진 6·25전쟁 전후

오늘날 남북한 행정구역은 조선시대 행정구역 체계에 근간을 두고 있다. 조선시대에는 전국을 8개의 도道로 구획했다. '조선 팔도'라는 말은 여기서 나왔다. 한반도 북부는 함경도·평안도·황해도, 중부는 경기도·강원도·충청도, 남부는 경상도와 전라도로 나누고, 각 도의 이름은 행정구역 안에 있는 큰 도시 이름에서 따왔다. 예를 들어 충청도는 충주와 청주, 전라도는 전주와 나주에서 비롯했다. 단 하나의 예외는 경기도다. '경京'은 서울, '기畿'는 서울 주변을 뜻한다.

조선의 8도 체계는 1896년 13도 체계로 바뀐다. 8도 가운데 경기도, 황해도, 강원도를 제외하고 나머지 5개 도를 각각 남도와 북도로 나누었다. 이때 만든 13도는 오늘날 남한과 북한에 각각 8개와 6개가 자리한다. 도의 수가 13개가 아니라 14개인 이유는 강원도를 남한과 북한이 분할하여 관할하고 있기 때문이다.

한반도가 분단된 이후 남한과 북한 모두 행정구역 체계를 여러 차례 개편했다. 북한은 개편된 남한 행정구역을 그대로 인정하고 교육하는데, 남한에서는 바뀐 북한의 행정구역을 인정하지 않는다. 지금도 남한 학교에서는 광복 당시의 행정구역을 기준으로 북한 행정구역을 가르친다. 이 문제는 뒤에서 다시 다루기로 하고, 우선은 남북한의 주요 행정구역 변화를 차례로 살펴 보자.

강원도(江原道) = 강릉(江陵) + 원주(原州)
경기도(京畿道) = 서울과 그 주변 일대
경상도(慶尙道) = 경주(慶州) + 상주(尙州)
전라도(全羅道) = 전주(全州) + 나주(羅州)
충청도(忠淸道) = 충주(忠州) + 청주(淸州)
평안도(平安道) = 평양(平壤) + 안주(安州)
함경도(咸鏡道) = 함흥(咸興) + 경성(鏡城)
황해도(黃海道) = 황주(黃州) + 해주(海州)

조선 팔도 이름의 유래

남북한 행정구역은 지금도 계속 변하고 있지만, 6·25전쟁 전후에 큰 틀이 잡혔다. 제주도島는 전라남도에 속한 섬이었다가 1946년 7월에 제주도道로 승격해 하나의 행정구역으로 독립했다. 이로써 남한 지역에서 행정구역 도가 하나 늘어 총 9개가 되었다. 1949년 중강진 부근에 자강도를 신설한 북한은 1954년에는 백두산 부근에 양강도를 신설하고, 황해도를 남북도로 나누었다. 이로써 남한과 북한에서 도의 개수가 각각 9개씩 모두 18개로 늘어났는데, 이는 지금까지 70년 가까이 지속되어 오고 있다.

한편 새로운 행정구역이 설치되면서 도 중심의 기존 행정구역 체계가 크게 바뀌었다. 인구가 증가하면서 규모가 커진 대도시나 특수한 성격을 갖는 도시가 도에서 독립한 것이다. 이들 도시를 남한에서는 특별시와 광역시, 북한에서는 직할시와 특별시라고 부른다. 남한에는 서울특별시와 부산·대구·인천·광주·대전·울산 등 6개 광역시가 있고, 북한에는 평양직할시와 남포·나선·개성 등 3개의 특별시가 있다. 이들 도시는 웬만한 도보다 인구가 많고, 지역은 물론 국가 전체에 경제적·정치적으로 중요한 역할을 담당한다.

남한 교과서에서 가르치지 않는 북한 행정구역

광복 이듬해인 1946년, 북한은 38선 북쪽의 강원도 일부를 북한 행정구역으로 편입했다. 이때 함경남도 원산元山을 강원도에 포함시켜 강원도 도청 소재지로 삼았다. 이런 이유로 강원도는 둘로 쪼개져 남한과 북한에 하나씩 자리하게 되었는데, 도 규모의 행정구역 가운데 남북한에서 이름이 동일한 행정구역은 강원도가 유일하다. 북한 강원도의 중심지 원산은 북한에서 남포 다음으로 중요한 항구 도시로, 남한의 부산과 마찬가지로 동해를 끼고 있어 일본과의 무역 교두보로 발전했다. 관광자원으로 유명한 금강산과 2014년에 개장한 마식령 스키장이 강원도에 자리한다.

1949년 북한은 평안북도 동부와 함경남도 일부를 떼어 자강도慈江道도 새로 만들었다. 이름은 자성慈城과 강계江界에서 한 자씩 따왔다. 자강도의 면적은 휴전선 이남의 강원도와 비슷한데, 한반도에서 가장 춥다고 알려져 왔던 중강진이 바로 자강도에 속한다. 대부분이 산지로 이루어진 자강도는 산림자원과 수자원이 풍부하고 석탄 등 지하자원도 많아 군수산업이 발달했다.

1954년에는 함경남도 개마고원 일대를 떼어 새로운 행정구역을 만들었다. 압록강과 두만강을 끼고 있다고 해서 이름을 량강도兩江道라 지었다. 남한에서는 두음법칙을 반영하여 '양강도'라고 표기한다. 도청 소재지는 압록강을 끼고 중국과 마주하고 있는 혜산惠山이다. 조선시대에는 삼수갑산으로 불리는 유배지였고, 일제강점기에는 이곳 일대에서 독립운동이 활발했다. 북한에서는 이곳을 김일성이 독립운동한 성지라고 소개하는데, 김일성 일가의 이름을 딴 김형직군郡, 김형권군, 김정숙군이 량강도에 속한다.

북한에서 가장 중요한 도시는 단연 평양平壤이다. 평양은 오랫동안 고구려의 도읍이었으며 조선시대에는 한성 다음으로 인

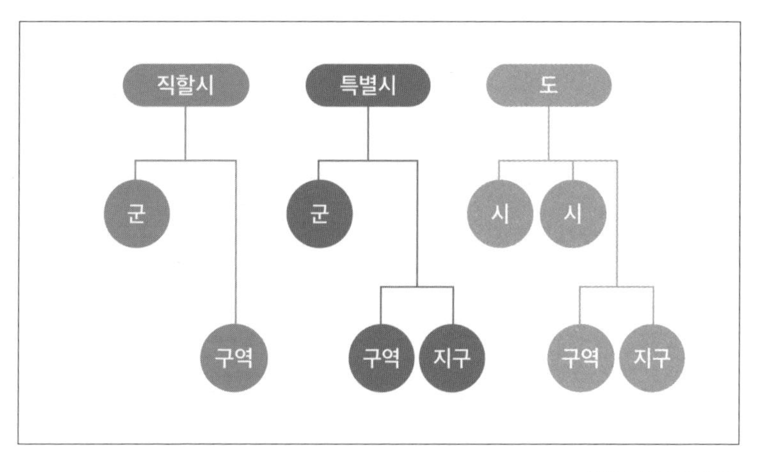

북한 행정구역 체계

북한 행정구역의 변화

1945년 광복 당시 북한의 행정구역은 도-시·군-읍·면-리 네 단계였다. 그러다 1952년 12월, 면을 폐지하고 도-시·군-읍·리 세 단계로 행정구역 체계를 대대적으로 개편했다. 아래의 2013년도 북한의 행정구역은 1952년 개편 후의 행정구역과 크게 다르지 않은 모습이다.

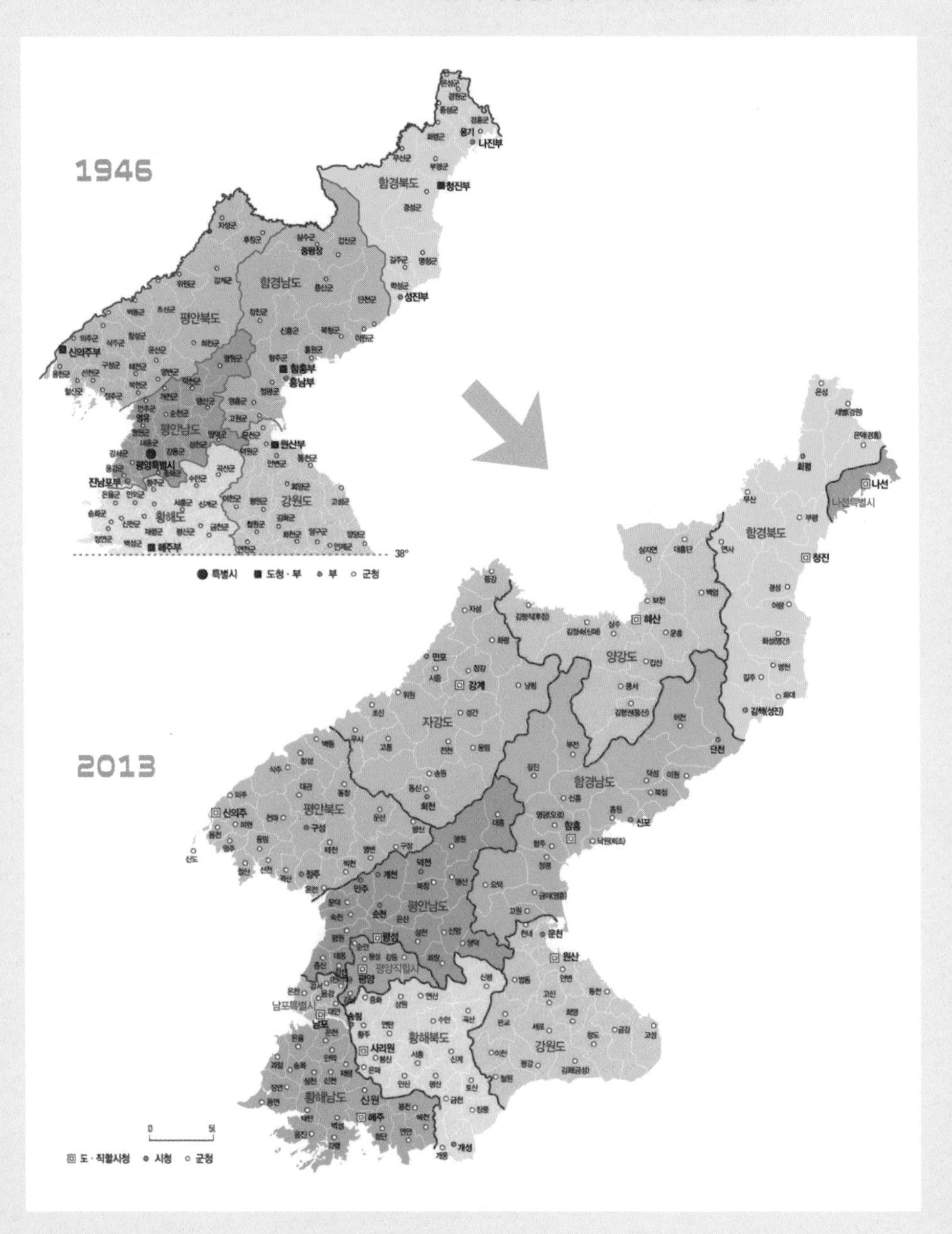

구가 많았다. 지금은 국가에서 직접 관할한다는 의미에서 직할시라고 한다. 북한에서 직할시는 평양 하나뿐이며, 북한에서 평양의 위상은 남한의 서울과 비슷하다. 오늘날 북한에서 평양 시민은 시민증을 받지만, 그 밖의 지역에 거주하는 사람들은 공민증을 받는다는 사실은 북한에서 평양이 갖는 독보적 위치를 말해준다. 평양 밖에 살던 사람이 평양에서 살려면 허가를 받아야 하는데, 허가 조건이 매우 까다롭다. 또, 평양 시민이 다른 지역 사람과 결혼하면 평양을 벗어나 해당 지역으로 이주해야 한다.

북한에서 직할시 이외에 국가에서 중요하게 관리하는 도시를 특별시라 부른다. 남포南浦, 라선羅先, 개성開城 세 곳이 북한의 특별시다. 북한의 특별시는 남한의 광역시와 비슷한 위상으로 독자적인 행정 기능을 수행한다. 남포는 평양의 관문으로 서울의 관문 역할을 하는 인천과 성격이 유사하고, 라진羅津과 선봉先鋒의 앞 글자를 딴 라선은 두만강 하류에 있어서 중국, 러시아와 경제 협력의 교두보 역할을 한다. 마지막으로 개성은 500년 고려의 도읍지로 많은 유적지가 자리하고 있으며, 아쉽게도 지금은 가동을 중단한 개성공업지구가 이곳에 있다. 개성은 북위 38도 이남에 있어 1945년 광복 직후에는 남한의 경기도 관할이었으나, 6·25전쟁을 거치면서 북한으로 편입되었다.

남한의 행정구역은 크게 지방자치단체와 비자치구역으로 구분되는데, 지방자치단체는 다시 관할 범위와 상하관계에 따라 단위가 큰 상위 단체인 광역자치단체와 단위가 작고 하위 단체인 기초자치단체로 나뉜다.

2020년 남한의 광역자치단체는 총 17개로, 특별시·광역시·도·특별자치시와 특별자치도로 구성된다. 특별시는 서울이 유일하다. 광역시는 부산·인천·대구·대전·광주·울산 등 6개가 있는데, 모두 주변 지역을 아우르는 행정·사회·문화·경제 중심지이다.

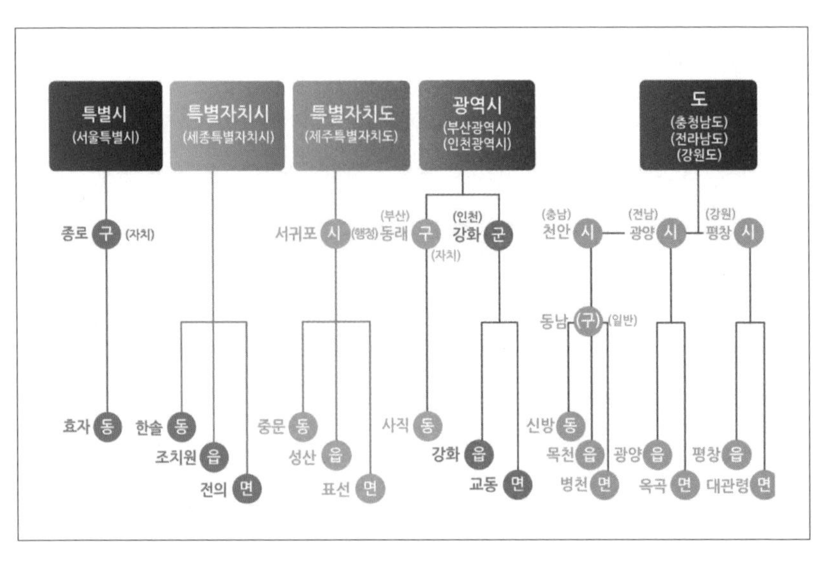

남한 행정구역 체계

2020년 11월 기준 전체 행정구역 중 인구가 천만 명이 넘는 곳은 1,341만 명이 거주하는 경기도가 유일하다. 1988년에 처음으로 도시 인구가 1,000만을 넘긴 서울에는 2020년 기준 966만 명이 거주하고 있다.

광역자치단체끼리는 서로 위아래 등급의 차이가 없다. 경기도와 서울특별시가 동급이며, 충청남도와 세종특별자치시 등급도 동일하다. 서로 동등하며 독립되어 있기에 각 광역자치단체마다 행정과 교육을 담당하는 자치단체장과 교육감은 선거를 통해 따로 뽑는다. 과거에는 대통령이 자치단체장과 교육감을 임명하고 해임했지만, 이제는 지방선거에서 지역 거주자가 직접 투표로 선출한다. 선출된 자치단체장은 비교적 독립적으로 업무를 수행하고 의사를 표현하는데, 가령 중앙 정부에서 서울시 주변 그린벨트에 특정 시설을 만들고 싶어도 서울시가 동의하지 않으면 추진하기 어렵다. 또 서울시가 행정을 추진할 때 서울시에 속한 자치구가 반대하면 서울시 마음대로 계획을 추진하기 어렵다.

중앙 정부와 지방자치단체 사이에 갈등이 발생하면 서로 고도의 정치력을 발휘해 협상하면서 갈등을 조정하게 된다. 지리학에서는 이것을 '스케일의 정치'Politics of Scale라고 부른다. 각 행정구역 단위는 위로 올라갈 때마다 면적과 위상, 즉 스케일이 커진다. 몸 - 집 - 마을 - 지방 - 국가 - 지역(대륙)-지구로 스케일이 확장하듯이 우리나라 행정구역은 읍·면·동—시·군·구—시·도—대한민국의 순서로 스케일이 커진다.

도시의 스케일은 고정불변한 것이 아니라 시기와 환경에 따라 변한다. 경상북도 상주는 조선시대에 인구가 손꼽을 정도로 많은 도시로 경상감영 소재지였다. 하지만 지금은 부산과 대구에 비해 위상이 매우 낮다. 부산의 스케일이 빠르게 성장한 데에는 일본의 식민지 지배와 밀접한 관계가 있다. 대개 식민지 본국은 식민지의 효과적인 지배를 위해 본국과 가까운 곳에 항구 도시를 만들고 내륙으로 철도와 도로를 건설한다. 만약 일본이 한반도 동남쪽이 아니라 다른 곳에 있었다면 부산은 지금처럼 성장할 수 없었을 것이다.

부산 이외에도 제국주의 국가의 영향력과 관련하여 성장한 도시가 남한과 북한 곳곳에 많이 있다. 그중에서 광역시로 크게 성장한 도시가 인천이다. 인천은 19세기에는 한적한 어촌이었지만 1876년 일제에 의해 제물포항이 개항한 이후 그 위상이 급격히 달라졌다. 서울과 수도권의 발달, 외국과의 새로운 관계로 인해 수도권의 관문으로 성장한 것이다.

대전大田은 원래 '한밭'이라는 이름을 가진 농촌 지역이었다. 일제강점기에 철도교통과 도로교통의 요지로 발달해서 지금은 충청남도와 대등한 광역시가 되었다. 이외에도 광주는 호남의 중심지, 울산은 공업 중심지로 스케일이 커지면서 광역시가 되었다. 부산·대구·광주·대전처럼 광역시로 승격하면 더이상 전에 속해 있던 도의 지휘와 감독을 받지 않으며, 광역시에 있던 도청은 도 안에 있는 다른 도시로 이동한다.

북한은 6·25전쟁 전후 행정구역을 크게 개편하면서, 5개의 도를 9개로 늘리고, 직할시와 특별시를 새로 만들었다. 북한 주민들의 행정·정치·사회·경제생활은 9개의 도, 1개의 직할시, 3개의 특별시로 나뉜 행정구역 체계에 근간을 두고 있다. 가령 북한 김일성종합대학은 행정구역별로 신입생 선발인원을 배당한다. 또 다른 예로 주민이 자기가 살고 있는 시·도에서 다른 시·도 이동하려면 통행증을 발급받아야 한다.

따라서 북한 주민의 삶을 이해하려면 북한의 행정구역을 이해해야 한다. 그러나 남한의 지리 교과서에서 보고 배우는 북한의 행정구역은 실제 북한의 모습과 많이 다르다. 북한의 바뀐 모습을 가르치지 않기 때문이다. 반면 북한은 변화된 남한의 행정구역을 학교에서 학생들에게 가르친다. 만약 북한이 약 120년 전의 남한 행정구역을 학생들에게 가르친다면, 세상 사람들은 북한을 어떻게 생각할까?

통일이 되면 북한의 행정구역을 약 80년 전 광복 당시로 되돌릴 수 있을까? 그것은 현실적으로 불가능하다. 함경남도를 비롯해 기존의 북한 지역 행정구역은 면적이 너무 넓고 교통도 불편하다. 행정 중심지에서 떨어진 지역은 행정 서비스를 받기가 어려울 수밖에 없다. 예를 들어 평안북도에서 독립한 자강도 안에 있는 중강진에서 평안북도 도청이 있는 신의주까지 직선거리

1946년 남한 행정구역

전라남도 하위 행정구역이었던 제주도는 1946년 제주도로 승격해 독립한다. 이로써 남한에 도 규모의 행정구역은 9개가 된다.

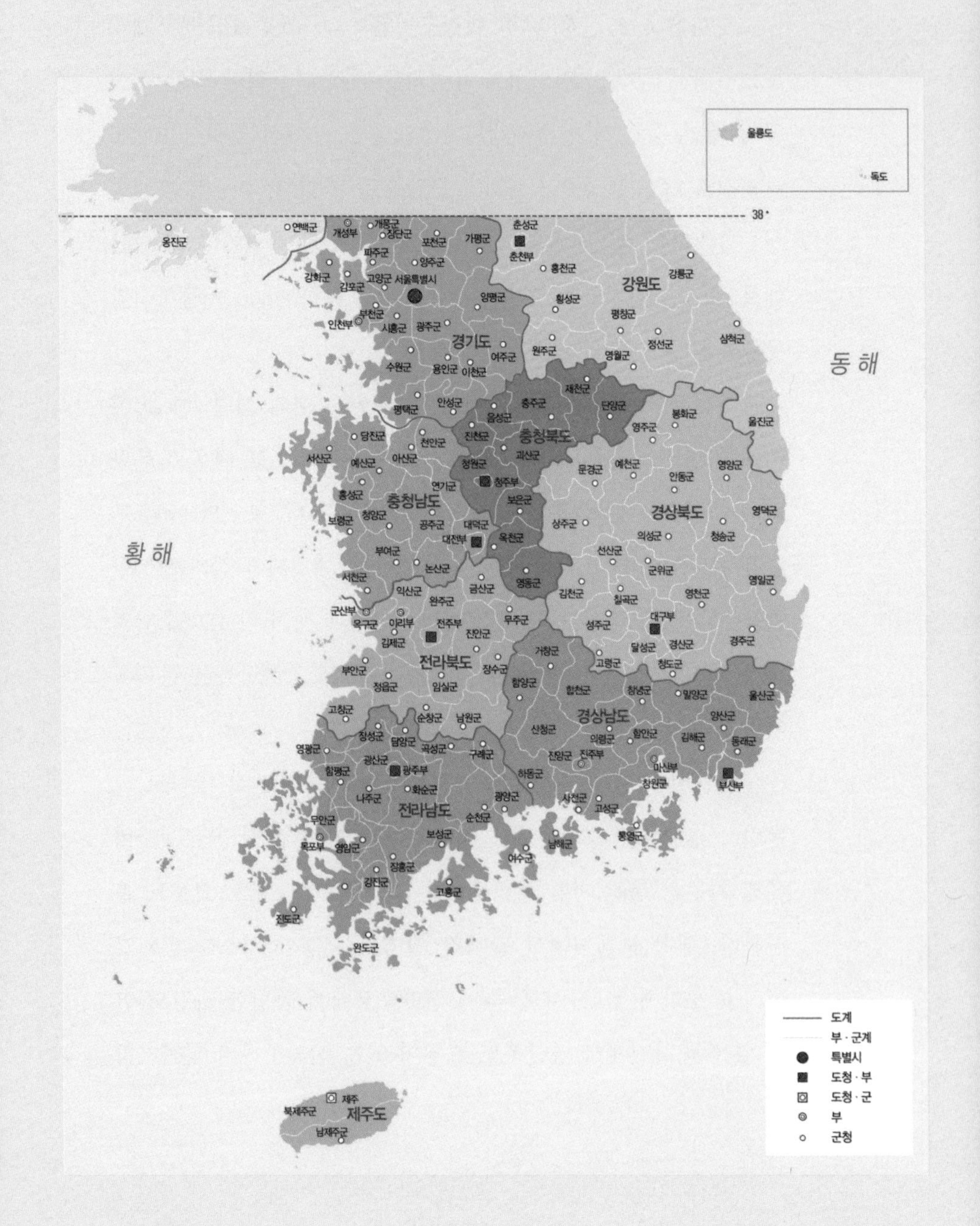

2013년 남한 행정구역

1995년 도농복합도시를 설치하면서 기존의 직할시를 광역시로 개편하게 된다. 1997년 울산이 광역시로 승격했고, 2006년 제주도가 제주특별자치도로 개편되었으며, 2012년에는 세종특별자치시가 출범했다.

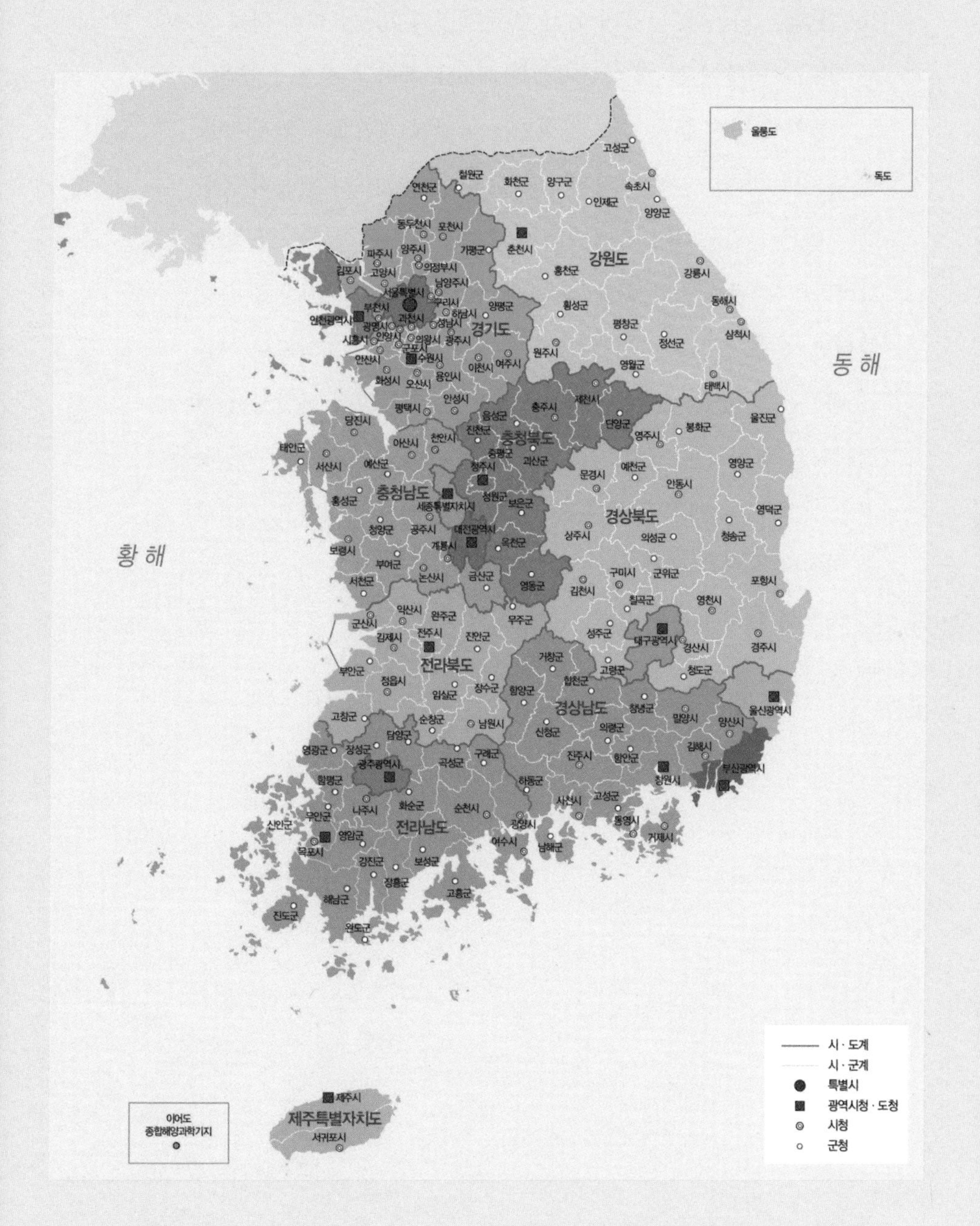

가 280킬로미터다. 서울에서 대구 또는 서울에서 광주보다 더 멀다. 인구분포 역시 문제다. 황해북도와 황해남도 거주인구는 각각 200만 명이 넘는데, 남한의 여러 도는 인구가 200만 명이 되지 않는 것으로 비추어 볼 때 예전처럼 황해도로 돌아갈 필요가 없다.

통일이 되면 둘로 나뉜 강원도를 어떻게 개편할지 역시 중요한 문제다. 70년 전 북한 강원도의 도청 소재지가 된 원산이 남한에서 만든 한반도 지도에서는 여전히 함경남도에 속해 있다. 현재 남북한이 한반도에서 통치력을 발휘하는 행정구역을 상호 존중한다면, 북한 강원도는 강원북도, 남한 강원도는 강원남도로 이름을 바꾸는 방법도 생각해볼 수 있지 않을까? 통일된 한반도의 행정구역을 상상하는 일이 지금은 시기상조처럼 보일지 모른다. 하지만 통일 이후 개편된 행정구역이 우리 생활에 직접적으로 영향을 미친다는 점을 생각한다면, 장기적인 안목을 갖고 지금부터 통일 이후의 행정구역을 고민하는 일이 섣부르다고 단정할 수는 없겠다.

정부가 행정구역을 나누어 구획하는 배경은 무엇일까요?

도시를 인구 규모나 기능에 따라 구획하고 운영하는 이유는 해당 도시와 국가의 발전에 유리하기 때문이에요. 인구가 5만 명 규모의 도시와 인구가 1,000만 명에 가까운 수도 서울특별시를 같은 등급으로 묶고 동일하게 운영한다면 여러 가지 문제가 발생할 수밖에 없어요. 따라서 규모와 기능에 따라 행정구역을 나누고 자치권을 부여하여 운영하게 만들어야 하는 것이에요.

특별자치도는 제주도가 유일해요. 제주도가 남해에 떨어져 있는 섬으로 지형, 기후, 역사, 문화가 워낙 독특하기 때문에 고도의 자치권을 발휘하도록 만들었어요. 하지만 중국계 영리 병원의 설립이 국민적 반대로 중단된 사건은 자치권의 한계를 보여주기도 해요.

행정수도로 기능하는 특별자치시는 세종시 딱 하나예요. 충청남도의 도지사는 차관급이지만 도 안에 위치하고 있는 세종시에는 20여 개 부처의 장관과 차관급 고위층들이 근무하지요. 이는 미국의 수도 워싱턴시가 미국 50개 주 어디에도 속하지 않는 것과 비슷한 맥락이라고 할 수 있어요.

2부

▼

자연

하늘을 알고 땅을 알면 보이는 기후와 날씨

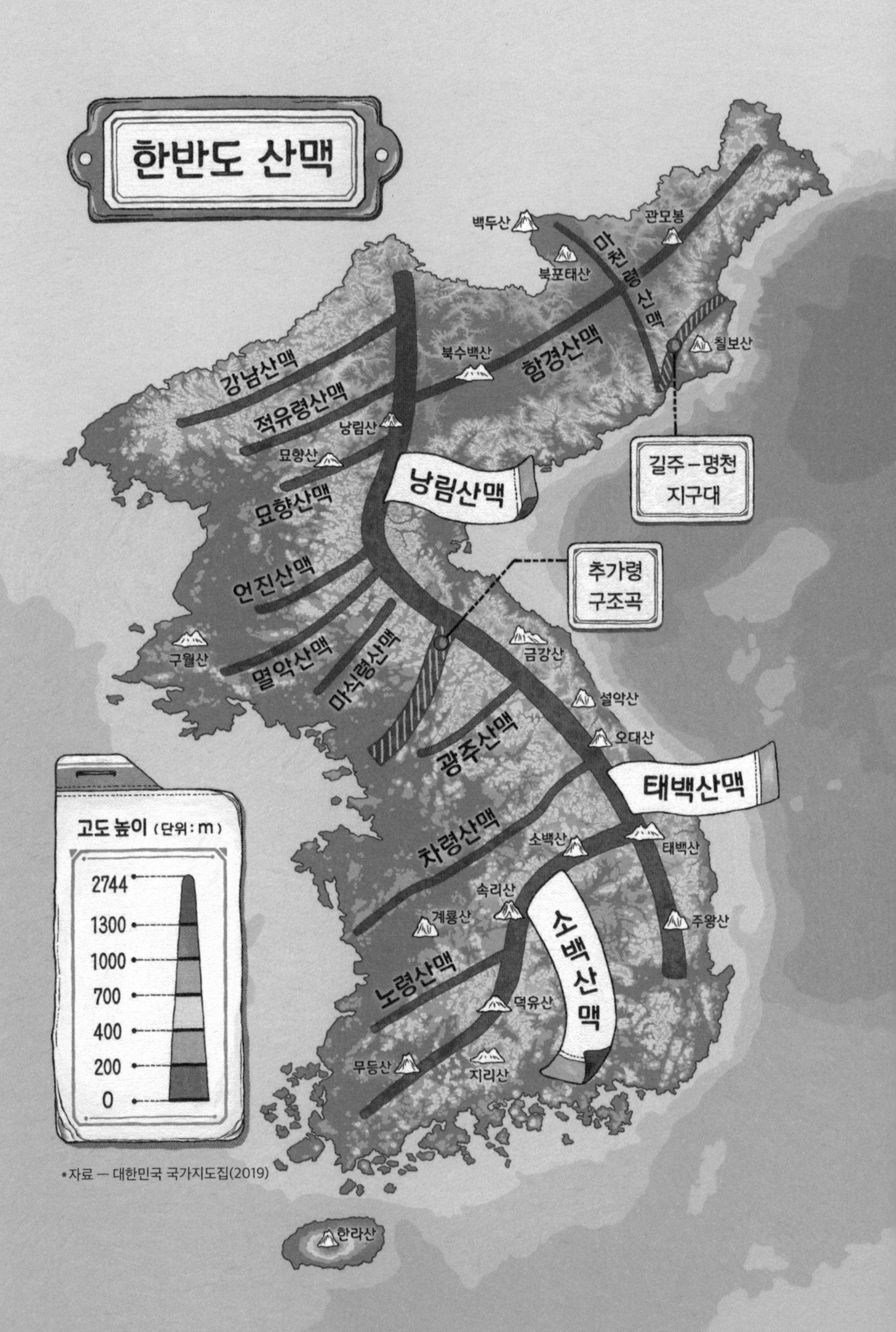

*자료 — 대한민국 국가지도집(2019)

산맥

함흥냉면과 평양냉면을 나누는 기준은 무엇일까?

산이 일정한 방향으로 이어져 있는 지형을 산줄기, 한자로 산맥山脈이라고 한다. 높은 산들이 이어진 산맥은 지역 간 왕래를 막는 장애물처럼 보이기 십상이지만, 산맥의 진면목은 기후와 생활양식의 차이를 만든다는 점에 있다.

산맥이 높을수록 산맥을 경계로 양쪽의 기후가 크게 달라진다. 예를 들어 유럽에 동서로 길게 누워 있는 알프스산맥을 기준으로 북서쪽은 서안해양성기후, 남쪽은 지중해의 영향을 받는 지중해성기후가 나타난다. 또 산맥을 경계로 서로 다른 문화가 발전하기도 하는데, 세계에서 가장 높은 히말라야산맥을 사이에 두고 인도 문화권과 중국 문화권으로 나뉜 것이 대표적이다.

한반도에도 기후와 생활양식의 차이를 만드는 산맥이 많다. 그중에서도 태백산맥, 소백산맥, 낭림산맥이 어떻게 기후와 문화의 차이를 만드는지 살펴보자.

같은 강원도에 속하지만 기후는 전혀 다른 영동과 영서

교통이 불편했던 과거에 높은 산맥은 사람들의 왕래를 어렵게 하는 장벽이었다. 예를 들어 강원도는 하나의 행정구역이지만 태백산맥의 고개嶺를 경계로 동쪽의 영동과 서쪽의 영서로 구분된다. 영동과 영서는 직선거리로 매우 가깝지만 진부령(520m), 미시령(767m), 한계령(920m), 대관령(832m), 진고개(940m) 등 높은 고개를 넘어야 왕래할 수 있었다.

험준한 태백산맥을 사이에 둔 영동과 영서는 극명한 기후 차이를 보인다. 1981년부터 2010년까지 영동의 중심도시 강릉의 7월 평균기온은 24.2도이고, 영서의 중심도시 춘천의 7월 평균기온은 24.5도로 큰 차이가 없다. 하지만 한겨울 1월의 평균기온을 보면 춘천은 -4.6도로 영하권인 반면 강릉은 0.4도로 영상 기온을 보인다. 이는 태백산맥이 겨울에 부는 차가운 북서풍을 막아주고, 동해에는 따뜻한 해류가 흘러 영동에 해양성기후가 나타나기 때문이다.

전통적인 지역 구분

전통적인 지역 구분은 산맥과 강 같은 자연환경을 경계로 이루어졌다. 영동과 영서는 태백산맥, 영남과 호남은 소백산맥, 관서와 관북은 낭림산맥을 경계로 삼는다. 이외에 관북과 관동은 철령이라는 고개를 사이에 두고 있으며, 호서와 영남은 조령, 지금의 문경새재를 기준으로 나눈다.

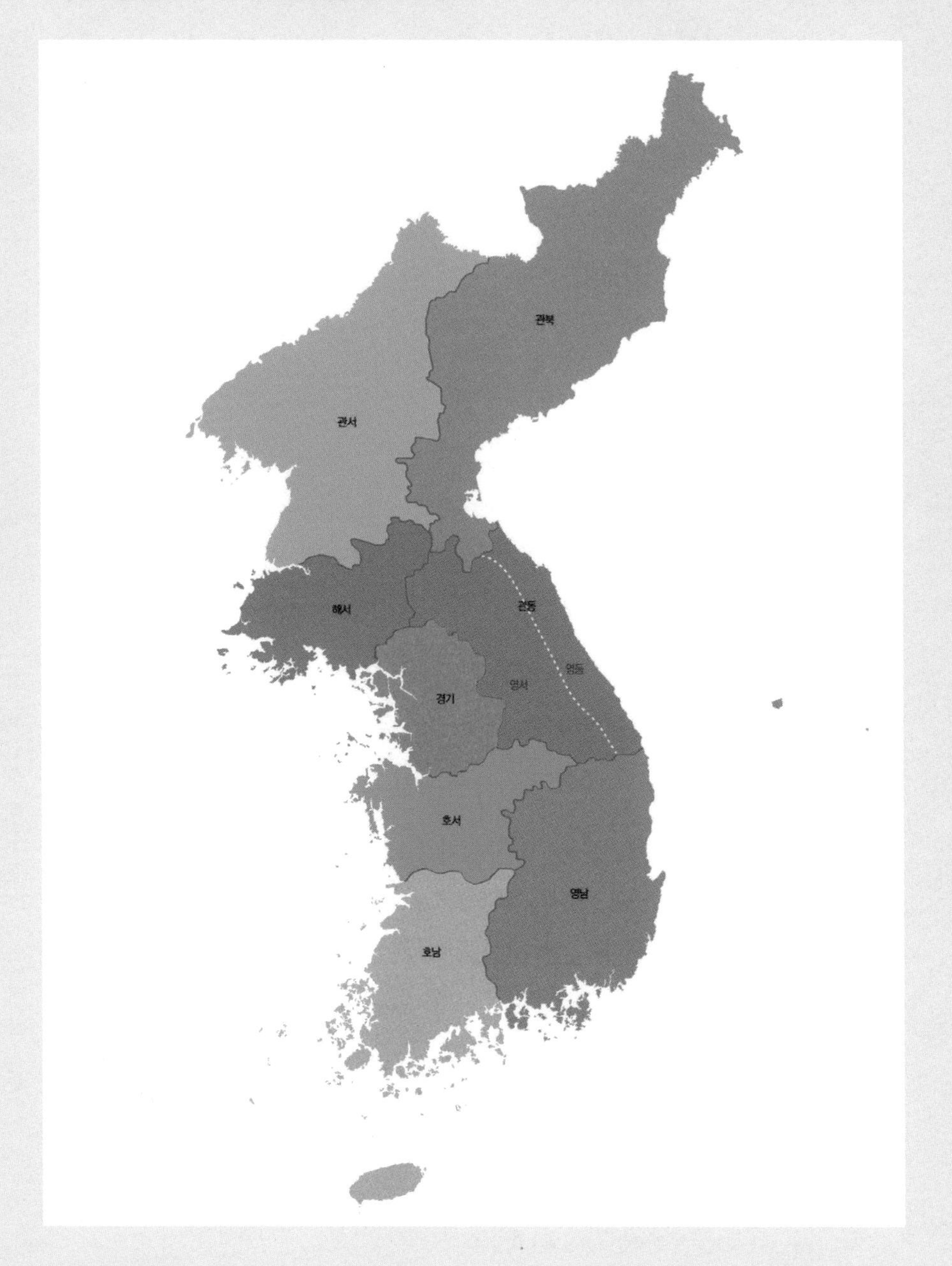

태백산맥 때문에 발생하는 푄 현상도 영동과 영서의 기후 차이를 만든다. 푄 현상이란 수증기를 품은 공기가 산을 오르며 비를 내리고, 다시 산을 넘어 내려가며 고온건조해지는 현상을 말한다. 2019년 강원도 동해안에 큰 산불을 일으킨 양간지풍襄杆之風이 대표적인 푄 현상이다. 양간지풍은 봄철마다 양양과 고성을 오가는 바람으로, 태백산맥을 넘으면서 고온건조해져 봄철 강원도 산불의 주요 원인으로 꼽힌다. 반대로 높새바람은 초여름 동해에서 불어온 차고 습한 북동풍이 태백산맥을 넘으면서 고온건조해져 영서로 부는 바람이다. 봄철 양간지풍이 영동에 대형 산불을 일으키고, 초여름에는 높새바람이 영서의 기온을 높이고 가뭄피해를 입힌다.

기후 차이는 곧 음식의 차이로 이어진다. 영동은 동해안을 끼고 있어 생선요리와 젓갈이 발달했으며 명태식해, 오징어순대처럼 해산물을 사용한 음식이 특히 유명하다. 주로 밭농사를 짓는 영서에서는 곤드레밥, 메밀전병, 화천삼나물밥 같이 곡물이나 채소요리가 지역의 명물로 꼽힌다. 두 지역의 음식 문화에 큰 차이가 생긴 것은 단연 산맥을 비롯한 지리적 요인이 작용한 결과다.

과거에는 나라를, 지금은 문화를 나누는 경계선

우리 역사에서 고구려, 백제, 신라가 다투던 삼국시대에 소백산맥은 백제와 신라의 자연 경계선이었다. 소백산맥을 경계로 낙동강 유역에 해당하는 영남은 신라 천 년 역사의 터전이었고, 소백산맥 서쪽에 자리한 호남에서는 백제가 칠백 년 역사의 기틀을 다졌다. 도로교통이 불편했던 고대에는 높고 험준한 소백산맥이 국경선 역할을 대신해, 영남과 호남에 독자적인 왕국이 세워져 수백 년간 대립할 수 있었다.

적설량을 비교하면 소백산맥이 만드는 기후 차이를 확인할 수 있다. 단, 적설량은 강설량과는 다르다. 강설량은 내린 눈을 물로 환산하여 측정한 것이고, 적설량은 땅 위에 쌓인 눈의 두께를 말한다. 부산, 대구, 안동 등 소백산맥 동쪽 도시는 한 해 적설량이 2센티미터가 되지 않지만, 소백산맥과 노령산맥 서쪽에 있는 전라북도 장수·정읍·부안의 적설량은 6센티미터가 넘는다. 국내 최대 규모의 스키장으로 알려진 무주덕유산리조트가 자리하고, 남대천얼음축제가 열리는 전라북도 무주 역시 소백산맥 서쪽에 있어 많은 눈이 내리는 지역 중 하나다.

겨울철 한반도에 추위를 가져오는 바람은 시베리아에서 불어오는 북서풍이다. 북서풍은 서해를 건널 때 바다에서 수증기를 흡수하면서 차고 습해진다. 수증기를 머금은 북서풍이 영남과 호남의 경계를 이루는 소백산맥과 노령산맥에 부딪혀 눈구름을 만들고, 소백산맥과 노령산맥의 서쪽에 자리한 군산·부안·장수·정읍에 많은 눈을 내린다. 눈을 뿌린 북서풍은 습기를 잃고 건조해지므로 소백산맥 동쪽에는 눈이 적게 내리는 것이다.

평양냉면과 함흥냉면을 나누는 낭림산맥

한반도에서 드물게 낭림산(2,186m)을 비롯해 해발 2,000미터가 넘는 높은 산들이 늘어선 험준한 산줄기 낭림산맥은 동쪽이 높고 서쪽이 낮다. 산맥 서쪽은 관서 동쪽은 관북이라 하는데, 두 지역은 오가산령(1,119m), 불개미령(1,386m), 가릉령(1,324m), 황수령(1,475m), 덕유대령(1,501m), 설한령(1,433m) 등 높고 험준한 고개를 통해 연결된다.

낭림산맥을 경계로 관서와 관북의 연평균 강수량과 겨울철 평균기온 차이가 뚜렷하다. 강수량은 관서가 관북보다 많다. 여름철 비를 부르는 남서풍이 남북으로 뻗은 낭림산맥에 부딪치면서 관서에 많은 비를 내리지만, 이후 건조해지면서 낭림산맥 동쪽에는 비를 적게 내리기 때문이다. 관서에 해당하는 청천강 중상류는 한반도 북부의 대표적인 다우지이고, 관북에 해당하는 낭림산맥 동쪽 개마고원은 연평균 강수량이 700밀리미터 이하로 한반도의 대표적인 소우지로 꼽힌다.

한편 가장 추운 1월의 평균기온은 낭림산맥 동쪽인 관북이 서쪽인 관서보다 높은데, 이는 시베리아에서 겨울철 추위를 한반도로 몰고 오는 북서풍을 낭림산맥이 막기 때문이다. 여기에 관서에 맞닿은 서해보다 관북과 맞닿은 동해의 수심이 깊고 수온이 높아 관북에 해양성기후가 나타난 결과이기도 하다.

한반도 북부의 대표적인 음식은 냉면이다. 원래 평안도에서는 추운 겨울에 동치미 국물에 메밀면을 말아 먹었는데, 이것이 여름 별미로 변하면서 냉면이 되었다. 냉면은 크게 함흥식과 평양식으로 나뉜다. 함흥냉면의 특징은 가늘고 질긴 면발과 눈물이 날 정도로 매콤 새콤한 양념장이다. 함경도는 동해안의 좁은 해안 평야를 제외하면 대부분 높고 험준한 산악지대로, 주로 밭농사를 지어 감자·옥수수·귀리 같은 잡곡을 많이 생산한다. 함흥냉면이 질긴 이유는 함경도에서 생산되는 감자녹말을 넣어 면을 만들기 때문이다. 함경도에 인접한 동해안에는 한류와 난류가 흘러 수산물이 풍부해 가자미를 곁들인 회냉면도 만들어 먹었다.

반면 평양식 물냉면은 겨울철 동치미 국물에 메밀면을 말아 먹었던 문화에서 시작했다. 자극적이지 않고 담백한 맛이 특징으로, 함경도와 달리 메밀로 면을 만들기 때문에 찰기가 약해 면이

← 평양냉면, → 함흥냉면

굵고 거칠다. 평양냉면은 꿩 육수를 최고로 치지만, 서민들은 주로 동치미 국물에 말아 먹었다고 한다. 이처럼 함경도와 평안도의 지리적 특징이 함흥냉면과 평양냉면의 차이를 만들었다.

교통의 발전으로 허물어진 것은 정말 산맥뿐일까?

과거 높고 험준한 산맥은 사람들의 교류를 막는 장벽이었다. 도로교통을 불편하게 만드는 산맥을 사이에 두고 자연스럽게 생활양식의 차이가 발생했다. 영동과 영서, 호남과 영남, 관서와 관북이라는 지역 구분이 가능한 것은 태백산맥, 소백산맥, 낭림산맥이 기후와 문화의 차이를 만들었기 때문이다.

오늘날 눈부신 도로교통의 발달로 문화권을 나누던 산맥의 역할은 점차 줄어들고 있다. 영남과 호남을 가르는 소백산맥에는 죽령터널을 통과하는 중앙고속도로가 지나고, 중부내륙고속도로는 문경새재 옆에 자리한 문경새재터널을 통과한다. 이제 죽령터널과 문경새재터널을 통해 영남에서 서울로 이동하는 길은 이전과 비교할 수 없이 빠르고 편리해졌다. 두 지역을 가로막던 소백산맥을 현대의 토목 기술로 극복한 것이다.

교통의 발전은 우리에게 편리함을 주지만, 거기에는 어두운 이면도 존재한다. 산맥을 통과하는 터널과 고속도로를 만드는 과정에서 주변 산림이 사라졌다. 나무를 베고 숲을 없애면서 자연에 살던 동식물이 삶의 터전을 잃은 것은 당연한 결과다. 전국이 일일 생활권으로 통합되자 지역마다 개성 넘치던 생활양식은 박물관의 장식품이 되거나 아예 자취를 감추고 사라지고 있다. 과거에는 상상도 할 수 없을 만큼 빠르게 지역을 넘나들며 다양한 문화를 접할 수 있지만, 활발해진 교류만큼 지역 고유의 특색은 옅어지는 것이다.

산맥도가 아니라 산경도가 더 정확하다는데, 정말일까요?

산맥도와 산경도는 어떤 것이 옳고 어떤 것이 그른 것이 아니라, 산줄기를 무엇으로 보고 또 어디에 중점을 두느냐는 관점의 차이에 따라 다르게 표시된 지도일 뿐이에요. 산맥도가 동일한 지각운동을 통해 형성된 산줄기를 산맥으로 보고 그린 지도라면, 산경도는 분수계를 산맥으로 인식한 지도예요.

현대 지리학에서 산맥은 지각운동 또는 지질구조를 통해 일정한 방향으로 길게 늘어선 산지를 말해요. 즉 산맥도는 산맥이 만들어지는 과정에 바탕을 두고 만들었으며, 지질시대에 만들어진 유용한 지하자원을 찾기에 용이해요.

조선시대에는 분수계, 즉 물길을 나누는 능선을 산맥으로 여겼어요. 18세기 실학자 신경준은 이를 체계적으로 정리해 산경표를 만들고, 산맥을 대간·정간·정맥으로 구분했어요. 산경표의 산줄기 체계가 독특한 이유는 가장 큰 산줄기는 대간, 그다음 산줄기는 정간, 마지막은 정맥으로 산맥에 서열을 매겼다는 점이에요. 산경표를 지도로 표현한 것이 산경도예요. 산경도는 하천의 유역을 정확하게 표시하고 있어, 전통적인 문화권 구분에 유용해요.

영동과 영서는 어떻게 하나의 강원도가 되었나요?

통일신라시대에는 영동과 영서를 각각 명주溟州와 삭주朔州라는 별도의 행정구역으로 나누어 관리했어요. 그러다 995년 고려 성종 때 당나라 태종이 전국을 지리적 조건에 따라 10도로 나눈 것을 참고해서 우리도 전국을 10도로 나누었는데, 이때 명주와 삭주를 합쳐 삭방도朔方道로 이름 붙였어요. 삭방도란 이름은 삭주에서 따왔다고 해요.

그러다 고려 현종 때에 이르러 고려의 행정구역은 5도와 양계로 재편되는데요. 5도가 일반 행정구역이었다면, 북계와 동계를 뜻하는 양계는 군사적 목적을 위해 설치된 행정구역이었어요. 그중 태백산맥을 따라 길쭉한 모양을 한 동계는 여진족의 침입을 대비해 설치했어요. 삭방도에서 군사적 이유로 동계가 분리되고 남은 지역은 교주도交州道를 비롯해 다양한 이름으로 불리다가, 1389년 고려 공양왕 때 교주도와 동계 일부를 합쳐 교주강릉도交州江陵道로 합쳤어요.

강원도江原道란 이름을 사용하기 시작한 건 1395년 조선 태조 때였어요. 1392년 건국한 조선은 이전의 고려시대 행정구역을 새롭게 개편하는데요. 이때 영서의 교주도와 영동의 강릉도를 하나로 합쳐 강원도라 이름 붙인 것이에요. 조선시대 강원도 일대를 관동지방關東地方이라고도 불렀는데요. 대관령의 동쪽이라는 유래와 철령관의 동쪽이라는 유래가 있어요.

유역 및 댐 현황
다목적댐
홍수조절댐
용수댐
보
하굿둑
한강 유역
금강 유역
낙동강 유역
섬진강 유역
영산강 유역
한강
금강
금강 하굿둑
낙동강
섬진강
영산강 하굿둑
영산강
낙동강하굿둑
*자료 — 대한민국 국가지도집(2019), 케이워터(2021)

하천

왜 '서울의 기적'이 아닌
'한강의 기적'이라고 할까?

고구려와 백제의 마지막 도읍지 평양과 부여, 신라의 천년 고도 경주는 한 가지 공통점을 지닌다. 바다와 연결된 커다란 하천을 옆에 두고 도시가 형성되었다는 점이다. 평양에는 한반도에서 다섯 번째로 긴 대동강이 흐르고, 부여 옆을 흐르는 금강은 한강과 낙동강에 이어 한반도 남부에서 세 번째로 긴 강이다. 경주를 지나 동해로 흐르는 형산강은 대한민국에서 동해로 흐르는 강 가운데 가장 길다.

세 도시뿐만이 아니다. 수도 서울을 비롯해 주요 도시 주변에는 크고 작은 강이 꼭 자리해 있다. 이는 하천이 도시 발달에 꼭 필요하다는 사실을 말해준다. 도시에 사람이 거주하려면 사용하기에 충분한 물이 필요한데, 하천은 생활용수는 물론 도시에서 산업이 발전하는 데 필요한 각종 용수를 제공하기 때문이다. 하물며 도로교통이 발달하지 못했던 과거에 하천은 배를 통해 물자와 사람을 운반하는 고속도로 역할까지 담당했기에, 도시가 하천 주변에 형성되는 것은 당연한 결과였다.

하천과 함께 발달한 우리나라 도시들

남북한 행정구역의 근간이 되는 조선 팔도는 하천과 하천 주변의 도시를 중심으로 구획된 행정구역 체계였다. 하천 주변에 도시가 형성되고 발전한 과정을 살피면, 왜 조선이 이런 체계를 세웠는지 이해할 수 있다. 비교적 친숙한 한반도 남부의 충청도, 경상도, 전라도를 중심으로 살펴보자.

먼저 충청도忠淸道는 충주忠州와 청주淸州의 앞 글자를 따서 이름을 지었다. 두 도시는 7세기 말 당나라를 한반도에서 몰아낸 신라가 오늘날 광역시에 해당하는 소경少卿을 설치한 지역으로 각각 중원경中原京과 서원경西原京이 설치되었다. 충주는 남한강과 남한강의 지류큰 강으로 흐르거나 큰 강에서 갈려 나온 물줄기인 달천이 만나는 분지에서 발달했다. 남한강 수로를 이용하면 한강 하류까지 곧바로 연결되고, 남으로는 죽령을 통해 영남으로 연결되어 예나 지금이나 교통의 요충지로 통한다. 금강의 지류인 무심천 주변에 자리한 청주는 비옥한 미호평야를 발판으로 발전했다. 지금은 충청북도 도청 소재지로서 충청북도의 정치·경제·행정·문화 중심지이며, 청주 인근의 오송역은 경부고속철도와 호남고속철도가 갈라지고 중부고속도로와 경부고속도로가 지나는 사통팔달의 길목이다.

조선시대 경상도慶尙道의 중심은 경주慶州와 상주尙州였다. 형산강 분지에 자리한 신라의 천년고도 경주는 고려시대부터 한반도 동남부 행정의 중심지로 역사가 유구하다. 낙동강 지류인 북천과 병성천 유역의 커다란 분지에 위치한 상주는 고대국가 진한의 여러 소국 중 사벌국의 중심지였으며, 조선시대에도 경상도 내륙의 중심이었다. 오늘날 도청에 해당하는 경상감영이 경주에 설치되었다가 상주를 거쳐 대구로 이전했는데, 감영이 옮겨진 이후에도 상주는 경상도의 중심 도시로 계속 기능했다. 낙동나루에서 출발하는 뱃길이 낙동강 하류까지 이어졌고, 북으로는 죽령을 통해 한강 유역과 연결되는 교통의 길목에 자리했기 때문이다.

전주全州와 나주羅州의 앞글자를 따서 지은 이름이 바로 전라도全羅道이다. 전주천 주변 분지에 형성된 전주는 견훤이 후백제의 수도로 삼은 도시다. 전주 이씨의 본관이라 조선시대에는 태조의 어진을 봉안한 경기전慶基殿을 전주에 설치했으며, 전라감영도 이곳에 배치했다. 나주는 영산강 옆에 자리한 도시로 배를 이용해 서해로 뻗어나갈 수 있는 교두보였다. 조차가 큰 서해의 영향으로 배가 오가기 편리하고, 영산강 하류에 비옥한 나주평야가 자리해 도시의 성장 동력이 되었다. 나주는 고려시대 성종이 전국에 설치한 행정구역 12목 중 하나로서 호남의 중심지로 자리매김했으며, 조선시대에도 전라도에서 전주 다음으로 큰 도시로 발달했다.

뱃길로 흥하고 뱃길로 망한 강경

하천이 도시 발달에 미치는 영향을 단적으로 보여주는 사례가 바로 강경의 흥망성쇠다. 금강변에 자리한 강경포구 주변에서 열리는 강경시장은 대한제국 당시 평양시장, 대구시장과 더불어 전국 3대 시장으로 꼽힐 만큼 번영을 누렸다. 강경에 포구가 설치되고 시장이 발달한 원동력은 강경과 뱃길로 이어진 서해의 커다란 조차潮差에 있었다. 밀물과 썰물 때 바닷물 높이의 차이를 조차라고 하는데, 조차가 큰 바다와 하천이 만나면 바닷물이 하천을 따라 내륙 깊숙한 곳까지 흐른다. 조차가 큰 서해의 바닷물은 금강을 타고 강경을 지나 부여까지 이동했다. 이렇게 내륙까지 바닷물이 흐르면 배를 움직이기 무척 편리하므로, 강경에 포구를 설치하고 뱃길을 이용한 것이다.

강경은 금강의 지류인 강경천과 충청남도 제일의 식량창고였던 논산평야를 배후에 두고 성장했다. 금강의 뱃길을 이용해 논산평야와 내륙에서 온 농산물과 서해에서 들어오는 수산물이 강경시장에서 거래되었다. 경기도 남부의 안성, 충청남북도, 전라북도와 전주의 상인들까지 강경시장을 이용했다. 강경 황산대교 인근에는 강경포구로 들어오는 배를 안내했던 등대가 남아 있다. 얼마나 많은 배가 강경포구를 오갔으면 바다도 아닌 금강변에 등대까지 만들었을까.

일본이 한반도를 수탈하려고 군산항을 개항하면서 강경은 전성기를 맞았다. 군산항을 통해 내륙으로 거래되는 상품의 80퍼센트가 강경을 지났다. 덕분에 강경은 일제강점기 충청남도 제일의 상업 도시로 발돋움했다. 충청남도에서 가장 먼저 상하수도와 전기가 설치된 지역이 강경이었다. 전기 공급을 위해 100평 규모

강경 하시장(1959년)

군산항 개항 초기에는 군산항으로 들어오는 상품의 80퍼센트가 강경시장을 통하면서, 충청도와 전라북도는 물론 경기도 남부에 이를 만큼 상권이 넓었다. 하지만 철도를 비롯한 도로교통이 발달하고 6·25전쟁으로 시장이 파괴되면서 상권 대부분을 잃는다.

의 화력발전소가 세워졌고, 1911년에는 처음으로 극장도 생겼다. 관공서와 은행도 자리를 잡았는데, 강경우편취급소는 충청남도에서 가장 먼저 문을 연 우체국이다.

금강의 편리한 뱃길 덕분에 크게 성장했던 강경은 경부선과 호남선 같은 육상교통이 발달하면서 급격하게 쇠퇴했다. 일제강점기에는 논산평야의 쌀을 일본으로 실어내는 거점으로 위상을 유지할 수 있었지만, 광복과 6·25전쟁을 겪으며 더는 교통의 요충지 역할을 할 수 없었다. 오늘날 강경은 인구 1만 명을 유지하기도 어려워 읍에서 면으로 격하될 위기에 처해 있다. 도로교통의 발달과 1990년에 건설된 금강 하굿둑의 건설로 포구 기능을 완전히 잃어버린 결과다.

'한강의 기적'에 가려진 한강의 진짜 모습

1960년대 초반부터 1997년 외환위기 전까지 대한민국의 급격한 경제 성장을 '서울의 기적'이 아니라 '한강의 기적'이라 부르는 데에는 이유가 있다. 대한민국 정치·경제·문화·교통의 중심지로 서울이 발전할 수 있었던 원동력이 바로 한강이기 때문이다. 당시 서울의 빠른 성장은 서울 인구의 증가에서도 드러난다. 박정희 정부가 경제개발계획을 추진하기 시작한 다음 해인 1963년에 325만 명이었던 서울 인구는 1968년 433만 명, 1972년 607만 명으로 크게 늘었고, 서울올림픽을 개최한 1988년 결국 1,028만 명을 기록했다.

서울이 대도시로 빠르게 성장하는 동안 사람들은 시가지 건설을 위해 한강을 파헤쳤고, 한강으로 흐르는 작은 하천은 하수구로 전락했다. 강변도로와 한강 다리 건설, 강남 확장은 경제 성장과 도시 발전의 상징이면서 한강 파괴의 증거이기도 했다. 강변을 가득 메웠던 갈대밭과 자연습지를 시멘트로 만든 인공제방으로 바꿔 버렸다. 유람선 이용을 위해 설치한 한강보는 서해의 바닷물 유입을 방해하고 오염물질을 한강에 가두는 문제를 낳았다.

한강뿐 아니라 서울의 다른 하천도 훼손되기는 매한가지였다. 한강으로 흐르는 청계천은 도로를 시멘트로 덮어 버렸는데, 이로 인해 청계천은 땅 위를 흐르는 하천이 아니라 하수를 흘려보내는 시멘트 터널로 전락했다. 2003년부터 2005년까지 이명박 서울시장이 주도한 청계천 복원 사업은 청계천 일부 구간을 인공적으로 복원하고, 모터를 사용해 한강물을 인위적으로 끌어와 흘려보내는 것이었다. 자연 상태로의 복원이 아니라 사람들에게 보여주기 위한 눈요깃거리에 불과했다.

그렇게 파괴된 줄로만 알았던 한강 생태계에 최근 고무적인 소식이 들려왔다. 2017년 천호대교 북단에서 약 30년 만에 수달을 발견한 것이다. 주로 깨끗한 하천에 살아 하천 생태계의 건강을 나타내는 지표로 통하는 수달은 과거 전국의 하천에 서식하다 수질오염과 남획으로 개체수가 급감했다. 1973년 팔당댐 건설로 한강이 상류와 하류로 단절된 이후 한강 하류에서 수달을 보기란 쉽지 않았다. 따라서 수달의 발견은 한강 수질 개선의 청신호라고 할 수 있다.

그럼에도 한강 생태계 회복을 낙관하며 안심하기에는 아직 이르다. 2021년 시민단체의 발표에 따르면 한강에서 발견된 수달들의 목과 꼬리와 몸통에 상처가 보였고, 심지어 배설물에서는 육안으로 확인할 수 있을 만한 플라스틱과 스티로폼과 방습제가 검출되었다. 사람이 배출한 생활쓰레기가 한강에 돌아온 수달의 생존을 여전히 위협하는 것이다.

댐과 둑으로 파괴되고 있는 하천

2020년 12월 31일 기준 대한민국의 등록 인구는 약 5,180만 명이다. 그중 서울, 인천, 경기도에 거주하는 인구가 약 2,600만 명으로 전체 인구의 반 이상이 수도권에 모여 산다. 한강의 커다란 지류인 남한강과 북한강에 다수의 다목적댐을 건설해 홍수를 조절하고 생활용수를 공급했기에 가능한 일이다. 충분한 식수를 공급할 수 없다면 한 나라의 인구 절반이 수도권에 모여 사는 건 불가능하다. 한강뿐 아니라 금강, 낙동강, 영산강 등 전국의 주요 강과 하천에도 각종 댐이 건설되어 있다.

하지만 댐 건설은 양날의 칼과 같다. 댐은 생활용수와 산업

↑ 청계천, ↓ 팔당댐

지금의 청계천은 2005년 10월 복원 사업을 끝내고 시민에게 개방되었고,
팔당댐은 1974년 준공된 이후 발전용 댐으로 지금까지 이용되고 있다.

용수를 제공하고 홍수를 조절하거나 전력 생산에 이용되지만, 동시에 생태계에 돌이킬 수 없는 변화를 야기한다. 댐 건설로 생긴 인공 호수는 안개를 만들고, 이는 일조량 감소로 이어져 농작물 재배에 큰 피해를 입힌다. 또, 하천 상류와 하류의 생태계 고리를 단절시키며, 댐 건설로 물에 잠긴 지역에 살던 주민은 터전을 잃고 다른 곳으로 이주하는 문제도 초래한다.

1991년부터 2001년까지 수력발전에 이용하던 도암댐은 수질오염 문제를 해결하지 못해 운영을 중단한 대표적인 사례다. 도암댐은 하천의 물을 댐에 가두고 다른 하천으로 물길을 돌려 발전하는 유역변경식 수력발전소였다. 구체적으로는 한강의 지류인 송천의 물을 도암댐에 가두고, 경사가 급한 태백산맥 동쪽으로 물을 흘려보내 전기를 만들었다. 발전에 사용한 물은 강릉의 남대천으로 흘려보냈다.

문제는 송천 상류에 자리한 대규모 목장, 고랭지채소밭, 각종 리조트에서 나오는 오폐수가 송천으로 흘러든 것이다. 댐 건설 이전에는 송천을 따라 흐르면서 어느 정도 자연 정화되었지만 도암댐이 물길을 막으면서 정화 작용이 이루어지지 않았다. 오염된 물이 발전에 이용되고, 그대로 남대천으로 흘러든 것이다. 결국 막대한 자금으로 건설한 댐은 10년가량 운영하다 2001년 발전을 중단하고 20년째 방치되고 있다.

인간의 편의를 위해 건설한 하굿둑 역시 하천 생태계를 파괴하는 주범으로 지적받는다. 하굿둑은 바닷물이 하천으로 유입되는 것을 인위적으로 막고 하천을 용수로 사용하려고 건설한 댐으로 낙동강, 영산강, 금강에 설치되어 있다. 하굿둑은 용수를 공급하고 토지의 염해를 막지만, 기존의 하천 생태계에는 커다란 변화를 불러일으킨다. 가령 민물게와 장어는 바다에서 알을 낳고 부화한 다음 강을 거슬러 올라와 살아가는데, 하굿둑이 바다와 하천의 연결 고리를 끊으면서 민물게와 장어가 상류와 하류를 왕래하지 못하자 개체수가 급감했다. 게다가 물고기를 먹으러 찾아오던 철새의 수 역시 크게 줄었다.

낙동강 하굿둑 개방은 하천을 살릴까?

2019년부터 2020년까지 낙동강 하굿둑에서 둑을 개방하고 생태계 복원 가능성을 살피는 실험을 세 차례에 걸쳐 진행했다. 1987년 낙동강 하굿둑을 설치한 지 약 30년 만의 개방으로, 하굿둑을 개방해 생태계를 복원하려는 시도였다. 바닷물 유입으로 낙동강의 염분 농도가 높아지면 용수 활용도가 낮아질 것을 우려했지만, 세 차례에 걸친 실험 결과 지하수의 염분 농도에는 큰 문제가 없었다. 반면 고등어와 전갱이 등 물고기가 하천 상류까지 활동 범위를 넓혔다. 하굿둑 개방을 통한 생태계 복원의 가능성을 확인한 것이다.

사람은 하천에 기대어 도시와 문명을 발달시켰다. 오늘날의 도시도 대부분 하천 옆에 자리한다. 하천에 문제가 생긴다면 하천에 기대어 사는 사람도 당연히 영향을 받는다. 무분별한 하천 개발로 하천 생태계가 파괴되면 그 피해가 고스란히 우리에게 돌아온다는 뜻이다. 편리함만 추구한다면 하천의 건강을 장담할 수 없다. 하천 환경도 보존하고 우리 생활도 유지할 수 있는 지혜를 찾으려 노력해야 하는 이유다.

낙동강 하굿둑

2019년 6월 개방 당시의 낙동강 하굿둑

한강 생태계 개선을 위한 노력에는 어떤 것이 있을까요?

1990년대 환경에 대한 관심이 커지면서, 한강 생태계를 회복하려는 다양한 시도가 이어졌어요. 특히 2006년 한강 생태복원 및 수변 이용 활성화를 목적으로 '한강 르네상스 프로젝트'를 시작하면서 생태공원을 조성하고, 풀과 나무를 심어 자연호안을 만들었어요. 그 결과로 한강의 생태환경이 전반적으로 개선될 수 있었어요.

여름철 골칫거리 녹조 현상은 하천 수질오염과 관련이 있을까요?

녹조는 수질오염으로 조류가 이상 번식해서 물 빛깔이 녹색으로 변하는 현상이에요. 이명박 정부가 추진한 4대강 사업 이후 심해진 녹조 현상으로 '녹조라떼'라는 신조어가 등장했어요. 빗물에 쓸려온 유기물이 4대강 보에 쌓이고 여름철 고온이 계속되면 극심한 녹조가 발생해 하천 생태계를 위협하는데, 댐과 보가 흐르는 물을 가두면서 녹조 발생을 부추기고 있어요.

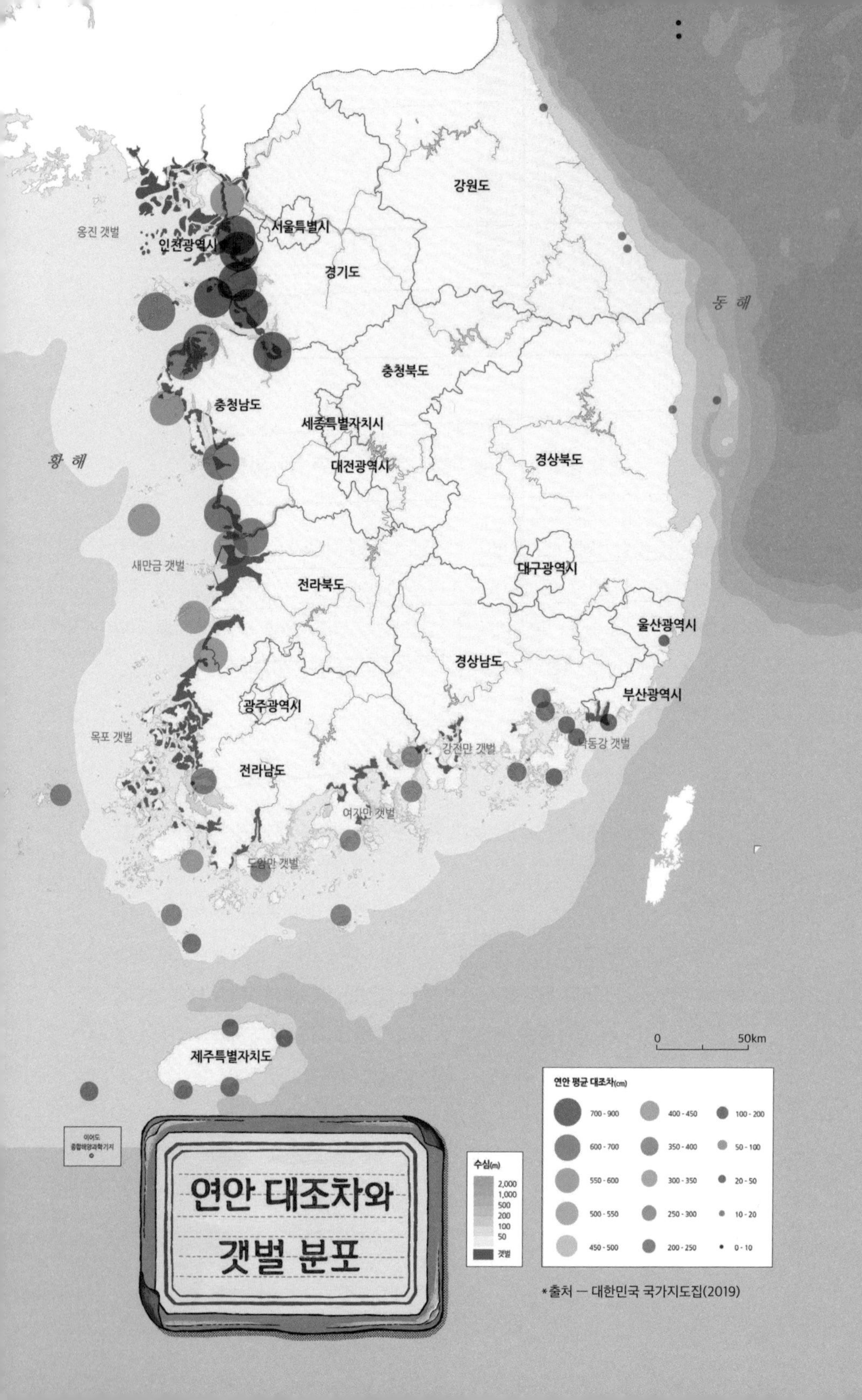

강원도
서울특별시
옹진 갯벌
인천광역시
경기도
동해
충청북도
충청남도
세종특별자치시
황해
대전광역시
경상북도
새만금 갯벌
대구광역시
전라북도
울산광역시
경상남도
부산광역시
광주광역시
목포 갯벌
강진만 갯벌
낙동강 갯벌
전라남도
여자만 갯벌
도암만 갯벌
0
50km
제주특별자치도
이어도
종합해양과학기지
연안 대조차와
갯벌 분포
수심(m)
2,000
1,000
500
200
100
50
갯벌
연안 평균 대조차(cm)
700 - 900
600 - 700
550 - 600
500 - 550
450 - 500
400 - 450
350 - 400
300 - 350
250 - 300
200 - 250
100 - 200
50 - 100
20 - 50
10 - 20
0 - 10
*출처 — 대한민국 국가지도집(2019)

해안

한반도의 세 바다는
어떤 모습을 하고 있을까?

한반도의 동·서·남 삼면은 특징이 서로 다른 세 바다에 둘러싸여 있다. 동해안은 해안평야가 좁고 해안선이 단조로운 반면, 서해안과 남해안은 많은 섬과 반도와 만으로 이루어진 리아스식 해안이라 해안선이 복잡하다. 세 바다는 해안선의 모양이 다른 것처럼 수심, 해류, 조류, 조차, 서식하는 어류까지도 전부 다르다. 한반도와 면적이 비슷한 나라에서 이처럼 서로 다른 특징을 가진 바다가 육지를 둘러싸고 있는 사례는 전 세계적으로 무척 드물다.

왜 해수욕장은 동해안에 많을까?

동해안은 '국민 피서지'로 통한다. 2019년 여름 성수기라고 할 수 있는 7월 중순부터 보름 동안 동해안 해수욕장을 찾은 피서객은 무려 115만 명에 육박했다. 바닷물이 맑고 굴곡이 적은 해안선을 따라 모래 해수욕장이 길게 늘어선 동해안으로 여름철 피서를 떠나는 건 당연하게 보인다. 그런데 서해안이나 남해안에 비해 더 많은 해수욕장이 동해안에 있는 이유가 동해안의 지리적 특징에 있다는 사실을 아는 사람은 얼마나 될까?

동해는 일본 열도가 유라시아대륙으로부터 떨어지면서 만들어졌다. 태평양, 인도양, 대서양처럼 대륙이 갈라지면서 생긴 바다는 수심이 깊다. 동해의 평균 수심은 1,684미터, 가장 깊은 곳은 무려 3,762미터에 이른다. 수심이 깊은 반면 조차는 30센티미터 내외로 다른 해안에 비해 작다. 깊은 수심, 작은 조차, 강한 파도는 강원도 해안의 화강암 모래를 굴곡이 적은 바닷가에 차곡차곡 쌓아 모래사장을 만든다. 이 모래사장을 사빈沙濱이라고 한다.

사빈 이외에도 해수욕장으로 사용되는 지형이 있다. 파도가 만灣 입구에 모래를 쌓으면 넓은 모래벌판이 생겨 바다와 분리된 호수가 만들어지는데, 이때 생긴 모래벌판을 사주砂洲, 호수를 석호潟湖라고 한다. 사주와 석호 모두 강원도의 중요한 관광자원이다. 속초의 경포해수욕장은 사주, 청초호·영랑호·송지호는 석호에 해당한다.

과거 대부분의 동해안 주민은 반농반어半農半漁 생활을 했다. 농사도 짓고 물고기도 잡아 생계를 꾸린 것이다. 동해안에는 넓은 해안평야가 없었고, 해안선이 단조롭고 파도를 막아줄 큰 만이 없어 항구를 만들기 어려웠으며, 그로 인해 다른 산업이 크게 발달하기 힘들었기 때문이다. 하지만 지금은 동해안 지형을 활용한 관광산업이 강원도 경제의 핵심으로 자리를 잡았다. 넓은 사주와 사빈에는 해수욕장이 끝없이 펼쳐져 있고, 윈드서핑을 비롯한 관광 레저산업이 발달했다. 오늘날 강원도는 서비스업 종사자 비율이 전국에서 가장 높다.

한편, 동해를 '황금어장'이라고들 한다. 따뜻한 물에 사는 난류성 어종과 차가운 물에 사는 한류성 어종을 모두 잡을 수 있어 어종이 다양하고 어획량이 풍부하기에 붙은 이름이다. 난류성 어종과 한류성 어종이 모두 동해에서 잡힌다는 말은 동해에 난류와 한류가 모두 흐른다는 의미로, 이런 바다를 조경수역潮境水域이라 말한다. 동해에서 잡히는 대표적인 난류성 어종은 오징어, 한류성 어종으로는 명태가 꼽혀 왔다.

하지만 풍부한 어종을 자랑하던 동해안 어장에 최근 비상이 걸렸다. 지구온난화, 남획, 불법 어업으로 황금어장이 큰 타격을 받은 것이다. 과거 울릉도 어장을 상징하던 명태 어획량이 크게 준 것이 상징적이다. 1971년부터 어린 명태인 노가리에 대한 어획 금지가 풀리면서 남획이 이루어졌고, 지구온난화로 수온이 상승하자 한류성 어종인 명태는 수온이 상승한 동해까지 내려오지

↑ **경포해수욕장**

강원도 강릉시에 자리한 경포해수욕장은 해수욕장이 많은 동해안에서도 가장 규모가 크다. 하지만 최근 기후변화와 연안 개발로 해안침식이 심해지면서 동해안 해수욕장의 고민이 깊어지고 있다.

↓ **황태덕장**

한겨울에 잡은 명태는 덕장에 매달아 3개월 이상 바람에 말린다. 우리나라 덕장은 모두 동해안에 자리하고 있으며, 강원도 인제군의 용대리 황태덕장이 가장 유명하다.

않고 있다. 우리나라의 연간 명태 소비량은 약 25만 톤에 이르지만, 밥상에 오르는 명태는 대부분 동해에서 잡은 국내산이 아니라 러시아와 일본에서 들여오는 수입산이다.

'세계 5대 갯벌'로 꼽히는 서해안

1,000만 관객을 동원한 영화 〈명량〉은 서해안의 특징을 명쾌하게 보여주는 시청각 자료다. 임진왜란 당시 이순신은 서해의 좁은 바닷길과 빠른 조류라는 지리적 특징을 활용한 전술로 일본군에 수적 열세였던 상황에서 대승을 거둔다. 이른바 '명량대첩'이다. 조류는 밀물과 썰물을 따라 바닷물이 움직이며 흐르는 현상, 조차는 밀물과 썰물의 수위차를 말한다. 조차가 클수록 밀물과 썰물 때 들고 나는 바닷물이 많아 강한 조류가 발생하는데, 서해는 조차가 크고 조류가 강한 대표적인 바다이다.

서해의 공식 명칭은 황해黃海이다. 국제 명칭도 누런 바다라는 뜻으로 'Yellow Sea'라고 표기한다. 중국대륙과 한반도의 하천을 통해 흙과 모래가 서해로 이동해 바다가 누렇게 보여 붙은 이름이다. 동해의 명칭을 두고 한국과 일본 정부가 갈등하는 것과 달리 서해를 황해라고 부르는 데 한국과 중국 정부 모두 이견이 없었다.

서해는 평균 수심이 44미터, 가장 깊은 지점도 100미터를 넘지 않아 동해에 비하면 무척 얕다. 수많은 만과 반도로 이루어진 서해안은 구불구불 굴곡진 해안이 특징인데, 이런 해안을 리아스식 해안이라고 부른다. 리아스식 해안은 파도의 힘을 분산시켜 퇴적작용이 활발하게 일어나게 만들고, 이는 서해안에 넓은 갯벌이 만들어질 수 있는 지리적 요인이다. 갯벌은 밀물 때 바닷물에 잠겼다가 썰물 때 다시 드러나는 땅으로, 우리나라 전체 갯벌의 80퍼센트 이상이 서해안에 집중되어 있다.

한자로 간석지干潟地라고 표기하는 갯벌은 강이 운반해온 흙과 모래를 조류가 바다에 넓게 펼치면서 형성된다. 서해로 흐르는 대동강, 한강, 금강, 영산강 하구에는 모두 빠른 조류의 영향으로 삼각주평야 대신 갯벌이 자리한다. 갯벌은 다양한 바다 생물이 살아가는 서식지이자 어린 물고기의 산란장으로서 바다 생태계 유지에 무척 중요하다. 또, 갯벌에 서식하는 박테리아는 육지에서 들어오는 유기물을 처리하고 오염된 바다를 깨끗하게 청소하기도 한다. 갯벌이 '바다의 콩팥' 또는 '바다의 허파'라 불리는 이유다.

갯벌은 지역 산업의 자원이자 동력으로서도 무척 중요하다. 천일제염업은 갯벌을 활용한 대표적 산업이다. 주변에 높은 산이 없어 바람이 잘 통하고, 강수량과 강수일수가 적으며, 햇볕이 강해 증발량이 많아야 소금을 채취하기 용이하다. 무엇보다 갯벌이 잘 형성되어야 염전을 설치하기 쉽다. 그런 점에서 서해안은 천일제염업에 최적의 자연조건을 갖추고 있다. 우리나라 염전의 85퍼센트가 서해에 접한 전라남도에 자리하며, 2019년 기준 국내 천

↑ 새만금 갯벌

간척 사업으로 사라지고 있는 새만금 갯벌.
2006년 새만금 방조제의 물막이 공사가 끝난 이후 한반도 최대 철새도래지였던
새만금 갯벌은 과거의 생명력을 잃었다.

↓ 새만금 방조제

서울 면적 3분의 2에 해당하는 갯벌을 간척지로 조성하려고 만들어진 새만금 방조제.
전체 길이는 33.9킬로미터로 당시 세계에서 가장 긴 방조제로 기네스북에도 등재되었다.

일염 생산량의 93퍼센트를 전라남도에서 생산했다.

문제는 다양한 가치를 지닌 갯벌이 빠르게 감소하고 있다는 사실이다. 경기만과 계화도, 서산 천수만, 새만금을 비롯해 역대 정부에서 추진한 간척 사업은 갯벌 면적을 급격하게 감소시킨 중요 원인으로 꼽힌다. 부족한 토지 문제 해결, 농경지 및 공업단지 조성, 쓰레기 매립지 신설 등이 간척 사업을 이끈 주요 명분이다. 해양수산부에 따르면 2013~2018년 5년 동안 여의도 면적 두 배에 가까운 갯벌 면적(5.2㎢)이 감소했다. 이는 2008년부터 2013년까지 감소한 갯벌 면적(2.2㎢)의 두 배가 넘는다.

과거에는 무역 교두보
지금은 청정 양식업의 중심 남해안

거제 고현만과 옥포만에 각각 삼성중공업과 대우조선해양, 진해만에 STX조선해양 조선소, 부산 가덕도 신항만에 대규모 컨테이너 부두가 자리한 것은 모두 남해의 지리적 특징과 관련이 있다. 해안선이 복잡하면서 서해보다 수심이 깊고 조차가 작은 남해는 항구 건설에 최적의 장소라고 할 수 있다. 해안이 단조로워 파도를 막기 어려운 동해에는 항구를 건설하기조차 어려웠고, 조차가 크면서 수심이 얕은 서해에 항구를 지으려면 뜬다리 부두나 수문식 독 같은 시설을 추가로 건설해야 했다.

우리나라의 산업 기반은 가공 무역이다. 해외에서 수입한 자원을 우리의 자본과 기술을 활용하여 제품을 만들고 이를 다시 해외로 수출하는 방식이다. 따라서 원료 수입과 제품 수출의 편리성 및 비용 절감을 위해 공장은 항구와 가까운 자리에 지어야 했다. 광양, 거제, 창원, 부산 등의 항구 도시 주변에 대규모 공업단지가 들어선 이유다. 특히 경제개발 초기 일본의 자본과 기술을 들여왔기에 일본과 지리적으로 가까운 남해가 주목받았다. 바다 가까이에 공장들이 들어선 지역을 임해공업지대라고 부르는데, 포항-울산-부산-창원-거제-광양으로 이어지는 임해공업지대는 남동임해공업지대라고 한다.

남해안 서쪽은 서해안과 유사한 점이 많다. 남해안 역시 리아스식 해안으로 반도와 만으로 이루어져 있다. 남해안은 복잡한 해안선이 큰 파도를 막고 연중 난류가 흘러 양식업에 유리하다. 전라남도 해안에서는 김, 전복, 미역, 다시마를 비롯한 해조류를 대규모로 양식한다. 김 생산지로 유명한 전라남도 완도는 국내 전체 전복 생산량의 80퍼센트 이상, 국내 전체 해조류 생산량의 35퍼센트가량을 차지한다.

경상남도 통영 앞바다는 미국 식품의약국FDA으로부터 인정받은 청정바다로 우리나라 굴의 주산지다. 수산업관측센터에 따르면 2019년 10월부터 2020년 5월까지 전국 굴 생산량의 85.63퍼센트를 경상남도 남해안에서 생산했고, 나머지 10퍼센트 역시 남해안과 인접한 전라남도에서 생산했다.

그런데, 최근 무역의 교두보이자 양식업의 핵심인 남해는 여름철마다 적조赤潮 현상으로 골머리를 앓고 있다. 적조는 '붉은 조류'라는 의미인데 장마철 육지로부터 각종 오폐수가 바다로 유입되면서 플랑크톤이 과다 증식하여 발생한다. 이때 증식한 플랑크톤이 대체로 붉은색을 띠기에 바다가 붉게 보이는 것이다. 적조 현상은 수온 상승과 맞물려 남해 바다와 양식장의 어류를 집단 폐사하게 만드는 중요 원인으로 꼽힌다. 남해안에 위치한 지방자치단체는 매년 적조 현상 해결을 다짐하지만 근본적인 해결책은 여전히 마련하지 못한 상황이다.

아낌없이 베풀고 병든 바다
이제는 우리가 풀어야 할 숙제들

한반도의 삼면을 둘러싼 바다는 서로 다른 특성으로 지역 경제의 바탕이자 생활의 일부가 되었다. 하지만 무분별한 개발을 언제까지고 자연이 감당할 수는 없다. 지구온난화로 수온이 상승하자 한반도 최대 어장으로 통하던 동해의 해양 생태계가 급변했다. 남획과 '바다의 사막화'라 불리는 갯녹음으로 명태와 오징어를 비롯한 동해 특산품 어획량은 크게 줄었다. 대규모 간척 사업을 진행한 서해에서는 자연정화를 담당하던 갯벌 면적이 빠르게 줄고 있다. 대규모 공업단지가 자리한 남해는 오폐수 문제로 신음한다.

한반도 주변 연안 수질

연안 수질은 오염된 상태를 분해하고 정화하는데 필요한 산소량으로 파악한다. 이를 화학적 산소 요구량이라 말한다. 동해안은 대체로 수질이 양호하고, 서해안은 2005년 이후 점차 개선되고 있으나 남해안 수질오염은 여전히 심각한 상황이다.

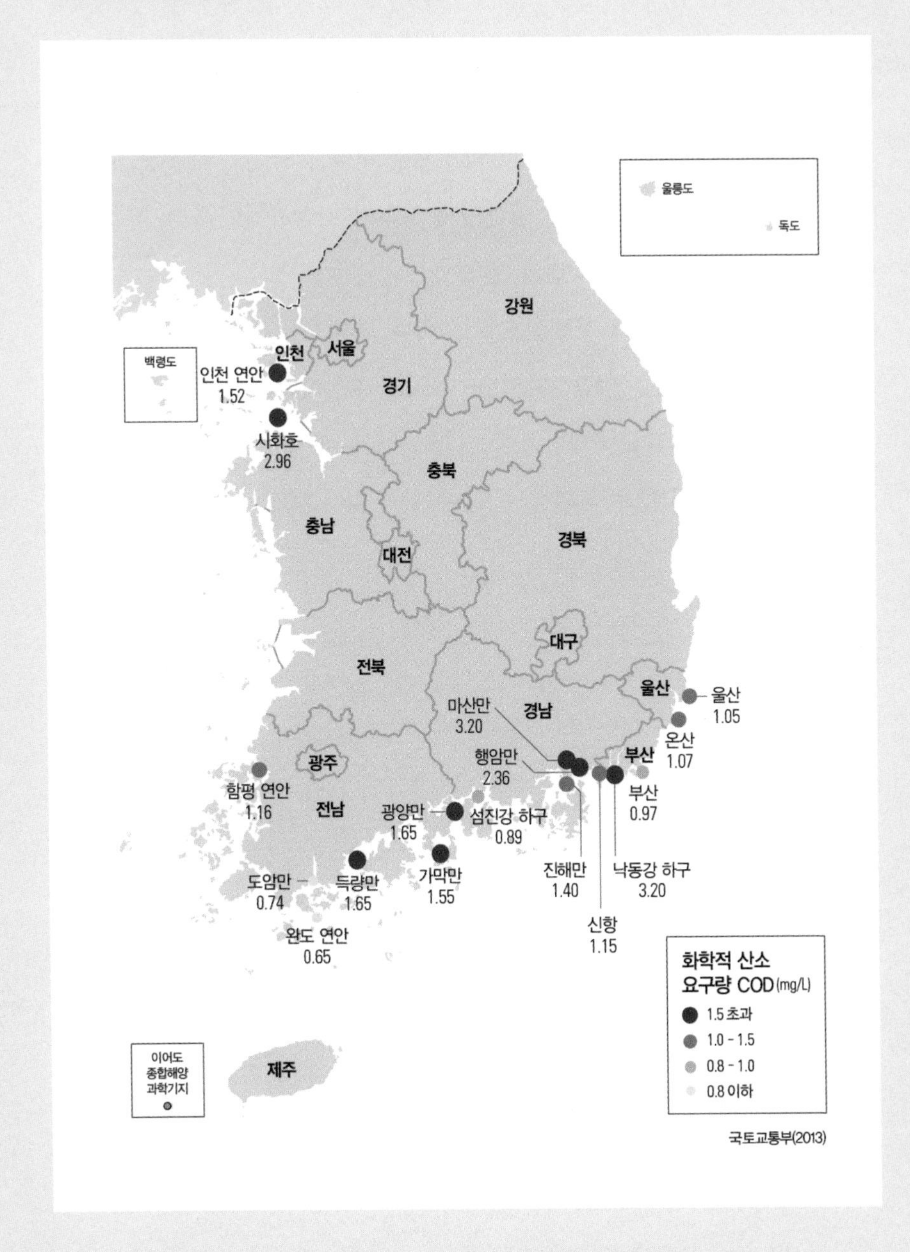

오염된 하수와 바다, 높아진 수온으로 남해안 가두리 양식장에서는 매년 물고기가 떼죽음을 당한다.

정부는 무분별한 개발로 파괴된 바다 생태계를 복구하려고 애쓰고 있다. 수온 상승으로 어장이 황폐해지는 동해에서는 해조류를 심으며 갯녹음 현상을 막으려고 분투하고, 서해에서는 갯벌을 살려 생태계를 복원하자며 방조제를 허물고 담수와 해수를 잇는 방법을 모색하고 있다. 남해안에 자리한 지방자치단체는 '적조제로' 방안을 강구하여 발표한다.

하지만 정부의 정책만으로는 바다 생태계를 회복하고 계속되는 해안 파괴를 막을 수 없을지도 모른다. 바다와 해안은 무한한 자원이 아니라는 깨달음이 더 많은 사람에게 전해져 함께 방법을 강구해야 병든 바다를 살릴 수 있지 않을까?

서해·남해·동해의 해안선 모양은 왜 서로 다를까요?

서해와 남해는 육지의 낮은 곳으로 바닷물이 들어와 생긴 바다로 수심이 얕아요. 해안과 해저의 경사가 완만하고 수심이 얕은 서해는 수심이 깊은 바다보다 밀물과 썰물의 영향을 크게 받아 조차가 커요. 서해안의 일부 해수욕장은 해안선에서 200미터 이상 떨어진 곳의 수심도 성인 남자의 가슴높이에 불과해요. 반면 동해는 일본이 유라시아대륙에서 떨어져 나가면서 만들어졌어요. 해안과 해저 경사가 급해서 바다 쪽으로 조금만 나가도 수심이 급격히 깊어져요.

또, 서해와 남해는 오랜 침식으로 낮아진 여러 산맥의 능선과 골짜기가 침수되어 만들어진 해안이라 드나듦이 복잡하고 섬이 많은 해안이 되었어요. 반면 동해는 해안과 평행하게 융기한 태백산맥 때문에 해안선이 단조로워요.

여름철 최고기온 분포

강릉
서울
평창
37°N
안동
대전
36°N
대구
35°N
부산
광주
34°N
제주도
단위 : °C
25 30 35 40
*자료 — 기상청(2018. 08. 04)
127°E
128°E
129°E
130°E

최고기온

대구는 왜 '대프리카'가 되었을까?

여름철 기온이 가장 많이 올라가 무더운 대구를 '대프리카'라 부른다. 대륙 한가운데로 적도가 지나 무더운 열대기후가 넓게 나타나는 아프리카와 우리나라에서 여름철 기온이 가장 높은 대구의 합성어다. 즉, 대구가 아프리카만큼 덥다는 뜻이다. 2018년 대구 현대백화점은 백화점 앞 공터에 녹아버린 아이스크림과 슬리퍼, 달걀프라이 같은 조형물을 설치했다. 뜨거운 콘크리트 바닥에 시원한 아이스크림이 녹고 달걀도 프라이가 될 정도로, 대구가 덥다는 메시지를 상징적으로 표현한 것이다.

대구는 정말 아프리카만큼 더울까

우리나라에서 가장 남쪽에 있는 지역은 제주도다. 그런데 제주도보다 북쪽에 있는 대구가 어떻게 가장 무더운 지역의 대명사가 되었을까? 오른쪽은 1981년부터 2010년까지 7월의 평균 최고기온을 표현한 지도이다. 경상도 내륙 도시 중에는 섭씨 29도가 넘는 곳이 많고, 그 중심에는 대구가 있다. 대구의 평균 최고기온은 30.3도로 전국에서 가장 높은 결과를 보인다. 대프리카란 명성이 허언이 아닌 것이다.

2018년 7월 17일, 대구의 최고기온은 36.1도였다. 같은 날 적도와 가까운 곳에 자리한 아프리카 서부 지역 도시들의 최고기온은 30도를 넘지 않았다. 세네갈 다카르 29도, 나이지리아 아부자 역시 29도였고, 적도 바로 아래 콩고민주공화국의 킨샤사는 27도였다. 아프리카가 세계에서 제일 덥다는 생각에서 만든 대프리카란 단어가 무색하게, 한낮 최고기온만 보면 대구가 아프리카의 도시들보다 훨씬 덥다. 고원이 있어 서아프리카보다 시원한 동아프리카는 비교할 필요도 없다. 같은 날 소말리아의 수도 모가디슈의 한낮 최고기온은 26도, 케냐의 수도 나이로비는 23도에 불과했다.

반면 북아프리카 주요 도시의 최고기온은 대구와 비슷하다. 역시 2018년 7월 17일 최고기온을 알아보면 이집트 카이로 35도, 모로코 마라케시 35도, 니제르 아가데즈 38도로 여름철 한낮 최

7월 평균 최고기온
(1981~2010년)

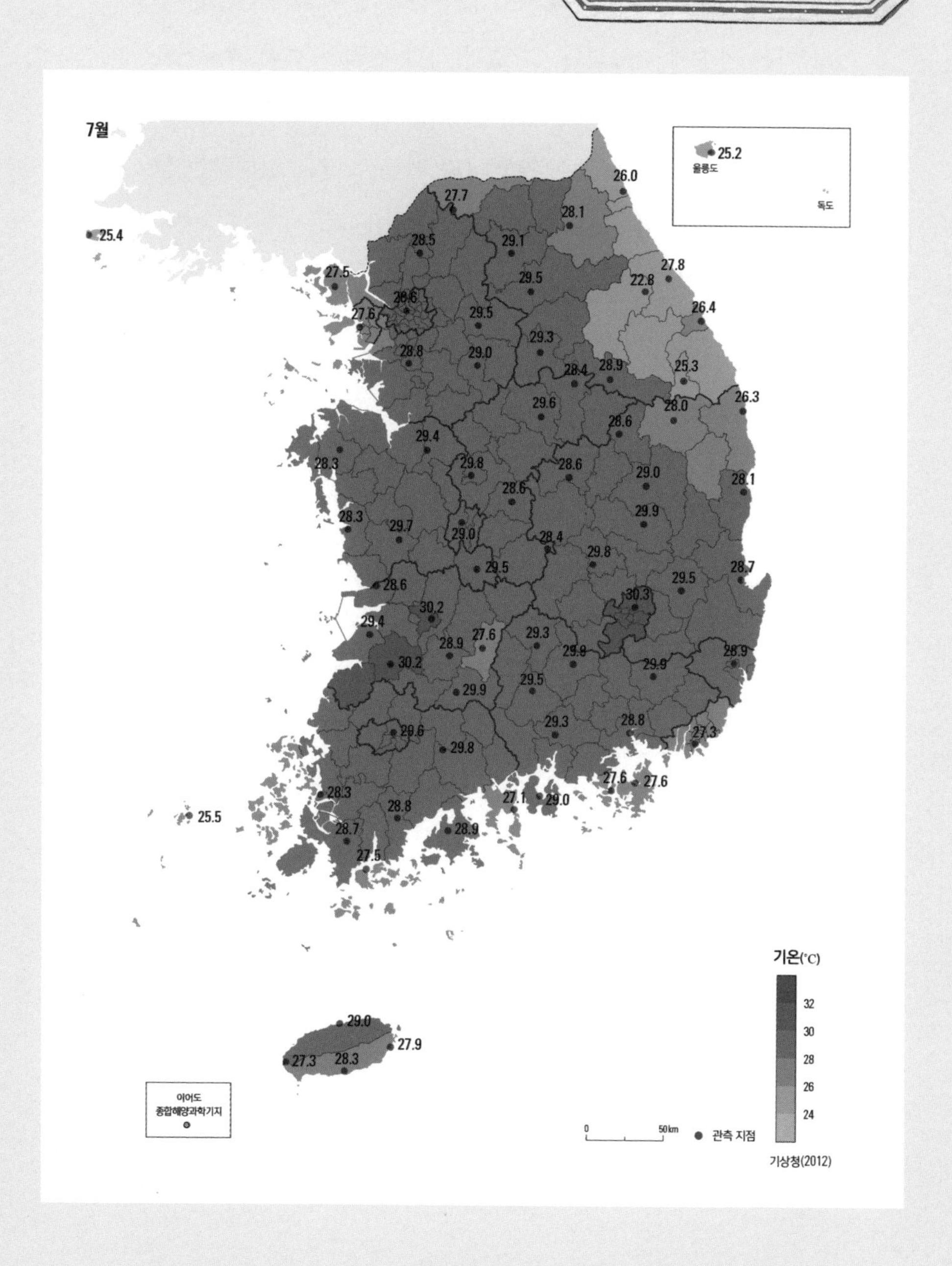

고기온이 대구와 비슷하다. 풀과 나무가 없는 사막에 태양이 비추면 땅을 금방 달구어 기온이 빠르게 상승한다. 사막의 건조한 공기도 기온 상승에 한몫한다. 그 결과 사막 지역의 한낮 최고기온이 적도 지역보다 높게 나타나는 것이다. 하지만 해가 지면 건조한 사막의 공기가 금방 식어 우리나라 여름밤 같은 열대야는 없고 일교차가 크게 나타난다. 게다가 뙤약볕이 내리쬐는 한낮에도 그늘에 들어가면 후덥지근하지 않다는 점에서, 습기가 많아 불쾌지수가 높은 우리나라 여름과 다르다.

대구를 무덥게 만드는 건 다름 아닌 지형!

대구처럼 주변이 산으로 둘러싸인 들판을 분지盆地라고 한다. 국토 면적의 70퍼센트가 산인 우리나라에서 분지는 아주 중요한 생활공간이다. 서울, 대전, 광주, 전주, 충주, 청주, 안동, 영천, 경주 등 이름만 대면 알 수 있는 도시들이 대개 분지에 자리해 있다. 하지만 이러한 도시들이 전부 대구처럼 덥지는 않다. 같은 분지에 자리한 도시면서도 유독 대구가 더 무더운 이유는 무엇일까.

한반도 지도를 보면 영남은 서쪽의 소백산맥과 동쪽의 태백산맥으로 둘러싸인 하나의 큰 분지라는 사실을 알 수 있다. 경상도 전체를 포함하는 이 분지를 영남분지라 부른다. 거대한 영남분지 안에 규모가 작은 분지들이 있고, 이들 작은 분지에 대구·영천·안동·상주·영주·밀양 같은 도시가 자리한다.

영남분지는 소백산맥과 태백산맥이 각각 서해와 동해에서 불어오는 바람을 막아 바다의 영향을 적게 받는다. 바다는 강한 태양열을 받아도 쉽게 데워지지 않고, 태양열이 줄어도 쉽게 식지 않는다. 바다의 영향을 많이 받는 해안가는 여름철에 덥지 않고, 겨울철에 춥지 않은 해양성기후를 보인다. 반면에 육지는 강한 태양열을 받으면 바다에 비해 쉽게 뜨거워지고, 태양열이 줄어들면 쉽게 식는다. 바다보다 육지의 영향을 많이 받는 지역은 여름에 무덥고, 겨울에는 바닷가보다 추운 대륙성기후를 보인다. 영남분지에서는 전형적인 대륙성기후가 나타난다.

대구의 무더위를 만드는 또 하나의 원인은 분지 안의 분지라는 대구의 독특한 지형이다. 여름에 부는 남서풍은 소백산맥을 넘으면서 기온이 오르고 건조한 바람이 되어 대구로 향한다. 앞에서 소개한 푄 현상이다. 주변이 산으로 둘러싸인 대구에는 푄 현상이 자주 발생한다. 심지어 푄 현상으로 생긴 더운 바람은 산에 막혀 밖으로 빠져나가지 못해 대구 안에 갇히고, 대구를 후덥지근하게 만든다.

무더위에 기름을 붓는 도시의 콘크리트와 아스팔트

사막이란 너무 건조해서 동식물이 거의 없는 곳을 말한다.

이런 면에서 보면 오늘날 대도시는 콘크리트와 아스팔트로 뒤덮인 인공 사막이라 할 수 있다. 광역시에 해당하는 대구 역시 대도시의 틀을 벗어나지 않는다. 녹지 공간은 적고, 인구와 건물은 밀집되어 있다. 이러한 도시의 인공환경으로 도시 안의 기온이 주변 지역보다 높게 나타나게 되는데, 이를 열섬 현상Urban Heat Island이라 부른다.

열섬 현상은 한낮에 뜨겁게 달궈진 콘크리트와 아스팔트가 계속 열기를 내뿜으면서 발생한다. 낮 동안 뜨거워진 콘크리트와 아스팔트가 서서히 열을 내뿜어 기온이 내려가지 않는 것이다. 하루 중 가장 낮은 기온이 25도 이상인 열대야가 도시에서 더 자주 나타나는 것도 이런 이유 때문이다. 도시 내부에서 발생하는 인공열 역시 기온을 상승하게 만드는 주요 원인이다. 자동차의 배기가스, 각 가정과 공장의 냉방 장치에서 발생하는 인공열이 도시의 기온을 높인다.

한편, 도시의 규모가 클수록 많아지는 고층 아파트단지와 주상복합 아파트, 고층 빌딩 같은 높은 건물은 도시의 공기 흐름을 방해한다. 뜨거워진 도시 안의 공기가 밖으로 빠져나가지 못하고 도시 안에 갇히게 만드는 것이다. 공장과 자동차에서 발생하는 매연은 하늘에 매연층을 만드는데, 매연층 역시 도시에서 발생한 뜨거운 공기를 도시 안에 가두는 역할을 한다. 인구 200만이 넘는 대도시 대구에서는 이처럼 다양한 이유로 열섬 현상이 강하게 발생하고 있다. 분지라는 자연환경과 대도시의 인공환경이 결합하여 무더운 도시의 대명사인 대프리카를 만든 것이다.

제2의 대프리카가 생길 수도 있을까

최근 들어 경상북도 의성, 경상남도 밀양, 강원도 홍천 등지에서 일시적이지만 대구보다 여름철 한낮 최고기온이 높게 나타났다. 대구보다 기온이 높은 지역이 나타나는 이유는 기온 측정 시설이 전국으로 확대되었기 때문이다. 예전에는 기온 측정 시설이 없어 기록이 되지 못했던 지역에서도 이제는 기온을 세밀하게 측정할 수 있는 것이다.

한편 대구 이외에 다른 지역에서도 강한 푄 현상이 발생하고 있다. 2018년 8월 6일은 '사상 최악의 폭염'으로 기록된 날 중 하나다. 이날 대구의 최고기온은 37.5도였다. 그런데 같은 날 다른 도시의 최고기온을 살펴보면 서울 39.6도, 춘천 41.0도, 횡성 41.3도 등으로 대구보다 높다. 이들 지역의 공통점은 모두 산으로 둘러싸인 분지 지형이다. 2018년에는 예년과 달리 북태평양 고기압이 우리나라 동해까지 확장하면서 여름철에 남서풍이 아니라 동풍이 불었다. 무더운 동풍이 태백산맥과 소백산맥을 넘을 때 푄 현상이 나타나 산맥 서쪽 지역의 기온이 크게 올라간 것이다.

대구는 1942년 8월 1일 낮 최고기온이 40.0도까지 오른 이후, 강원도 홍천의 한낮 최고기온이 41도까지 오른 2018년 8월 1

일까지 76년 동안 가장 높은 한낮 최고기온을 기록하고 있었다. 이것이 바로 대구가 여름철 무더위의 대명사인 대프리카로 불리게 된 계기다. 우리나라는 국토의 70퍼센트가 산지이고, 분지에 자리한 도시가 많으므로, 북태평양 고기압에서 불어오는 여름 계절풍의 방향과 산맥이 어떻게 결합되느냐에 따라 최고기온 기록이 깨지는 일은 앞으로도 언제든지 일어날 수 있다. 집중 호우와 폭염이 일상화되어 가는 여름철 기후 환경에서 어느 도시가 제2의 대프리카가 되더라도 이상하지 않다.

대프리카를 벗어나기 위한 대구의 노력

기상청에 따르면 1994년 대구의 폭염 일수 60일은 관측 이래 최다 기록이었다. 최근 10년(2010~2019) 평균 폭염 일수 역시 32일로 13개 도시 중 대구가 가장 많았다. 도시의 더위는 녹지대가 적고, 아스팔트와 콘크리트가 많아 열섬 현상이 발생하고, 높은 건물이 공기의 순환을 방해한 결과다. 이 문제를 해결하려면 녹지 면적을 늘리고, 도시의 뜨거운 공기가 외부로 빠져나갈 수 있도록 바람길을 열어야 한다.

대구는 도시 안의 기온을 낮추려고 지난 1996년부터 '푸른 대구 가꾸기' 사업을 시작했다. 2006년까지 1차 사업 기간에 1,100만 그루, 2007~2011년의 2차 사업 기간에 1,200만 그루 등

총 2,300만 그루의 나무를 심었다. 옥상녹화, 담쟁이 벽면녹화, 쌈지공원 개설, 도심 폐철도 공원화, 도심 수경 시설 설치도 추진했다. 그 결과 2015년 기준 대구의 여름철 한낮 최고기온은 예년에 비해 1.2도 낮아졌다. 사막화 지역에 나무를 심어 사막화 진행을 멈추는 시도처럼, 아스팔트와 콘크리트로 덮인 인공 사막인 도시에 푸른 옷을 입히는 노력이 열섬 현상을 줄이는 지름길이 될 수 있다.

대구 와룡공원

'푸른 대구 가꾸기' 사업의 사례로 꼽히는 대구 달서구의 와룡공원

지구온난화로 우리가 살아가는 한반도에서도 기온이 빠르게 오르고 있다. 다가오는 기후변화를 미리 대비하지 않는다면 여름철 무더위가 심해지는 것으로 그치지 않을 것이다. 초강력 태풍, 폭염, 폭우, 폭설 같은 이상기후가 일상화되면 우리의 삶도 큰 위기에 빠질 수 있다는 사실을 더 늦기 전에 깨달아야 한다.

세계에서 대구보다 더운 도시는 어디에 있을까요?

주로 사막에 위치한 나라의 여름철 기온이 대구보다 높아요. 예를 들어 이라크의 석유 수출항 바스라의 7월 평균기온은 섭씨 34도예요. 1921년 7월 바스라의 한낮 최고기온은 섭씨 58.8도였는데, 이는 사람이 거주하는 지역 중 가장 높은 온도로 기록되어 있어요.

바스라는 대구보다 남쪽인 북위 30도에 위치하며, 일조량이 많고, 녹지대가 없는 사막에 있어 낮에 기온이 많이 올라요. 또 거주 인구가 130만 명이 넘는 대도시로 대구처럼 아스팔트와 콘크리트로 덮인 지면이 기온을 높이고, 인접한 샤트알아랍강江 때문에 공기 중에 수증기가 많아 밤에도 기온이 많이 떨어지지 않아요. 사막이지만 강에서 증발한 수증기로 인해 습도가 높아 우리나라 여름처럼 열대야가 나타나요.

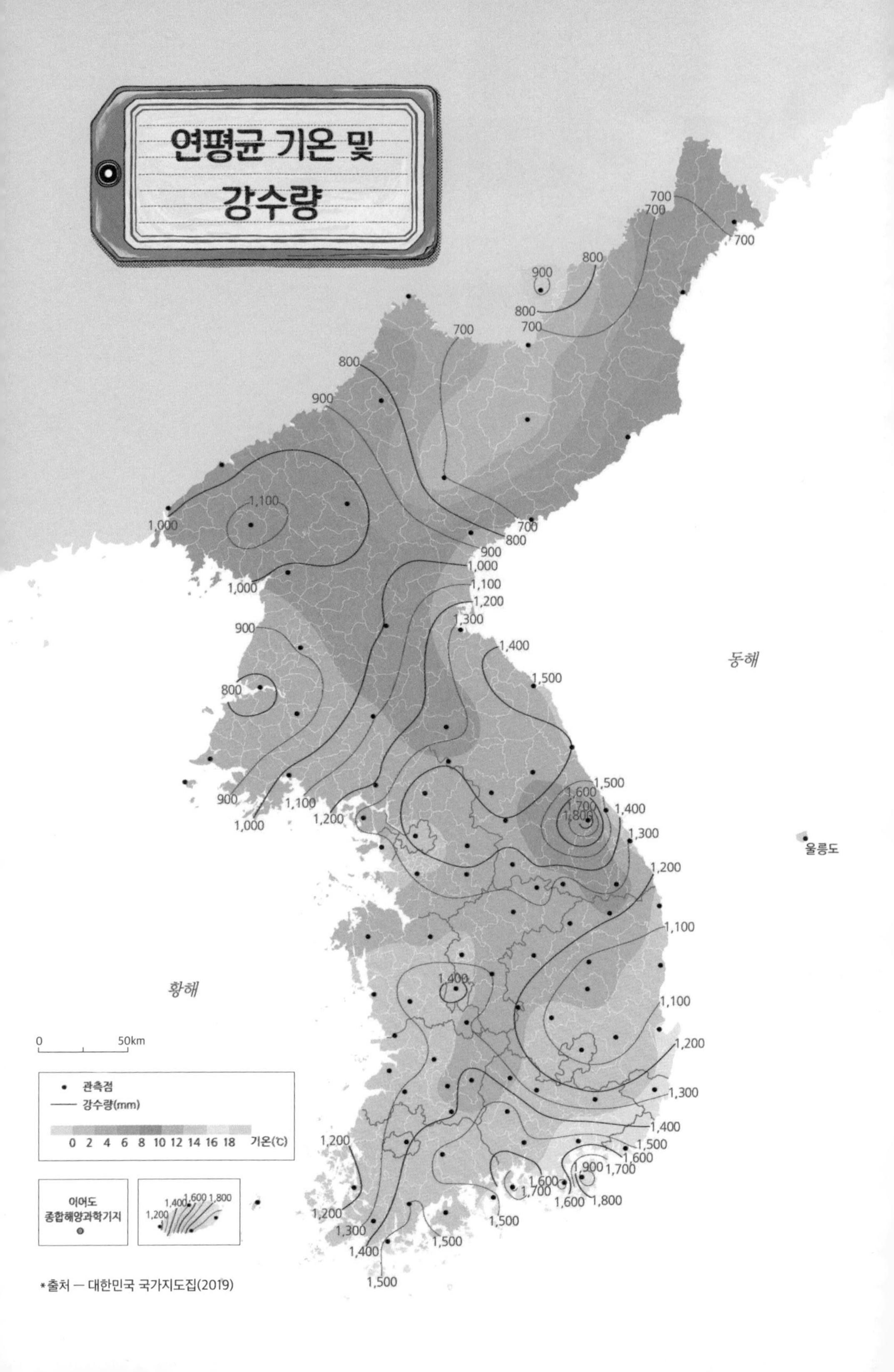
연평균 기온 및
강수량
동해
황해
울릉도
0
50km
관측점
강수량(mm)
0 2 4 6 8 10 12 14 16 18 기온(℃)
이어도
종합해양과학기지
*출처 — 대한민국 국가지도집(2019)

강수량

강수량이 많은데도
왜 물 스트레스가 높을까?

흔히 강수량을 비가 내린 양만 가리키는 것으로 잘못 아는 경우가 많다. 강수량은 비가 내린 양과 눈이 내린 양을 더해서 계산한다. 1986년부터 2015년까지 우리나라의 연평균 강수량은 1,299.7밀리리터로 세계 평균(813㎜)의 1.6배에 해당한다. 일 년 중 절반가량 비가 내린다는 영국의 연평균 강수량(약 1,400㎜)이 우리나라와 비슷하다.

하지만 강수량이 많아도 실제 우리가 생활에서 이용할 수 있는 수자원은 풍족하지 않다. 2016년 기준 우리나라의 수자원 총량은 1,323톤이지만, 증발산蒸發散으로 인한 유출량과 바다로 유실되는 유출량을 제외하면 이용 가능한 수자원은 수자원 총량의 25

퍼센트 정도에 불과하다.

이렇게 유출량이 많은 이유는 계절별 강수량 변동이 큰 탓이다. 우리나라는 태풍이 발생하고 장마전선이 들어서는 여름철 강수량이 일 년 강수량의 절반 이상을 차지한다. 심지어 여름철 강수 집중률은 계속 높아지고 있다. 기상청과 환경부가 공동 발표한

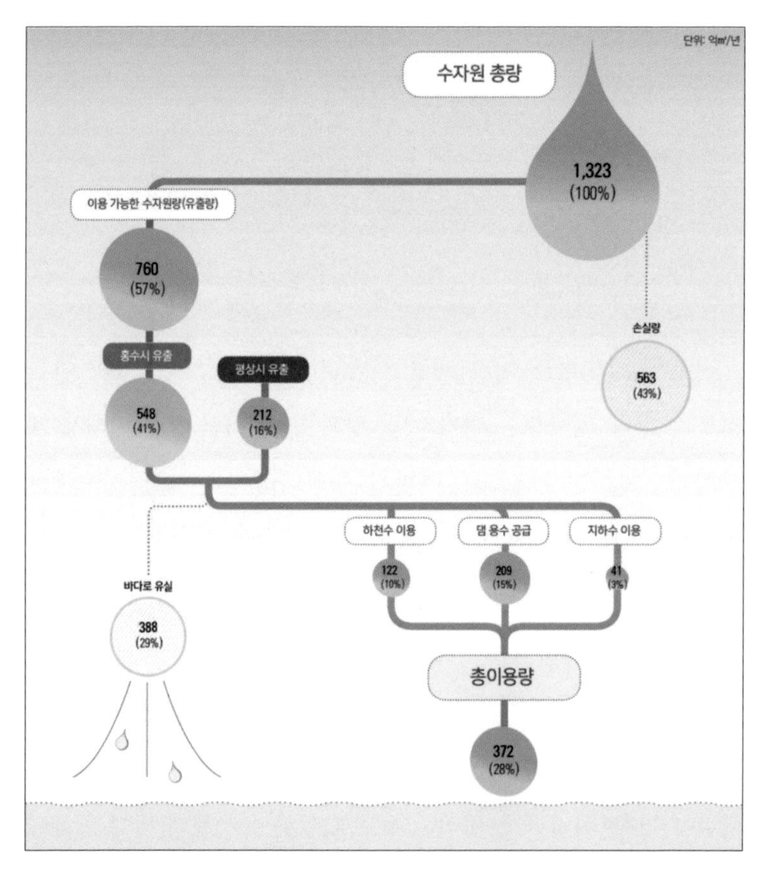

수자원 이용량(국토해양부 2011년)

「한국 기후변화 평가보고서」를 보면 1912년에서 2017년까지 봄·가을 강수량은 10년 동안 각각 1.9밀리리터와 3.9밀리리터씩 증가한 반면, 여름철 강수량은 11.6밀리리터 증가했다.

여름철 집중호우도 수자원 확보를 어렵게 만든다. 비가 내리는 일수는 줄어드는데 강수량은 증가하고 있다. 이는 비가 여러 날에 걸쳐 고루 내리지 않고 단시간에 많이 쏟아진다는 의미다. 여기에 한반도 지형이 미치는 영향도 무시할 수 없다. 한반도에는 산이 많아 지표가 고르지 않고 경사가 가파르다. 평지가 아니라 경사면에 내린 빗물은 지하로 서서히 스며들지 못하고 빠르게 하천으로 모여 바다로 유출된다. 집중호우로 홍수가 발생하거나 가뭄이 자주 발생하는 이유이기도 하다.

우리나라는 '물 부족 국가'가 아니다

강수량과 함께 살펴볼 중요 이슈는 바로 물 부족이다. 최근까지 우리나라가 유엔이 지정한 물 부족 국가라는 주장이 널리 퍼져 있었는데, 이는 사실이 아니다. 1997년 미국의 국제인구행동연구소PAI라는 민간단체에서 국민 한 사람당 이용이 가능한 수자원 총량을 기준으로 '물 스트레스 지수'WSI, Water Stress Index를 측정했다. 국민 1인당 이용 가능한 수자원 총량이 1,000톤 이하면 '물 기근 국가'Water Scarcity Country, 1,700톤 이하면 '물 스트레스 국가'Water

Stress Country, 1,700톤 이상이면 '물 풍요 국가'No Stress Country로 분류했다. 조사 당시 한국은 1인당 수자원 총량이 1,453톤으로 '물 스트레스 국가'로 분류되었다.

이후 유엔에서 국제인구행동연구소의 조사 내용을 인용하고, 이것이 국내에 소개되는 과정에서 '물 스트레스 국가'가 '물 부족 국가'로 와전된다. 이미 2006년 건설교통부에서 '유엔이 지정한 물 부족 국가'라는 표현이 부적절하다고 확인했으며, 2011년 국토해양부가 발표한 수자원장기종합계획에서도 우리나라를 '물 스트레스 국가'로 표현하는 등 사실을 바로잡으려는 노력이 계속되고 있다. 하지만 여전히 일부 언론이나 기업에서 댐 건설의 정당성을 주장하면서 여전히 '물 부족 국가'를 근거로 들고 있는 실정이다.

강수량은 많지만 물 스트레스도 심각한 우리나라

2019년 유엔은 「세계물개발보고서」World Water Development Report에서 각국의 '물 스트레스 수준'Level of Physical Water Stress을 발표했다. 물 스트레스 수준은 전체 수자원에서 자연환경 유지에 필요한 물을 제외하고 사람이 사용하는 물의 비중을 계산하여 분류한 것이다. 여기서도 우리나라는 물 스트레스 지수가 25~70퍼센트 사이의 '물 스트레스 국가'로 분류되었다. 중국, 인도, 터키, 멕시코가 우리나라와 비슷한 수준이다.

강수량이 많은데도 물 스트레스가 높은 이유는 인구 밀도의 영향이 크다. 물 스트레스 지수는 연평균 강수량과 국토 면적을 곱한 값을 인구수로 나누어 계산하기 때문에 국토 면적이 좁고 인구가 많은 우리나라는 연평균 강수량 대비 1인당 강수량이 낮게 계산되는 것이다. 2016년 기준 한국의 연평균 강수량(1,300㎜)은 세계 평균(813㎜)보다 훨씬 많지만, 1인당 강수량은 세계 평균(15,044㎥)의 6분의 1 수준(2,546㎥)에 불과하다. 옆 나라 일본과 비교하면, 연평균 강수량은 일본(1,668㎜)과 비슷하지만 1인당 강수량은 일본(약 5,000㎥)의 절반 수준이다.

이외에도 다양한 조사 결과가 한국의 높은 물 스트레스 지수를 경고하고 있다. 환경 분야 비영리 연구단체인 세계자원연구소WRI가 이용 가능한 수자원 대비 수요에 따른 취수량을 계산하여 발표한 2019년 「물 자원 위험 지도」Aqueduct Water Risk Atlas에서도 한국은 물 스트레스가 높은 수준으로 나타났다. OECD 사무국에서 펴낸 「환경 전망 2050」Environmental Outlook to 2050 보고서에서도 한국은 이용 가능한 수자원 대비 물 수요 비율이 40퍼센트를 넘어 물 스트레스가 '심각한'severe 수준으로 분류되었다. 심지어 조사 대상인 OECD 회원 24개국 가운데 한국의 물 스트레스 지수가 가장 높았다.

수계별 물 부족 지역

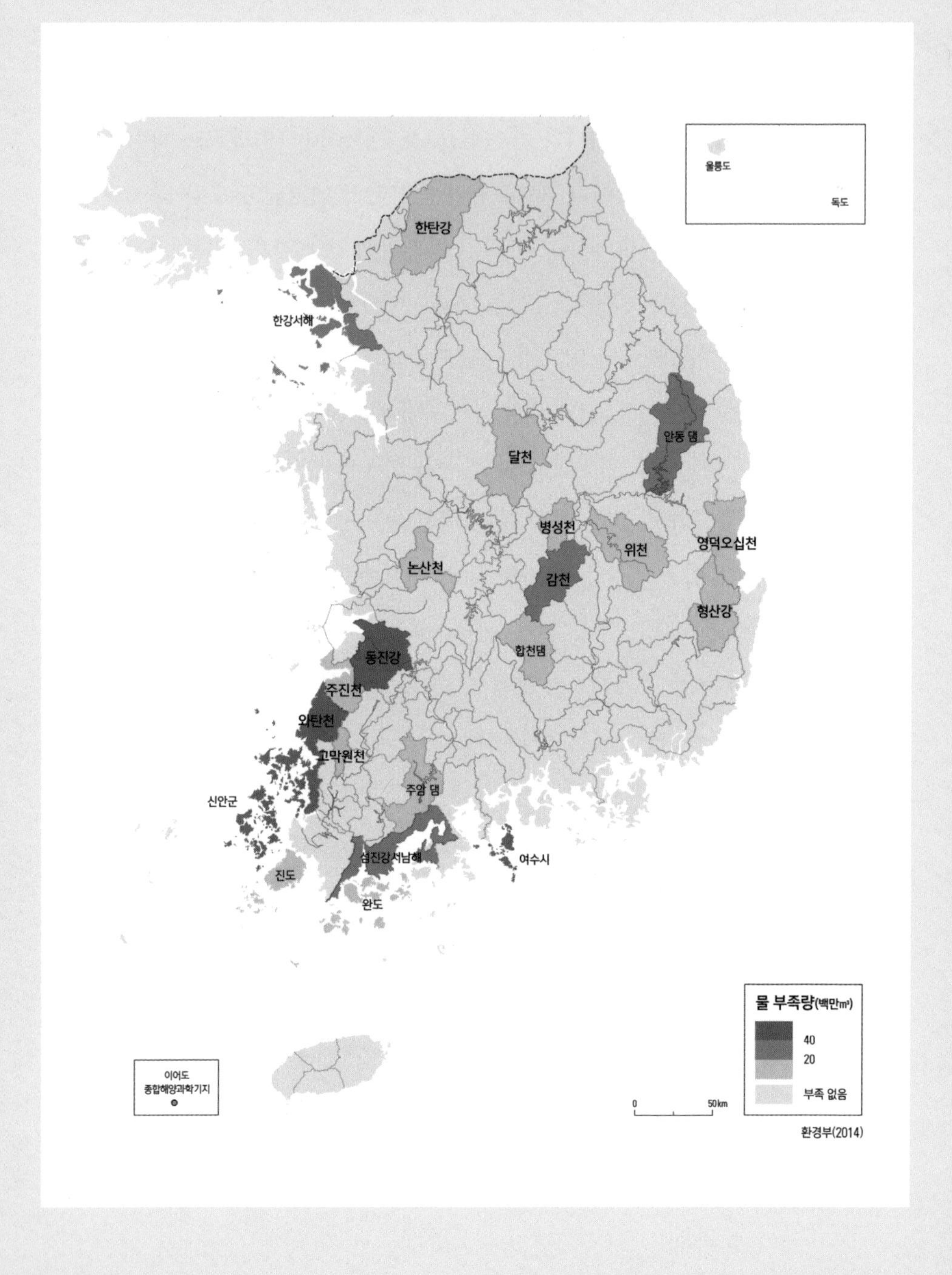
울릉도
독도
한탄강
한강서해
안동 댐
달천
병성천
위천
영덕오십천
논산천
감천
형산강
합천댐
동진강
주진천
와탄천
고막원천
주암 댐
신안군
섬진강서남해
여수시
진도
완도
이어도
종합해양과학기지
물 부족량(백만㎥)
40
20
부족 없음
0
50km
환경부(2014)

물 스트레스 지수가 높은데 일상에서 불편을 느끼지 못하는 이유

우리나라의 물 스트레스 지수를 경고하는 자료는 차고 넘치지만, 일상에서 '물 스트레스'를 느끼는 일은 극히 드물다. 심지어 가뭄이 오더라도 도시에서 수돗물이 단수되지 않는다. 이는 한국이 높은 수준의 사회적 인프라를 바탕으로 취수량을 최대한 끌어올리기 때문이다. 단, 전체 수자원에서 인간 생활에 사용하는 비중을 늘리면 반대로 자연 생태계에서 사용하는 수자원이 줄어든다. 자연 생태계가 인간 대신 물 스트레스를 겪는 것이다.

한편으로 다량의 물을 수입하기 때문에 물 부족을 느끼기 쉽지 않다. 우리나라의 한 해 물 수입량은 석유 수입량의 180배에 해당한다. 우리가 소비하는 곡물, 육류, 가공식품을 만들고 식량과 공산품을 생산하는 데에도 물이 들어간다. 물을 사용해 직접 생산하지 않고 외국에서 공산품과 식량을 수입해오면, 그만큼의 물을 수입하는 것과 같은 효과가 발생한다고 할 수 있다.

실제로 눈에 보이지는 않지만 제품을 생산하는 데 필요한 물을 가상수假象水라고 한다. 가상수라는 개념은 물 부족 문제를 연구하던 영국 런던대학교의 토니 앨런 교수가 제시한 개념으로, 어떤 제품이 생산되기까지 필요한 물의 양을 제시하는 지표다. 예를 들어 우유 1리터를 만들려면 물 1,000리터가 필요하고, 쇠고기 1킬로그램을 만들려면 물 1만 5,500리터가 필요하다. 만약 해외

권역별 물 수지

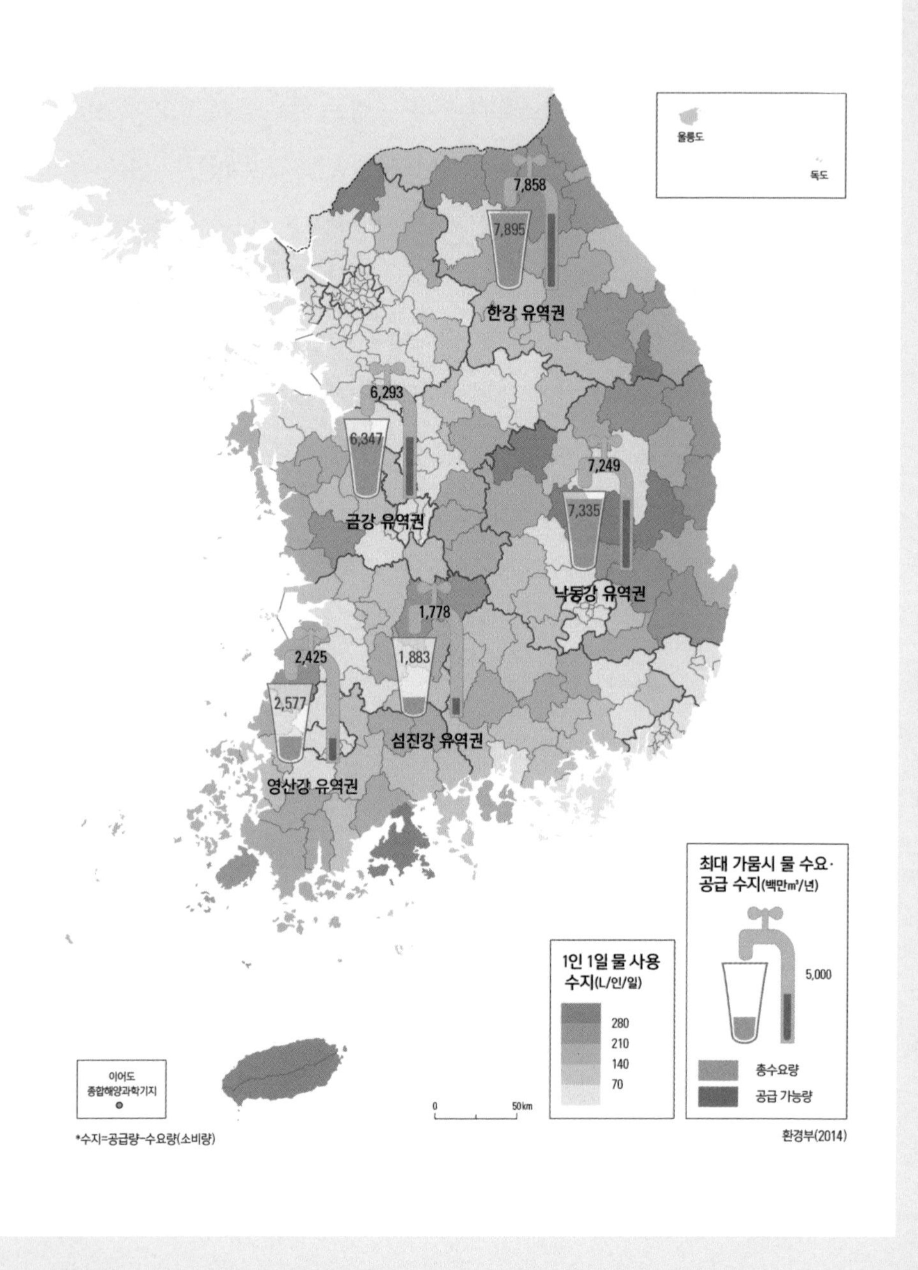

울릉도
독도
7,858
7,895
한강 유역권
6,293
6,347
금강 유역권
7,249
7,335
낙동강 유역권
1,778
1,883
섬진강 유역권
2,425
2,577
영산강 유역권
최대 가뭄시 물 수요·공급 수지(백만㎥/년)
5,000
총수요량
공급 가능량
1인 1일 물 사용 수지(L/인/일)
280
210
140
70
0
50km
이어도 종합해양과학기지
*수지=공급량-수요량(소비량)
환경부(2014)

에서 우유 1리터와 쇠고기 1킬로그램을 수입했다면, 이는 물 1만 6,500리터를 수입한 것과 마찬가지다.

'풍요 속의 빈곤' 지구촌의 물 부족 현상

지구촌의 물 스트레스 또는 물 부족 현상은 풍요 속의 빈곤이라는 말이 제격이다. 지구 표면의 70퍼센트는 물로 덮여 있고 전체 수량水量은 13억 8,500만 세제곱킬로미터나 될 정도로 풍부하다. 그러나 지구 전체에 존재하는 물의 97.5퍼센트는 우리가 마실 수 없는 짠 바닷물이고, 마실 수 있는 물의 양은 지구 전체 수량의 0.075퍼센트밖에 되지 않는다. 나날이 심화하는 지구촌의 환경 파괴 및 수질오염, 인구 증가와 물 수요량 증가로 전 세계 인구의 3분의 1은 만성적인 물 부족에 시달리고 있다.

앞서 소개한 세계자원연구소는 전 세계에서 4명 중 1명이 극심한 물 부족으로 스트레스를 받고 있다고 경고한다. 유엔에 따르면 전 세계 인구 10명 중 1명은 안전한 식수를 마시지 못하며, 매년 180만 명의 어린이가 안전한 식수를 제공받지 못해 목숨을 잃는다. 기후 위기까지 덮쳐 물 부족 현상이 심해지자 서아시아와 아프리카에서는 물 분쟁이 10년 사이 두 배 가까이 급증하는 상황이다.

더는 물을 물 쓰듯 쓰기 어려운 시기에 도달했다. 물 공급량이 유한한 상황에서 물 수요는 나날이 증가하고 있다. 환경을 파괴하고 대규모 수몰 지역을 만들어 사회 문제를 초래하는 대형 댐은 물 부족을 대비하는 방안이 될 수 없다. 수자원 총량과 취수량을 늘리려는 시도는 계속되고 실제로 조금씩 개선되고 있지만, 인구 증가에 따른 물 소비량을 충족하기에는 역부족이다. 2017년 기준 우리나라 1인당 물 사용량은 280리터로 프랑스(150ℓ)나 영국(150ℓ)의 두 배에 달한다. 우리가 물을 계속 물 쓰듯 한다면 한국 역시 물 부족 국가가 되지 않는다는 보장은 어디에도 없다.

바다와 인접해도 물 스트레스가 높을 수 있나요?

지표 면적의 70퍼센트를 차지하는 바닷물은 사람에게 그림의 떡이나 다름없어요. 짠 바닷물은 수자원으로 이용하기가 힘들기 때문이에요. 강수량이 적고 건조한 기후의 나라는 내륙이든 바닷가든 물 스트레스가 큰 편이에요. 예를 들어 사우디아라비아, 이란, 쿠웨이트, 카타르 등 서아시아 나라들은 바다를 접하고 있지만 강수량이 적어 수자원 확보에 어려움을 겪어요.

바다를 수자원으로 활용할 수 있는 방법은 전혀 없나요?

해수담수화海水淡水化, Desalination 시설을 통해 바닷물에서 염분을 제거하여 우리가 먹고 마시는 담수로 바꿀 수 있어요. 이로써 물 부족 문제를 어느 정도 해결할 수 있으리라 기대해요. 우리나라 기업인 두산중공업은 사우디아라비아와 해수담수화 시설 수출계약을 체결했는데, 2023년까지 150만 명이 사용할 수 있는 해수담수화 설비를 완공하기로 했어요.

편서풍과 자연 현상

몽골
황사
고비사막
내몽골고원
커얼친
사막
한국
황투고원
중국 공장 지대

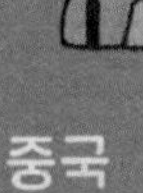

일본
2002년 루사
중국
미세먼지
타이완
2003년 매미
1959년 사라
필리핀
태풍

편서풍

황사와 태풍은 왜 항상 서쪽에서 다가올까?

영화 〈백두산〉은 백두산 화산이 폭발한 한반도를 그린 재난 영화다. 2000년대 들어 백두산의 화산활동 재개가 감지되면서 높아진 관심 덕분에 영화의 배경으로 등장한 것이다. 백두산을 사이에 두고 국경을 맞댄 북한과 중국은 백두산 화산활동을 감지하기 위해 지질 연구를 진행하고 있으며, 남한 역시 북한과의 공동 연구에 참여하거나 독자적으로 화산활동을 연구한다.

백두산 화산 폭발에 촉각을 곤두세운 건 남북한과 중국만이 아니다. 일본 역시 백두산 화산활동을 예의 주시하고 있다. 1981년 일본 홋카이도에서 화산재 퇴적층을 발견한 일본 도쿄도립대학 마치다 히로시町田洋 교수는 연구를 통해 퇴적층에 쌓인 화산재가 백두산에서 나왔다는 사실을 밝혀냈다. 이를 계기로 일본 역시 백두산 폭발에서 자유로울 수 없다는 위기의식을 갖게 된 것이다.

화산재가 백두산에서 동쪽으로 약 1,200킬로미터 떨어진 홋카이도로 이동할 수 있었던 건 바로 편서풍의 힘이다. 편서풍은 위도 30도에서 65도의 중위도 지역 상공에서 일 년 내내 서쪽에서 동쪽으로 부는 바람을 말하는데, 백두산 화산재는 바로 편서풍을 타고 동해를 건너 일본 홋카이도에 쌓인 것이다.

일 년 내내 서쪽에서 동쪽으로 바람이 부는 이유

편서풍이 부는 원리를 이해하려면 지구의 대기순환을 이해해야 한다. 공기는 뜨거워지면 팽창하여 밀도가 낮아지고 부력이 커져 상승한다. 반대로 차가워지면 밀도가 높아지고 부력이 작아져 하강한다. 에어컨을 위쪽에 설치하고, 난로를 아래에 두는 이유는 바로 이런 대류의 원리에 따른 것이다. 이를 좀더 확장하면 대기순환의 흐름이 보인다. 뜨거운 공기가 상승한 지표와 차가운 공기가 하강한 지표에는 각각 저기압과 고기압이 형성되는데, 바람은 공기가 많은 고기압에서 공기가 적은 저기압을 향해 분다.

지구는 기울어진 상태에서 자전하므로 위도에 따라 태양으로부터 받는 태양열의 양이 다르다. 이에 따라 기온의 차이가 발생하고 대기가 순환한다. 태양열을 많이 받는 적도 주변 저위도에서는 뜨거워진 공기가 상승해 지표에는 저기압을 형성하고, 상승한 공기는 중위도로 이동하다 위도 30도 부근에서 열기가 차츰 식으면서 하강하여 고기압을 형성한다. 위도 30도의 고기압에서 적도 부근 저기압을 향해 바람이 일정하게 부는데, 이를 무역풍貿易風이라 부른다.

한편 태양열을 적게 받는 극지방에서는 차가운 공기가 아래로 하강하여 지표에서 고기압을 형성하고, 극지방에서 내려온 찬 공기는 위도 60도 부근에서 온도가 상승해 저기압을 형성한다. 위도 30도 부근에 자리한 고기압에서 위도 60도 부근에 자리한 저기압으로 부는 바람이 바로 편서풍이다.

중국 황사가 뒤덮는 동북아시아

봄이면 '중국발 미세먼지' 또는 '중국발 황사'를 경고하는 기상예보를 자주 보게 된다. 황사黃砂를 문자 그대로 풀어내면 '노란 모래 먼지'를 뜻한다. 뉴스에서 말하는 황사는 중국 내륙의 사막지대에서 바람에 날린 미세한 먼지와 모래가 편서풍을 타고 우리나라로 날아오는 현상을 일컫는다. 황사 농도가 높을 때 비가 오면 공기 중에 떠 있는 먼지와 모래가 빗물에 씻겨 흙비가 내리는 모습을 볼 수 있다.

매년 3월에서 5월에 주로 발생하는 황사는 '봄철 불청객'이

황사 관측 지점 및 황사 일수

황사는 서해안과 인접한 수도권과 인천, 경기도, 충청도와 전라도 지역에서 자주 관측된다. 이는 황사가 중국으로부터 서해를 넘어오기 때문이다.

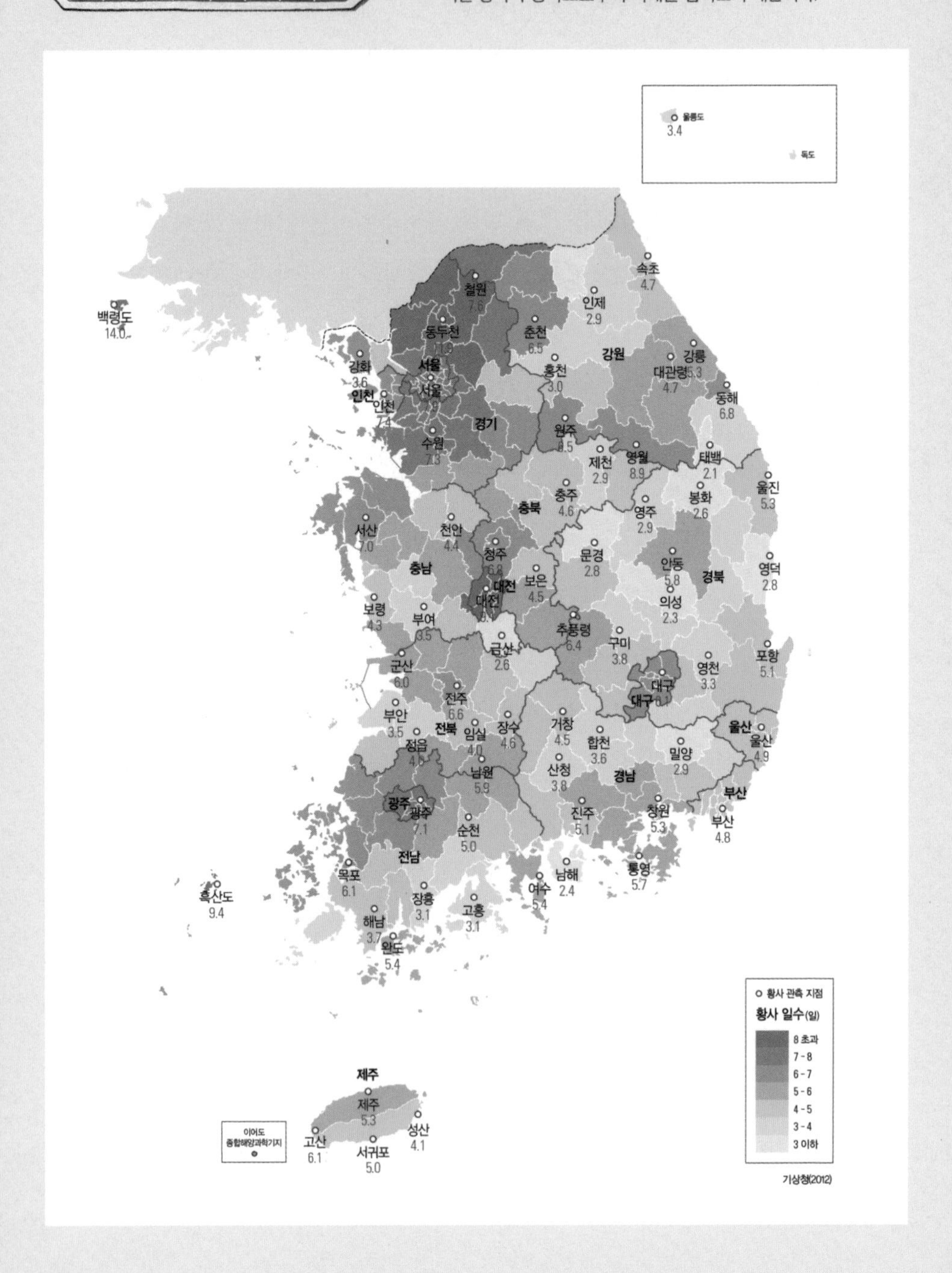

라 불린다. 중국 내륙에 자리한 타클라마칸사막, 고비사막, 내몽골사막, 커얼친사막에는 모래와 먼지가 날리는 것을 막아줄 식물이 거의 없는 데다가 일조량이 증가하는 봄철이면 사막 표면은 매우 건조해져 먼지와 모래가 날리기 쉽다. 만약 겨울철 사막에 가뭄이 들면 지표면이 더욱 건조해져 황사 발생 횟수가 늘고, 농도는 더욱 심해진다.

황사는 분야를 가리지 않고 피해를 끼친다. 우선 봄철 황사가 발생하면 호흡기 질환자와 감기 환자가 크게 늘어난다. 최근 황사에는 수은, 카드뮴, 크롬, 비소, 납, 아연, 구리 등 암을 유발하는 중금속은 물론 산성비의 원인이자 대기오염 물질인 이산화황이나 산화질소까지 섞여 있어 천식이나 만성적인 폐 질환자에게 황사는 치명적일 수 있다.

황사가 산업에 미치는 피해 역시 막심하다. 지상과 고층의 시야를 막고, 비행기와 자동차의 엔진을 마모하여 성능을 떨어뜨리며 수명을 단축시켜 항공과 운수 산업에 큰 피해를 준다. 특히 반도체산업에 황사가 끼치는 피해는 상당하다. 머리카락 굵기의 10만 분의 1밖에 되지 않는 나노nano반도체 회로에 황사가 들어간다는 것은 4차선 도로에 수백 톤짜리 바위가 놓여 있는 것과 같다. 황사가 반도체 제품의 불량률이 증가하는 원인으로 꼽힐 수밖에 없는 이유다. 그래서 황사가 발생하면 반도체 공장은 늘 비상이 걸린다.

중국의 산업화로 극심해진 미세먼지 현상

미세먼지는 황사와 비슷하지만 엄연히 구별되는 현상이다. 가정의 난방과 취사, 자동차 운행, 공장의 화석연료 사용, 산불 및 화전 농업 같은 인간 활동이 미세먼지 발생의 주요 원인으로 언급된다. 지름 10마이크로미터μm, 마이크로미터는 미터의 백만분의 1 이하의 먼지를 미세먼지라 하고, 지름 2.5마이크로미터 이하의 먼지는 초미세먼지라고 한다. 산업 활동으로 만들어지는 황산염, 질산염, 중금속 등 사람에게 해로운 물질이 미세먼지의 주성분이다.

중국대륙 동부 연안에 자리한 대규모 공업단지는 미세먼지의 주요 발생지다. 여기서 발생하는 미세먼지가 황사처럼 편서풍을 타고 한반도로 이동한다. 중국은 그동안 미세먼지가 중국에서 발생했다는 주장을 인정하지 않았다. 오히려 한국 미세먼지 현상의 근본적인 원인은 한국 내 산업 활동과 도시화, 자동차 증가 등이라며 강하게 반박해 왔다.

하지만 최근 연구를 통해 중국의 주장이 사실에 어긋난다는 점이 밝혀졌다. 중국에서 발생한 미세먼지가 한국에 직접적으로 영향을 미친다는 사실이 입증된 것이다. 한국표준과학연구원의 조사에 따르면 춘절 연휴 동안 중국에서 폭죽을 대규모로 터트리자 우리나라 대기의 초미세먼지 농도가 급격하게 나빠졌다. 실제로 중국의 춘절 기간 우리나라 대기에서 검출된 초미세먼지에는 폭죽의 산화제로 쓰이는 칼륨 농도가 평소보다 일곱 배 이상 높

주요 도시별 미세먼지 농도

미세먼지 농도가 시간당 평균 170㎍/㎥ 이상인 상태가 두 시간 넘게 지속되면 '미세먼지 주의보', 미세먼지 농도가 시간당 평균 240㎍/㎥ 이상인 상태가 두 시간 넘게 지속되면 '미세먼지 경보'를 발령한다. 주의보와 경보가 발령되면 외출을 자제하는 편이 좋다.

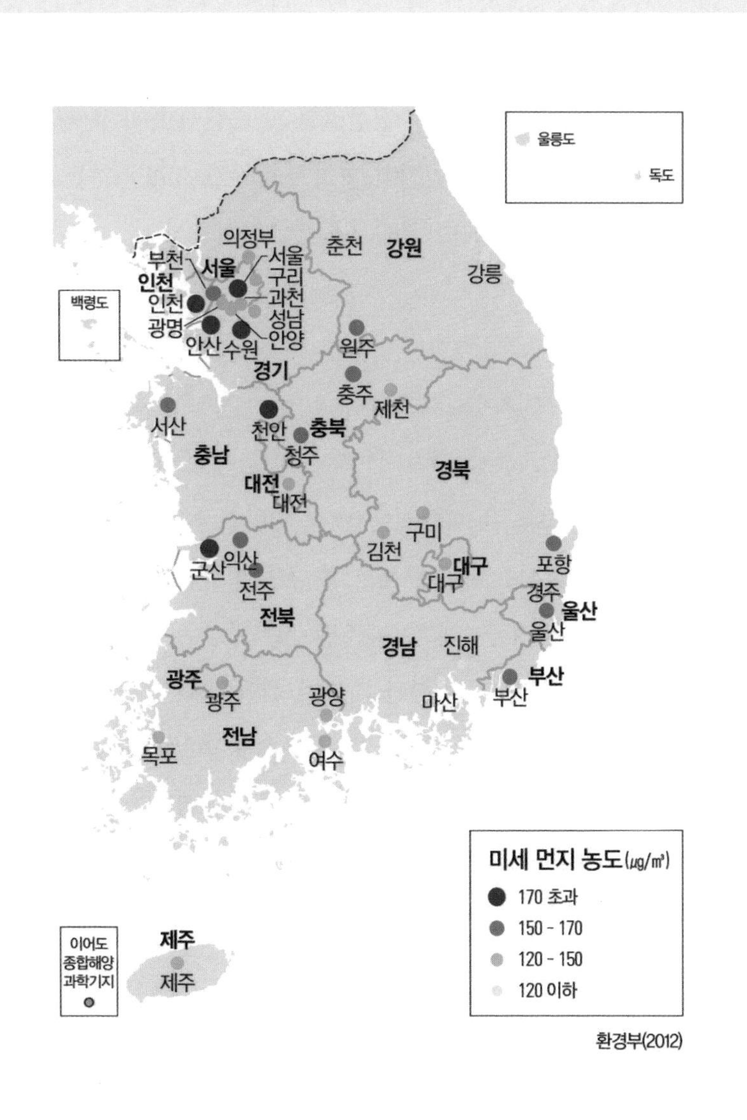

왔다. 중국 수도 베이징 주변의 미세먼지가 곧장 한반도로 날아들었다는 과학적 근거가 생긴 것이다.

미세먼지 역시 인체에 유해하다. 특히 초미세먼지는 기관지, 폐, 심혈관, 뇌 같은 신체 기관에 염증반응을 일으키고 폐암, 천식, 호흡기 질환, 협심증, 뇌졸중, 심장마비 같은 질병을 유발한다. 의사들은 노인, 유아, 임산부, 심장질환 및 순환기 환자 등 노약자가 건강한 성인보다 미세먼지에 쉽게 노출되고 크게 영향을 받으므로 더욱 조심해야 한다고 권고한다.

태풍이 남해에서 늘 우회전하는 까닭

태풍颱風, Typhoon은 여름철에 발생하는 열대저기압을 말한다. 최대 풍속이 초속 17미터에 이르고 강한 비바람을 몰고 다니며 동아시아 지역에 강풍과 홍수 피해를 주는 기상 현상이다. 바닷가 저지대는 태풍이 몰고 온 강한 파도와 해일로 인한 피해가 상당하다. 지난 30여 년 동안 한국에서 큰 피해를 끼친 자연재해는 대개 태풍이었다. 2002년 태풍 루사의 재산 피해액은 5조 원이 넘고, 2003년 태풍 매미의 재산 피해액 역시 4조 원을 넘는다. 태풍을 '자연재해 종합세트'라고 부르는 이유가 여기에 있다.

필리핀 동쪽 열대 해상에서 주로 발생하는 태풍은 위도 30도 부근 고기압에서 적도를 향해 부는 무역풍의 영향을 받아 필리핀,

베트남, 중국 남부해안, 타이완 방향으로 이동한다. 그러다가 위도 30도를 넘으면서 방향을 틀어 북동쪽으로 우회전을 한다. 북서쪽으로 이동하던 태풍을 북동쪽에 위치한 한반도와 일본 열도 방향으로 이동하게 만드는 힘은 바로 편서풍이다.

태풍 예보를 보면 태풍이 진행하는 방향의 왼쪽은 안전반원安全半圓 또는 가항반원可航半圓, 오른쪽은 위험반원危險半圓이라고 부르는 것을 알 수 있다. 태풍의 진행 방향을 기준으로 왼쪽은 배가 다

재산 피해		
발생일	태풍명	재산 피해액(억 원)
2002. 08.30 – 09. 01	루사(RUSA)	51,479
2003. 09.12 – 09.13	매미(MAEMI)	42,225
1999. 07. 23 – 08. 04	올가(OLGA)	10,490
2012. 08. 25 – 08. 30	볼라벤(BOLAVEN), 덴빈(TEMBIN)	6,365
1995. 08. 19 – 08. 30	재니스(JANIS)	4,563
1987. 07. 15 – 07. 16	셀마(THELMA)	3,913
2012. 09. 15 – 09. 17	산바(SANBA)	3,657
1998. 09. 29 – 10. 01	예니(YANNI)	2,749
2000. 08. 23 – 09. 01	쁘라삐룬 (PRAPIROON)	2,520
2004. 08. 17 – 08. 20	메기(MEGI)	2,508

태풍으로 인한 우리나라의 재산 피해액(중앙소방본부)

닐 수 있을 정도로 바람이 약한 반면, 오른쪽은 배를 이용하기 불가능할 만큼 바람이 강하다. 태풍의 왼쪽 반원은 반시계방향으로 회전하는 태풍과 편서풍이 서로 충돌하면서 바람세기가 약해지지만, 태풍이 회전하는 방향과 편서풍의 방향이 서로 일치하는 오른쪽 반원의 바람세기는 무척 강해지는 것이다. 사상 최악의 태풍으로 꼽히는 1959년 태풍 사라의 피해가 컸던 이유도, 태풍이 서해를 지나면서 한반도 전역이 태풍의 우측에 자리했기 때문이다.

태풍으로 인한 피해 규모는 2000년대 들어 크게 증가했다. 1980년대 8,467억 원, 1990년대 2조 2,093억 원 규모였던 태풍 피해 규모는 2000년대 9조 9,289억 원으로 20년 사이 피해 규모가 11배 이상 폭증했다. 다행스럽게도 정부의 재난대책이 강화되고 국민적 경각심이 높아짐에 따라 2014년에는 전체 자연재해로 인한 피해 규모가 1,400억 원까지 떨어졌고, 이후에는 태풍으로 인한 인명 피해 및 침수 지역 역시 점차 감소하는 추세다.

자연재해는 정말 나쁘기만 할까?

황사를 봄철 불청객이라 부르고 여름철 태풍을 자연재해 종합세트라고 평가하는 주체는 인간이다. 두 자연 현상의 부정적인 면을 강조하는 이유는 인간 생활에 피해를 주기 때문이다. 하지만 황사와 태풍이 사람에게 피해를 주는 재해이면서, 동시에 지구의 대기순환 과정에서 발생하는 자연 현상이라는 사실을 알 필요가 있다.

사하라사막의 모래먼지가 무역풍을 타고 대서양을 건너 아마존 열대우림 성장에 도움을 주었다는 소식은 황사를 다시 보게 끔 만든다. 황사는 마그네슘과 칼슘을 비롯한 다양한 무기질을 포함하고 있어 산성화된 토양과 하천을 중화하며, 바다에 사는 플랑크톤의 먹이가 되기도 한다. 또한 황사는 지구온난화를 억제하는 효과가 있다. 대기 중 먼지 농도를 높여 지표면을 향해 내리쬐는 햇빛을 막아 일조량을 감소시키고, 햇빛을 지구 바깥으로 반사함으로써 지표면 온도를 낮추는 것이다.

태풍은 적도 주변 저위도에 과다하게 쌓인 열을 고위도로 이동시킴으로써 해양오염을 줄인다. 하천에서 나온 오폐수로 오염된 바닷물과 깨끗한 바다를 섞어 해양오염 농도를 줄여 적조 현상을 억제하며, 수면 아래 무기질을 끌어올려 플랑크톤의 번식을 돕는다. 무엇보다 여름철 무더위를 몰아내고 가뭄으로 메마른 땅에 단비를 내리는 태풍은 '효자 태풍'이라고까지 부른다.

황사와 태풍을 재해라고 말하지만, 정작 황사와 태풍의 발생 빈도를 높이고 피해를 확대하는 건 다름 아닌 인간 활동이다. 이를 다르게 말하면 인간의 노력을 통해 황사와 태풍을 관리할 수 있다는 것이다. 하지만 한 사람 또는 한 나라의 노력만으로는 자연재해에 적절하게 대처할 수 없고, 근본 원인을 제대로 해결할 수도 없다. 편서풍에 실려 서쪽에서 동쪽으로 이동하는 황사, 미세먼지, 태풍의 사례는 자연재해를 무조건 부정적으로 생각했던 태도를 돌아보게 만든다. 자연재해를 줄이려면 국경을 초월한 기후 위기 대책도 고민해야 하겠지만, 결국 자연재해를 만든 것 역시 우리라는 사실을 결코 잊어서는 안 된다.

황사나 태풍의 피해를 줄이려는 국제적인 노력에 무엇이 있을까요?

황사를 줄이려면 황사 먼지가 발생하는 중국 내륙 지역의 사막화 진행을 막아야 해요. 이를 위해 우리나라는 중국, 몽골 정부와 함께 건조한 중국과 몽골 내륙에 나무를 심는 사업을 진행하고 있어요. 또 한국·중국·일본 세 나라가 환경장관회의TEMM를 통해 대응책을 함께 논의하거나, 한국·중국·일본·몽골 네 나라가 지구환경기금GEF에 참여해 황사 예보기능을 개선하는 등 주변국이 함께 황사에 대응하는 방법을 찾고 있어요.

편서풍 때문에 한반도는 방사능 피해로부터 정말 안전할까요?

2011년 후쿠시마 원자력발전소 사고가 발생했을 때 기상청은 한반도에는 편서풍이 불기 때문에 방사능 물질이 한반도로 확산되기는 어려울 것이라고 전망했어요. 하지만 편서풍만 믿고 안심하기에는 일러요. 편서풍을 타고 일본 동쪽 태평양으로 날아간 방사능 물질이 대기 흐름에 따라 다시 한반도에 도착하지 않으리라는 보장이 없기 때문이에요. 한편 중국 해안가에 위치한 원자력발전소에서 사고가 발생한다면, 도리어 편서풍의 영향으로 한반도가 직접적인 피해를 받을 우려도 있어요.

3부

도시

복잡한 도시를 한눈에 이해하는 인문지리학

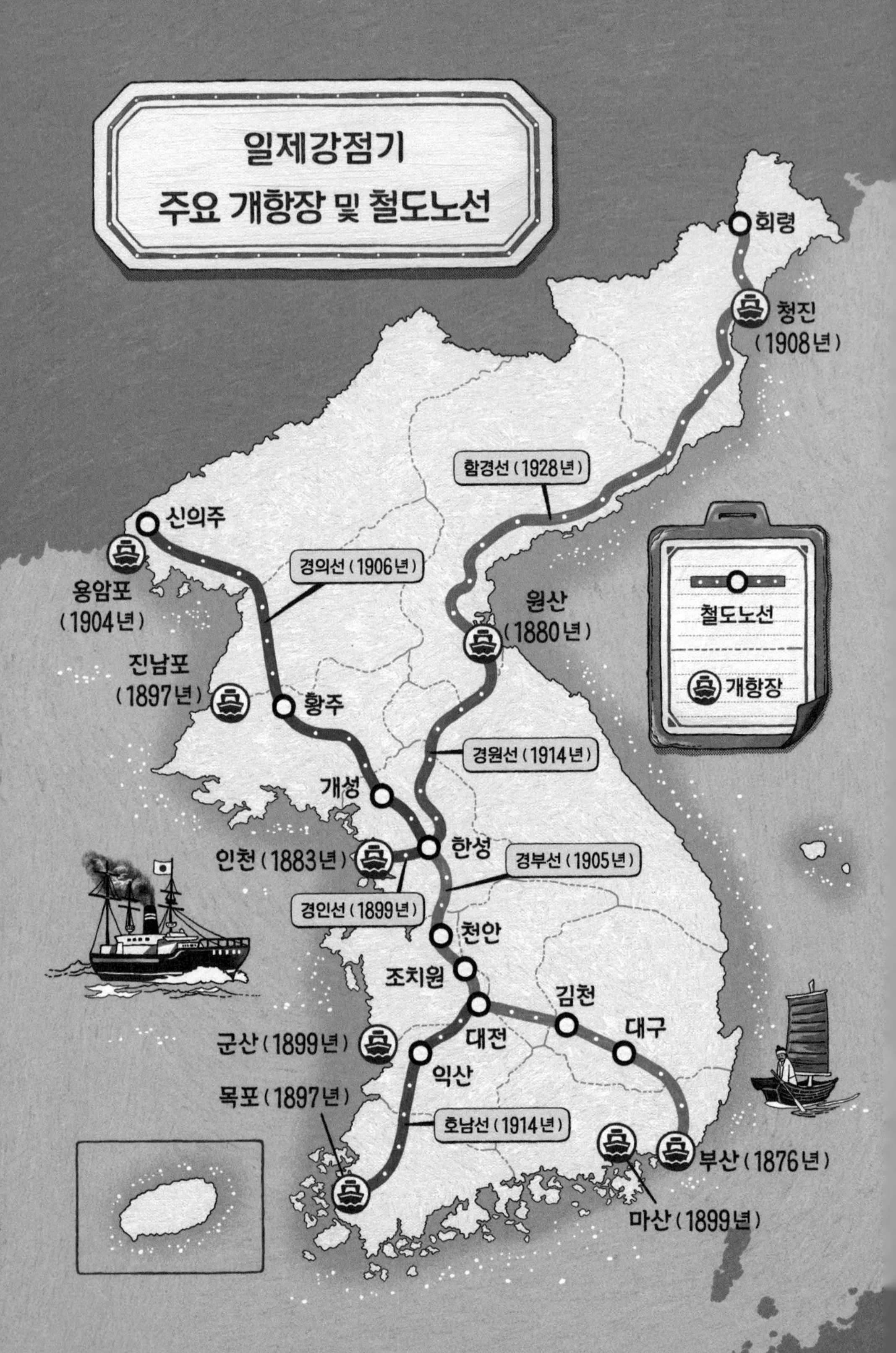

일제강점기
주요 개항장 및 철도노선
회령
청진
(1908년)
함경선(1928년)
신의주
용암포
(1904년)
경의선(1906년)
원산
(1880년)
철도노선
개항장
진남포
(1897년)
황주
경원선(1914년)
개성
인천(1883년)
한성
경부선(1905년)
경인선(1899년)
천안
조치원
김천
대구
대전
군산(1899년)
익산
목포(1897년)
호남선(1914년)
부산(1876년)
마산(1899년)

도시 변화

도시의 범위와 이름은 왜 계속 변하는 걸까?

우리가 살아가는 지표 공간은 인구의 밀집도와 주된 산업에 따라 크게 도시와 촌락으로 나뉜다. 도시는 비교적 익숙하지만, 농촌·시골·촌으로 불리는 촌락은 다수의 생활공간과 떨어져 비교적 생소하다. 젊은 세대일수록 촌락이란 용어나 개념도 낯설다. 50년 전만 해도 전체 국민의 절반이 촌락에서 살았으나 지금은 열에 아홉이 도시에서 살기 때문이다.

전 세계에서 유래를 찾아볼 수 없이 빠른 도시화로 우리나라 지표 공간과 도시의 사회와 문화는 빠르게 변했다. 노년층이 촌락에서 나고 자랐다면, 장년층은 촌락에서 나서 도시에서 성장했다. 반면 청년층 대다수는 도시에서 나고 자라 세대 간 공간 인식과 경험의 차이가 상당하다. 그렇다면 도시는 어떻게 형성되고 변화할까? 빠르게 바뀌는 도시의 모습을 가벼운 마음으로 따라가 보자.

도시는 어디에 생기는걸까?
조선시대 도시 형성의 조건과 특징 알아보기

선조들은 추운 겨울을 어떻게 날지 고민이 많았다. 지금이야 전기와 단열을 통해 겨울을 따뜻하게 보내지만, 과거에는 입지와 가옥 배치를 통해 추위에 대비했다. 태양열을 가능한 많이 받고 차가운 겨울의 북서풍을 막으려고 산을 뒤로 하고, 앞으로는 개천이나 하천을 마주한 자리에 집을 지었다. 벼농사가 주업이었던 조선시대에는 풍부한 물을 확보하는 일이 무척 중요했다. 그런 의미에서 배산임수背山臨水는 사람이 모여 마을을 형성하기에 최적의 장소였다.

배산임수에 자리한 마을 가운데 교통의 길목, 특산물 생산지나 교역 중심지, 외적 방어에 유리한 군사 요충지에는 더 많은 인구와 물자가 모여 도시都市로 발전했다. 도都는 행정과 군사적 이유로 건축된 성곽이 있다는 의미이고, 시市는 많은 사람이 왕래하면서 물자를 교류하는 시장을 의미한다. 다만 농업을 국가 근본으로 삼고 상공업을 천시한 조선에서는 시장을 중심으로 인구와 물자가 모이기 어려워 도시 발달이 비교적 더뎠다.

임진왜란과 병자호란을 겪은 이후 조선에서도 도시가 본격적으로 발달하기 시작한다. 관개시설 확충 및 모내기 농법 장려로 농지의 생산력이 비약적으로 증가하자 잉여생산물이 발생했다. 물자를 거래할 시장이 필요해지면서 중국과의 무역로 주변에 자리한 개성·평양·의주, 지역 물류의 중심지인 대구·강경·덕원에 시장이 형성되고 도시가 발달한다. 이들 도시는 모두 하천과 해안을 통해 내륙으로 가는 길목에 자리한다는 공통점을 지닌다.

1789년 조선의 주요 도시 호구를 조사한 기록에 따르면, 전국에서 인구가 가장 많이 거주하는 도시는 조선의 수도 한성으로 약 19만 명이 거주했다. 이는 같은 시기 프랑스 파리 인구(약 60만 명)의 3분의 1 수준이다. 한성 다음으로 많은 인구가 사는 도시는 개성(2만 7,769명), 평양(2만 1,869명), 상주(1만 8,296명), 전주(1만 6,694명), 대구(1만 3,734명), 충주(1만 1,905명), 의주(1만 838명)로 인구 만 명이 넘는 도시는 한성을 포함해 여덟 곳이 전부였다.

1876년 일본에 의해 개항하기 전까지 조선에는 바다를 낀 항구도시가 제대로 자리 잡지 못했다. 여름철 태풍과 겨울철 바닷바람은 재난에 가까웠고, 해안평야의 곡창지대에 시시때때로 출몰하는 왜구는 공포의 대상이었다. 항구 기능을 겸했던 도시는 대부분 하천을 최대한 거슬러 올라가서 자리했다. 압록강의 의주, 청천강의 안주, 대동강의 평양, 예성강의 개성, 한강의 한성, 금강의 공주와 부여, 영산강의 나주, 낙동강의 대구와 상주가 대표적이다.

개항 이후 완전히 달라진 도시의 입지

조선은 1876년 운요호 사건을 계기로 개항을 맞는다. 동래의 부산포, 덕원의 원산포, 인천의 제물포, 무안의 목포, 옥구의 군산포, 삼화의 진남포가 이때부터 차례로 개항한다. 개항장에 몰려든 일본인과 중국인은 조선인이 활동하던 중심지에서 거리를 둔 항구 주변에 새로운 시가지를 조성했는데, 이곳들이 기존 도시와 별개의 도시로 급성장한다.

그중 가장 격변을 겪은 도시는 바로 부산이다. 부산은 동래군 남쪽의 작은 포구에 지나지 않았다. 지금의 영사관이나 무역대표부 역할을 하던 왜관이 있던 동래가 조선 후기까지 지역 행정의 중심지였다. 하지만 개항과 동시에 부산은 비약적 발전을 거듭하며 1914년 동래에서 분리되어 별도의 행정구역으로 승격했고, 이후에도 계속 범위를 넓히다가 1942년 동래를 부산의 구區로 편입하기에 이른다.

부산과 동래가 이례적인 변화는 아니다. 덕원의 원산, 삼화의 남포, 옥구의 군산 모두 새로운 항구도시로 자리매김하면서 상위 도시에서 독립한다. 유일한 예외는 인천이다. 조선시대 인천의 중심은 해안이 아닌 내륙에 있는 관교동이었다. 관교동官校洞이라는 이름은 인천의 관아와 향교가 있다고 해서 붙었다. 인천은 다른 지역과 달리 개항장이었던 제물포가 아니라 기존의 인천이란 이름을 지금까지 사용하여 지명의 연속성을 가지고 있다.

개항 이후 육지에서는 새로운 교통수단으로 철도가 등장해 도시화를 이끌었다. 한반도는 산이 많아 육상교통 발전이 더뎠다. 태백산맥과 소백산맥은 육상교통의 걸림돌이었으며 대관령과 조령을 통해서 겨우 왕래했다. 대관령의 강릉, 조령의 충주나 문경은 큰 고개를 옆에 두고 발전한 도시다. 하지만 철도가 땅이 고른 평지에 건설되면서 배산임수에 자리를 잡았던 기존 도시는 초기 철도 건설 계획에서 배제되었고, 철도 주변으로 새로운 도시가 성장하기 시작했다.

철도가 만든 도시로 대전이 대표적이다. 1912년 충청남도 회덕군과 진잠군 사이에 기차역을 세운 지 10년이 지나 회덕군과 진잠군은 대전군으로 통합되었다. 1932년 충청남도 도청이 공주에서 대전으로 이동하면서 도시를 대대적으로 개발했으며, 1934년 대전시로 승격되면서 국내 5대 도시 반열에 오른다.

철도 덕분에 흥망성쇠를 달리한 도시가 어디 공주와 대전뿐일까. 좀 더 작은 단위로 보면 대전 인근의 연기면과 조치원읍, 전라북도의 금마면과 익산시, 태인과 신태인, 평안북도 의주와 신의주까지 이루 헤아릴 수 없이 많은 도시가 철도의 등장으로 크게 쇠퇴하거나 발전하며 격변을 맞이했다.

도시화에서 결코 빠질 수 없는 도시 이름의 변화와 유래

도시화와 맞물려 도시 이름도 끝없이 변한다. 지금이야 대부분 도시 이름이 한자로 구성되어 있지만, 과거에는 도시 이름을 순우리말로 지었다. 인천은 물가에 있는 지역이란 의미로 미추홀이라 불렸고, 대구는 넓은 벌판이란 의미인 달구벌로 불렸다. 이러한 순우리말 지명은 757년 신라 경덕왕이 당나라의 영향을 받아 지명을 중국식으로 정비하면서 두 글자의 한자로 바뀌게 된다.

2020년 기준 남한 지역 광역자치단체 17개와 기초자치단체 226개 가운데 순우리말 지명을 사용한 도시는 서울이 유일하다. 서울이라는 지명은 통치자가 있는 도시라는 의미로 신라시대의 경주, 고려시대의 개성, 조선시대의 한성을 일컫는 말이었다. 과거 서울은 수도를 의미하는 보통명사였지만 지금은 대한민국의 수도 이름을 뜻하는 고유명사가 되었다.

나라가 바뀌면 행정체계도 바뀌고 자연스럽게 지명도 바뀐다. 앞서 이야기한 신라 경덕왕대 이외에도 조선 초기와 일제강점기에 행정체계와 도시 이름에 커다란 변화가 있었다. 조선은 모든 지방에 지방관을 파견하는 과정에서 지방의 행정체계를 통폐합했고, 동시에 지명도 바꾸었다. 용구현과 처인현을 통합한 용인이나 고봉현과 덕양현을 통합한 고양은 조선 초기 행정구역 개편이 남긴 흔적이다.

우리나라 역사에서 가장 대대적인 행정구역 개편은 일제강점기인 1914년에 있었다. 강화도조약 이후 야금야금 식민지 경영을 진행하던 일본은 조선시대를 거치며 공고해진 향촌 조직을 해체하지 않고서는 원활한 식민지 지배가 힘들 것이라 판단하고 대대적인 행정구역 개편을 단행한다. 개항장과 철도 노선에 따라 새롭게 형성된 도시를 중심으로 행정구역을 개편했으며, 전라도와 경상도를 비롯해 전국 대부분 지역에서 군 단위 행정구역을 통폐합한다.

도시와 농촌을 묶어 하나로!
새로운 도시의 탄생

6·25전쟁 이후 가장 커다란 도시 변화를 가져온 계기는 바로 1995년 도농복합도시의 설치다. 1994년까지 우리나라의 기본 행정구역 체계는 시市와 군郡으로 도시와 농촌을 구분했다. 군 아래에 있는 읍邑 인구가 5만 명이 넘으면 군에서 분리하여 시로 승격했는데, 이로 인해 군은 주요 지역 이탈로 침체되고 소규모 시가 많아지면서 행정 비효율이 문제가 되었다.

이런 상황에서 설치한 도농복합도시의 핵심은 유사한 역사와 생활권을 공유하는 중심 도시와 주변 농촌을 하나로 묶는 것이었다. 지방자치로 발생할 지역 이기주의와 그에 따른 폐해를 미연에 방지하려는 의도도 있었다. 1995년 전국에 40개의 도농복합 도시가 설치되었고, 기존의 직할시는 주변 도시와 통합해 광역시로 새롭게 출범한다. 부산, 대구, 인천, 광주, 대전이 광역시가 된 것은 바로 이때부터다.

도농복합도시를 설치할 때 논란이 되었던 것은 도시의 이름이었다. 새로 설치할 도농복합도시의 이름으로 역사는 길지만 인구가 적은 군의 이름을 사용할 것인지, 비록 역사는 짧지만 인구가 많은 시의 이름을 사용할 것인지를 두고 첨예한 대립이 생긴 것이다. 보령군과 대천시가 보령시로, 아산군과 온양시가 아산시로 통합된 것처럼 대개는 전통 있는 군의 이름으로 통합되었지만, 선산군과 구미시가 구미시로 통합한 것처럼 예외도 있다. 심지어 양양군과 속초시, 무안군·신안군과 목포시처럼 하나의 생활권이지만 도시명을 협의하지 못하는 등 지역 사이의 이견을 좁히지 못해 통합에 실패한 경우도 있다.

지금 우리는 대부분 도시에서 살고 있다. 여가나 체험활동으로 촌락을 방문하지 않는 이상 생애 대부분을 도시에서 보낼 것이다. 내가 살아가는 생활공간은 어느 날 갑자기 계획된 도시가 아니라, 오랜 시간 자연적·문화적·역사적 배경 속에서 변화한 결과물이다. 지금도 도시 어딘가에는 도시가 변화한 흔적을 지명이나 경관에 남겨두고 있다. 우리 지역에 어떤 주옥같은 옛이야기가 숨어 있는지 찾아보는 것은 어떨까.

앞으로 대대적인 행정구역 개편이 또 있을까요?

우리나라 행정구역은 크게 광역자치단체와 기초자치단체로 나눌 수 있어요. 특별시·광역시·도 등의 광역자치단체 가운데 인구가 가장 많은 경기도는 인구가 가장 적은 세종특별자치시의 37배가 넘어요. 시·군·구를 포함하는 기초자치단체 가운데 인구가 가장 많은 수원시는 인구가 가장 적은 울릉군보다 131배 많은 주민이 살고 있어요. 인구 편차가 크면 클수록 인구가 많은 행정구역과 적은 행정구역 모두 적절한 행정 서비스를 받는 데 어려움이 발생하고, 이로 인해 지역 차별 문제가 발생할 수 있어요. 전문가들이 지방 소멸 문제와 지역의 정주 여건을 고려하여 최적의 행정구역을 찾는 고민이 필요하다고 말하는 이유예요.

최근에는 어디에 새로운 도심이 만들어지나요?

최근 비수도권에서는 철도와 고속도로 주변으로 신시가지를 조성하고 있어요. 교통이 편리한 지역에 대규모 주택이나 산업단지를 조성하여 주택과 일자리로 인구 유입을 유인하는 것이에요. 하지만 주변 인구가 새롭게 만들어진 시가지로 이동하면, 인구가 빠져나간 기존 구도심이나 주변 도시는 침체가 가속화되고 슬럼화되어 또 다른 사회 문제를 낳기도 해요.

21대 총선 지역구 선거 결과

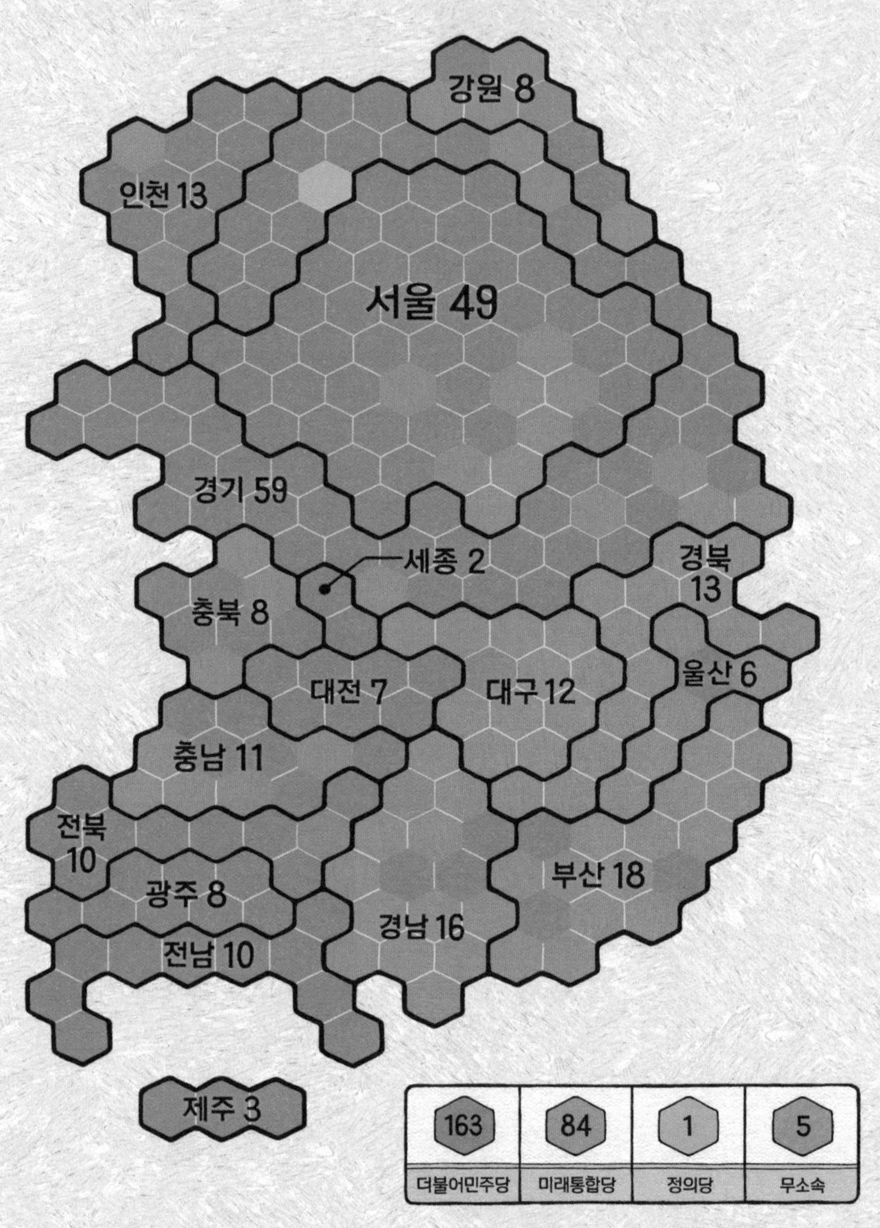

*자료 — 중앙선거관리위원회

인구분포

인구 절반이 수도권에 몰린 이유는 무엇일까?

도시에 인구가 집중하면서 발생하는 공간·사회·경제적 변화를 도시화라고 한다. 도시화는 보통 농촌이 사람을 농촌 밖으로 밀어내는 압출 요인과 도시가 사람을 도시 안으로 유인하는 흡입 요인으로 일어난다. 갈수록 심해지는 농촌의 일자리 부족이 압출 요인이라면 많은 일자리, 높은 기대 소득, 교육 및 문화 시설은 도시의 흡입 요인이다.

대한민국의 수도 서울은 인구를 유인할 만한 사회적 인프라를 제대로 갖추지도 못한 상태에서 6·25전쟁을 계기로 인구가 폭발적으로 증가했다. 이런 경우를 가짜 도시화, 즉 '가도시화'Pseudo-Urbanization라 부른다. 많은 인구를 감당할 만큼 인프라를 갖추지 못한 도시에 과도하게 인구가 몰리면, 도시인구 상당수는 의식주조차 해결하기 어려운 상황에 놓이게 된다.

'서울은 만원이다'

휴전으로 6·25전쟁이 멈춘 1953년 당시 서울 인구는 100만 명 내외였다. 하지만 곧 제대한 군인과 농민이 일자리를 찾아 서울로 오면서 인구가 급증한다. 1959년 210만 명, 1963년 330만 명이었던 서울 인구는 1970년에 540만 명을 기록했다. 그리고 서울올림픽을 개최한 1988년 처음으로 1,000만 명을 넘긴다. 1953년 100만 명이던 서울 인구가 35년 만에 열 배로 증가한 것이다.

이와 같은 인구 증가 추세 속에 1966년 이호철 작가는 소설 『서울은 만원이다』를 발표한다. 인구가 폭발적으로 증가한 서울이 아수라장이 될 지경에 이른 당시의 시대상을 보여주는 제목이다. 서울의 인구 증가가 얼마나 큰 문제였는지 1964년 윤치영 서울시장은 "서울로 들어오려는 사람은 서울시장의 허가를 받아야 한다."며 서울 전입 허가제를 입법해야 한다고 주장할 정도였다.

인프라를 제대로 갖추지 못한 서울의 주택난과 교통난은 심각했다. 산자락과 청계천을 비롯하여 서울 곳곳에 판잣집이 빼곡하게 들어섰다. 공식 통계에 잡힌 판잣집만 13만 채였고, 통계에 잡히지 않는 판잣집을 포함하면 20만 채가 넘었다. 공급이 시민

권역별 인구 밀도 변화

우리나라 인구 변화의 특징은 바로 서울을 중심으로 하는 수도권 쏠림 현상이다. 전체 인구는 점진적으로 증가하지만, 권역별로 보면 수도권 인구의 성장세가 다른 지역보다 월등히 높다.

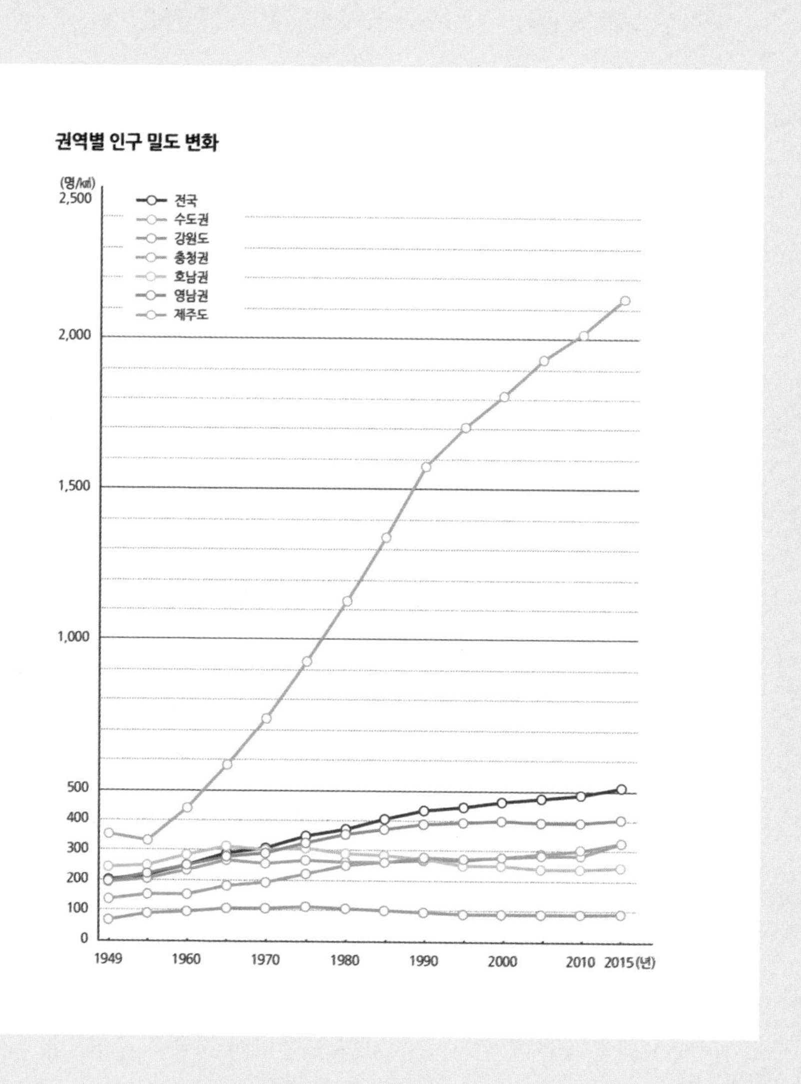

의 수요를 따라오지 못하는 대중교통은 늘 만원이었다. 하수시설도 부실해 비가 오면 보행로는 온통 진창이 되기 일쑤였다.

산업화가 만든 인구 쏠림 현상

1961년 5·16군사정변으로 권력을 잡은 박정희 정부는 산업화와 경제 성장을 당면한 국가 과제로 여겼다. 1960년대 우리나라는 일제강점기와 6·25전쟁의 여파로 국토가 황폐화되고 별다른 기술이랄 것도 갖추지 못한 상황이었다. 박정희 정부는 서울에 투자를 집중하고 노동집약적 산업인 경공업을 중심으로 수출을 꾀했다. 부족한 자본과 기술력을 저렴한 노동력으로 타개하고자 한 것이다.

인구와 산업이 특정 지역에 몰리면서 발생하는 이익을 집적이익集積利益이라 한다. 공동구매를 떠올리면 이해가 편하다. 특정 상품을 다수가 공동으로 구매하면 개인이 구매할 때보다 부대비용이 절감된다. 마찬가지로 인구와 산업이 특정 지역에 몰려 있으면 비용 절감과 생산성 향상을 기대할 수 있기 때문에 인구는 집적이익을 기대할 수 있는 지역으로 몰리게 된다.

산업화를 거치며 서울로 자본과 기술이 더욱 집중되었고, 서비스업이 비약적으로 발달했다. 서울을 중심으로 교통·통신·수도 시설이 보급되면서 서울은 다른 지역보다 훨씬 높은 수준의 사회적 인프라를 갖추게 된다. 무엇보다 교통망이 서울을 중심으로 확장하면서, 서울이 서울 주변과 지방의 인구와 경제력을 흡수했다. 이렇게 교통의 발전으로 대도시로 인구와 기능이 집중되는 현상을 빨대 효과Straw effect라고 한다.

하나의 도시처럼 몸집을 불리는 수도권

대도시가 점차 비대해지면 과밀화를 해소하고 편중된 기능을 분담하는 도시가 주변에 생겨난다. 위성도시의 등장이다. 위성도시는 대도시에서 사방으로 거미줄처럼 뻗어 나간 교통로, 즉 철도와 도로를 따라 자연스럽게 형성되거나 국가 계획에 따라 만들어진다. 과천, 안산, 성남은 모두 정부가 계획적으로 만든 서울의 위성도시다.

정부는 인구 분산을 위해 대도시 주변의 미개발지에 대규모 신도시를 건설하기도 한다. 성남시 분당과 고양시 일산을 중심으로 1기 신도시를 만들었고, 이후에는 성남시 판교·수원시 광교·화성시 동탄에 2기 신도시가 들어섰다. 서울의 인구 과밀과 집값 상승 문제를 해결하려고 건설된 이들 신도시는 점차 서울과 연결되면서 하나의 거대한 도시처럼 기능하는 연담도시聯擔都市가 되어 간다.

서울 중심의 수도권을 연담도시로 만들 수 있는 배경은 바로 교통망이다. 2020년대 들어 서울과 위성도시를 연결하는 수도권 광역급행철도GTX 노선이 매우 상징적이다. 지하 40미터 이하에 터널을 뚫어 노선이 직선으로 곧게 뻗은 GTX를 이용하면, 시속 180킬로미터로 내달려 수도권 어디서나 서울까지 1시간 이내로 접근할 수 있다. 경기도 고양시 대화역에서 서울시 강남구 수서역까지 서울 지하철 3호선을 타면 1시간 30분이 걸리지만, GTX를 이용하면 30분대면 충분하다.

제4차 산업혁명 시대의 새로운 일자리까지 빨아들이는 수도권

현대자동차, 현대조선, SK에너지가 자리하면서 한국의 대표적인 제조업 도시로 성장한 울산의 인구는 2020년 기준 115만 명이다. 하지만 울산시 인구정책위원회는 제조업의 부가가치가 낮아지면서 울산의 흡입 요인이 약해져 인구가 감소하고 있으며, 100년 뒤에 37만 명으로 급감하리라 예측했다.

양질의 일자리는 인구 증가의 필수 조건이다. 그런데 오늘날 '제4차 산업혁명'이라 불리며 다른 산업보다 부가가치가 월등히 높다고 평가 받는 일자리 역시 대개 수도권에 집중되어 있다. 여기서 제4차 산업혁명은 정보통신기술ICT의 융합으로 인한 산업 환경의 커다란 변화를 말하는데, 인공지능·블록체인·빅데이터 등 기술 혁신이 그 핵심으로 꼽힌다.

2020년 유럽특허청EPO에 따르면 제4차 산업혁명 기술 혁신 클러스터기업, 대학, 연구소, 서비스기관 등이 모여서 네트워크를 형성하고 경쟁 우위를 확보하는 지역로 서울시가 전 세계 1위에 올랐다. 2010년부터 2018년 사이에 제4차 산업혁명 관련 분야에서 전 세계 모든 특허의 10퍼센트가 서울시에서 출원됐다. 서울시는 상위 20개 혁신 클러스터 가운데 중국 베이징과 미국 디트로이트에 이어 세 번째로 높은 성장세를 기록했으며, 우리나라 전체의 제4차 산업혁명 관련 특허 활동 중 86퍼센트가 서울에서 이루어지는 것으로 나타났다. 앞으로의 고부가가치 산업 일자리 역시 서울을 중심으로 만들어진다는 의미이다.

서울 디지털산업단지에는 2018년 기준 1만 2,000개 회사가 입주해 있으며 15만 명에 이르는 노동자가 일한다. 경기도 역시 4차 산업 촉진에 총력을 기울이고 있다. 경기도만 놓고 보면 반월, 파주 등 네 군데 국가산업단지에 2만 개 업체, 160개 정도의 지방산업단지에 8,000개 업체가 입주하고 있다. 경기도 산업단지의 전체 노동자 규모는 50만 명, 생산액은 200조 원을 넘는다. 고부가가치 산업의 일자리가 이렇게 수도권에 몰려 있으니, 앞으로도 수도권의 흡입 요인은 견고할 것이다.

전 세계에서 비교 대상을 찾기 힘든 인구 블랙홀

수도권은 대한민국의 인구 블랙홀이다. 서울 인구는 분명 감소 추세다. 2020년 서울 인구는 966만 명으로, 1988년 서울 인구가 1,000만 명을 넘긴 지 32년 만에 1,000만 명 아래로 떨어졌다. 서울 인구는 1992년 1,097만 명으로 최대치를 찍은 후 점차 감소했다. 하지만 경기도 인구가 크게 증가해서 수도권 인구는 2,600만 명으로 역대 최고치를 기록했다. 우리나라 전체 면적의 12퍼센트 정도에 해당하는 수도권에 인구의 절반 이상이 거주하고 있는 것이다.

대한민국처럼 특정 지역에 인구가 과하게 쏠린 현상은 세계적으로 찾아보기 힘들다. 인구밀도가 높은 도시로 도쿄가 꼽히는데, 2020년 도쿄 인구(1,396만 명)는 서울 인구보다 많지만 인구밀도는 서울(15,865명/㎢)이 도쿄(6,359명/㎢)보다 두 배 이상 높다. 범위를 수도권으로 확장하면 대한민국 수도권에는 전체 인구의 절반 이상이 거주하지만, 일본 수도권에는 전체 인구의 35퍼센트 정도가 거주한다.

폭발하기 직전인 수도권에 주어진 숙제

과거에는 수도권에 인구와 자본이 몰리면서 얻는 집적이익이 컸지만 지금은 땅값 상승, 주택 부족, 교통체증, 환경 파괴를 비롯한 집적불이익이 심각하다. 땅값이 상승하면 공장 운영비가 상승하고, 공장에서 생산하는 상품 가격도 덩달아 오른다. 집값이 오르면 주거비가 따라서 오른다. 상승한 비용의 부담은 소비자와

2020년 기준 서울의 인구밀도(15,865명/㎢)는 부산(4,342명/㎢)의 3배, 경상북도(140명/㎢)의 113배, 강원도(90명/㎢)의 176배에 이른다. 이는 2018년 기준 도시 국가 싱가포르(7,804명/㎢)나 홍콩(6,732명/㎢)보다도 높은 수준이다.

대한민국의 인구분포

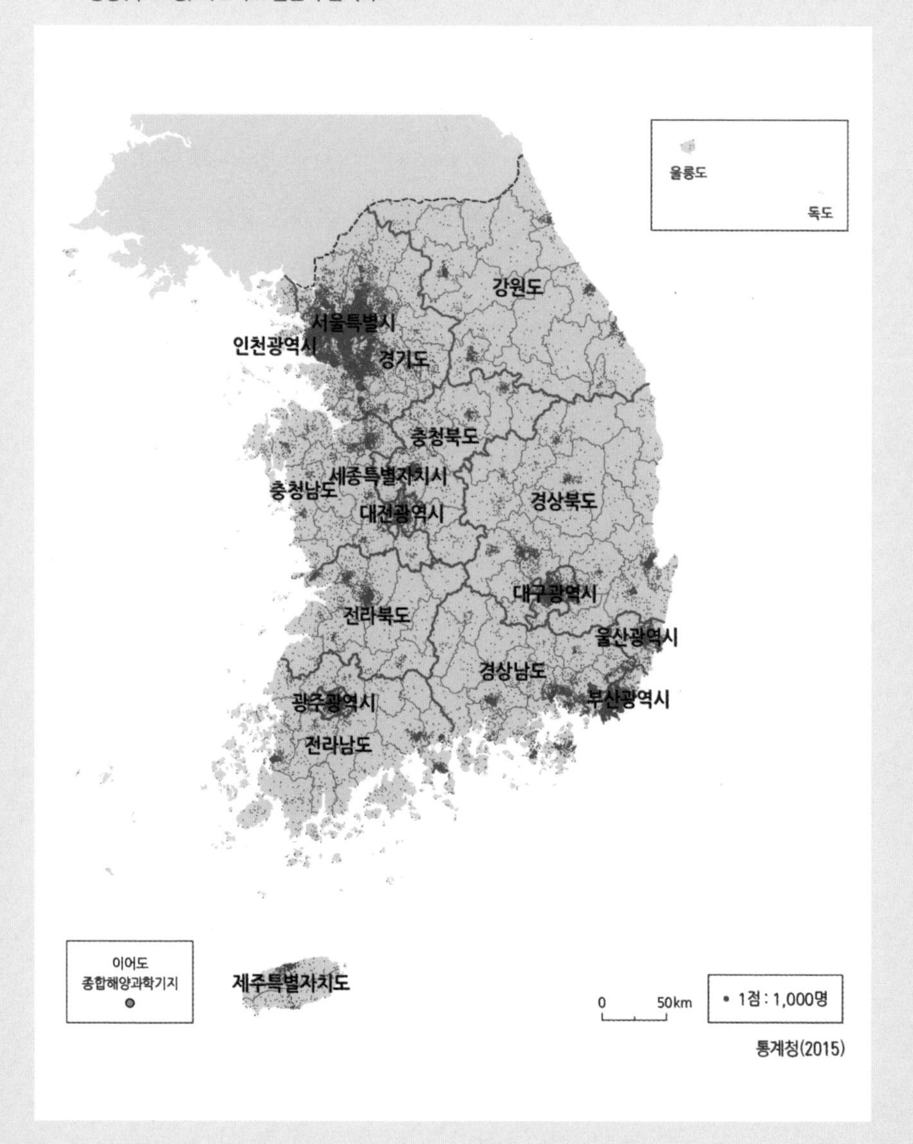

통계청(2015)

세입자가 가장 크게 지게 된다. 인구 과밀화에 따른 교통체증 문제도 상당하다. 도로교통이 혼잡해서 발생하는 사회적 비용의 총합을 '교통혼잡비용'이라고 한다. 교통체증으로 차량이 정상 운행하지 못하면서 생기는 차량운행비, 교통사고비용, 환경오염비, 시간가치 손실액이 모두 교통혼잡비용에 해당한다. 국토교통부에 따르면 2017년 교통혼잡비용은 약 59조 원으로 같은 해 우리나라 국내총생산의 3.4퍼센트에 이르렀다. 그중 수도권의 교통혼잡비용은 전체의 절반에 해당하는 28조 원 규모였다.

수도권으로 인구가 쏠리면서 발생하는 쓰레기 처리 문제 역시 해결하지 못한 채 현상 유지에 급급하다. 1992년 서울에 있던 쓰레기처리장 난지도가 포화 상태에 이르자 서울시는 인천시와 경기도와 함께 사용할 수도권 광역 쓰레기처리장, 일명 '수도권 매립지'를 인천에 조성한다. 하지만 수도권에서 발생하는 쓰레기 양이 매년 최고치를 갱신할 정도로 증가하고 수도권 매립지의 한도가 초과된다는 우려가 나오면서, 앞으로 수도권에서 나오는 막대한 쓰레기를 어떻게 처리할지 고민이 늘어나는 실정이다.

이처럼 수도권은 인구 과밀에 따른 집적불이익 문제가 갈수록 심각해지고 있다. 지금까지 정부는 인구와 산업, 행정 기능을 서울 주변 도시와 지방으로 분산하고, 도농 간 격차를 완화하는 방향으로 정책을 추진했다. 하지만 이러한 정책은 수도권 인구 과밀 문제를 해결하는 뾰족한 수로 작동하지 않았다. 인구 블랙홀을 이대로 방치한다면 수도권만 남고 비수도권은 모두 소멸할지도 모를 일이다.

앞으로 우리나라의 인구분포는 어떤 모습일까요?

우리나라 인구 이동의 주된 흐름은 비수도권에서 수도권으로의 이동이에요. 서울과 가까운 경기도와 충청권 일부 지역의 인구가 증가하는 반면, 나머지 대부분 지역에서는 인구 감소가 뚜렷해요. 특히 태백산맥과 소백산맥 주변 지역은 인구 감소 현상이 심각해서 수십 년 이내에 지역이 소멸한다는 예측이 나오고 있어요. 산지뿐만이 아니에요. 2016년에서 2020년까지 4년 사이 부산 인구는 10만 3,000명, 대구 인구는 4만 2,000명 줄었어요. 비수도권 광역시조차 인구가 감소하고 있는 것이에요.

비수도권 인구가 감소하는 가장 중요한 이유는 일자리 부족이에요. 수도권은 상대적으로 부가가치가 높은 일자리가 계속 생겨나고 있어요. 사람들은 예나 지금이나 일자리를 찾아 수도권으로 터전을 옮기고 있어요. 교육 문제 역시 빼놓을 수 없어요. 2021년 전국 4년제 대학 상당수가 정원 미달이었지만, 수도권 대학은 상대적으로 정원 미달 문제에서 벗어나 있어요. 이는 학령인구 감소 이외에 다른 요인이 있음을 말해요. 바로 비수도권 고등학생들이 비수도권 대학이 아니라 수도권 대학으로 진학하는 것이에요.

지방 소멸 위험 지수 (시·군·구)

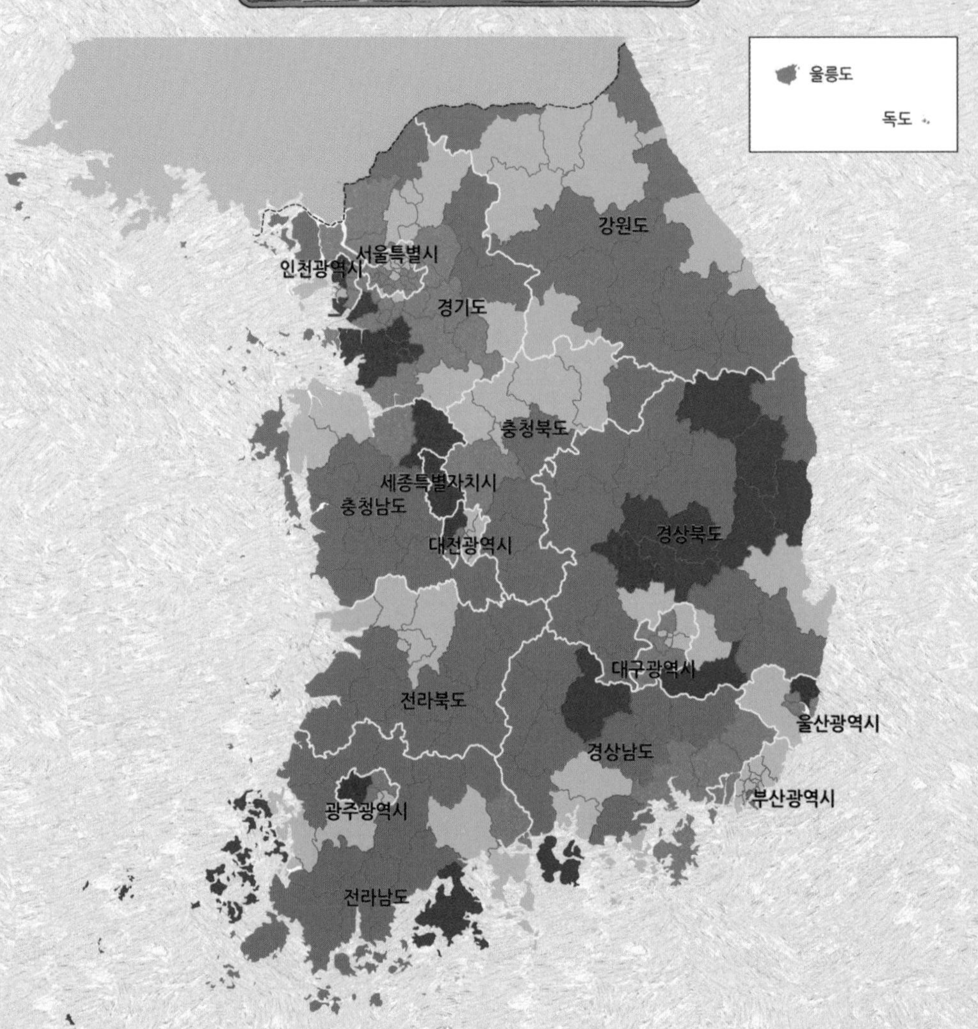

소멸 위험 정도		소멸 위험 지수
소멸 위험 매우 낮음		1.5 이상
소멸 위험 보통		1.0-1.5
주의 단계		0.5-1.0
소멸 위험 지역	소멸 위험 진입 단계	0.2-0.5
	소멸 고위험 지역	0.2 이하

*자료 — 한국고용정보원(2018)

*출처 — 대한민국 국가지도집(2019)

인구구조

저출산과 고령화로
우리는 어떤 위기에 빠졌나?

전국 1위의 출산율을 자랑하는 한 시골 마을에 가족계획요원이 찾아온다. 요원의 목표는 단 하나, 마을의 출산율을 낮추는 것이다. 자식이 재산이고 자식 농사가 최고라고 여기는 마을 사람들은 아이를 적게 낳아야 한다는 요원의 말을 탐탁지 않게 여긴다. 그나마 아이가 넷이나 있는 한 소작농이 요원을 돕겠다고 나서지만, 얼마 지나지 않아 부인에게서 임신 소식을 접한다. 결국 소작농은 '출산율 0퍼센트'라는 목표를 달성하기 위해 가족과 함께 마을을 떠난다.

2006년 개봉한 영화 〈잘 살아보세〉의 대략적인 줄거리다. 영화의 배경은 1972년. 박정희 정부가 급증하는 인구를 통제하기

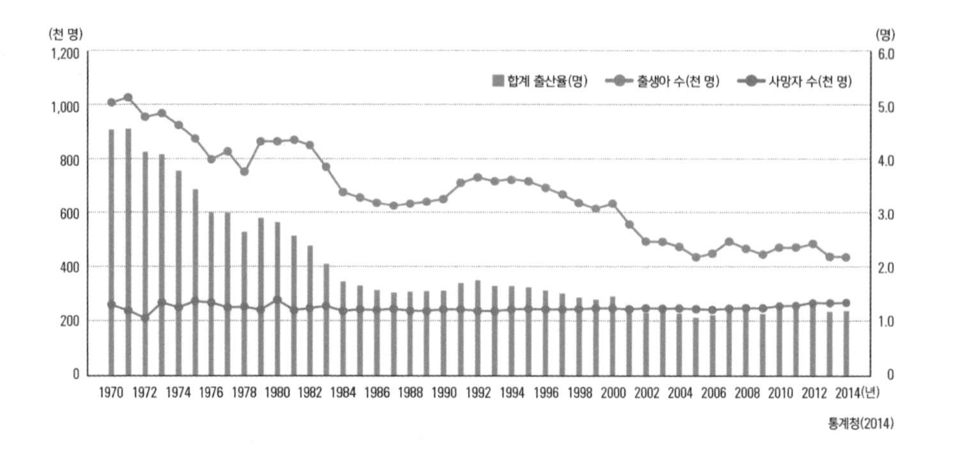

시기별 합계출산율 추이

우리나라 합계출산율은 점차 감소하며 2020년 기준 0.84명으로 유엔 인구기금(FPA) 조사 대상국 가운데 최하위(198위)를 기록했다.

위해 가족계획을 수립하고, 가족계획요원을 전국에 파견해 산아제한 정책을 전파하던 시기다. 당시 합계출산율여자가 가임기간에 낳을 것으로 기대되는 평균 출생아 수은 4.53명이었다. 정부는 '딸 아들 구별 말고 둘만 낳아 잘 기르자.'는 표어까지 내걸며 산아제한 정책을 강력히 추진했다. 하지만 20년이 지난 1990년부터 도리어 저출산 문제가 시작되었고, 이는 지금도 현재진행형이다.

정부가 가족계획을 발표하며 처음으로 산아제한 정책을 추진한 때는 1962년이다. 당시 우리나라의 합계출산율은 6명 내외였다. 정부는 일제강점기와 6·25전쟁 이후 굶주림과 가난을 벗어나려면 인구 통제가 필요하다고 판단했다. 피임약과 정관 절제술을 지원하고, 자녀 3명을 3년 터울로 낳아 35세에 단산하자는 '3·3·35 원칙'을 홍보하는 캠페인까지 벌였다. 1970년대 역시 '두 자녀 정책'을 기조로 산아제한 정책을 유지한다.

적극적인 산아제한 정책으로 출산율은 계획보다 빠르게 감소했다. 합계출산율을 대체출산율인구 규모를 유지하기 위해 필요한 출산율 2.1명 수준으로 낮추는 것을 목표로 시작했지만, 1983년 합계출산율은 2.06명으로 목표한 대체출산율보다 낮아지는 사태가 발생

덮어놓고 낳다 보면 거지꼴을 못 면한다. (1960년대)
딸 아들 구별 말고 둘만 낳아 잘 기르자. (1970년대)
잘 키운 딸 하나 열 아들 안 부럽다. (1980년대)
아들바람 부모세대, 짝꿍 없는 우리세대 (1990년대)
엄마 아빠 혼자는 싫어요. (2000년대)

대한가족계획협회(현 인구보건복지협회)가 발표한 시대별 가족계획 표어

했다. 정부는 1989년 기존의 산아제한 정책을 사실상 중단했지만 출산율 하락은 멈추지 않았다. 합계출산율은 1996년 1.6명으로 떨어졌으며, 2018년 0.98명을 기록하여 처음으로 1명 아래로 떨어졌다. 2020년 합계출산율은 세계에서 가장 낮은 0.84명을 기록했다.

저출산 문제의 심각성을 단적으로 보여주는 사례가 초등학교 폐교다. 해마다 신문에는 마지막 졸업생을 소개하는 기사가 실린다. 수도권에서 멀리 떨어진 농어촌은 산업화 이후 청장년층이 떠나면서 꾸준히 저출산 문제가 발생했고, 이는 초등학교 학령인구 감소와 초등학교 폐교로 이어졌다.

2020년 전국에서 폐교된 초중고교는 3,834곳, 신입생이 없

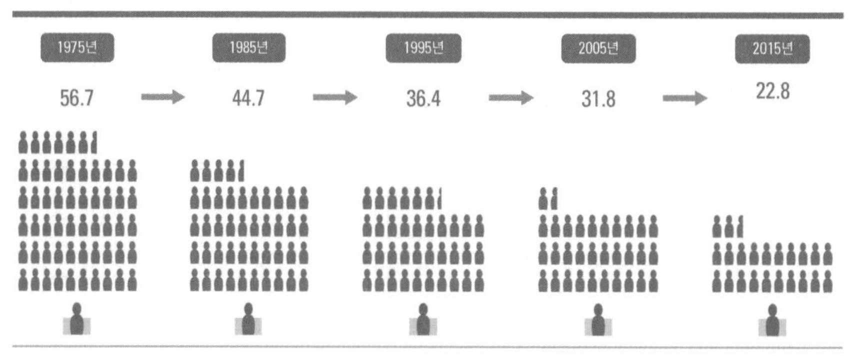

초등학교 학급당 학생 수 변화

2018년 기준 우리나라 초등학교 학급당 학생수는 23.1명을 기록했다.
이는 OECD 국가 평균 21.1명보다 조금 높은 수치다.

는 초등학교만 115곳에 이른다. 폐교가 많이 발생한 지역은 전라남도와 경상도로, 이들 지역에서는 인구 감소로 지방 소멸 위기까지 언급된다. 경기도에는 인구 100만이 넘는 도시가 수원·고양·용인 등 세 곳이나 있는데, 강원도·충청북도·전라남도·전라북도는 광역자치단체임에도 인구가 200만 명을 넘지 않는다. 대한민국 제2의 도시 부산의 사정도 좋지 않다. 2016년부터 2020년까지 부산을 떠난 만 25세~39세 인구는 매년 1만 명에 달한다.

비수도권에 자리한 대학 역시 고심이 깊어지고 있다. 대학진학률은 2009년 77.8퍼센트를 기록하며 정점을 찍은 이후 10년 동안 완만한 하향 곡선을 그리고 있다. 학생 수 감소로 2021학년도 대학입시에서 정원을 채우지 못한 대학교 열에 아홉은 비수도권에 자리한다. 3년 안에 비수도권 대학교 절반이 사라질 것이라는 전망까지 나오는 이유다. '지방대학'의 위기는 비수도권 인재 유출과 경기 침체로 이어지며 악순환을 만든다.

저출산과 함께 출생 성비 불균형도 살펴볼 필요가 있다. 산아제한 정책으로 출산율이 떨어지던 상황에서도 뿌리 깊은 남아선호 사상은 흔들리지 않았다. 출생 성비는 1970년 109명, 1980년 107명을 기록하다 1990년 116명으로 크게 오른다. 여자아이를 100명 낳을 때 남자아이는 116명을 낳는 것이다. 1990년대 셋째 아이 출생 성비는 극단적이었는데, 특히 1993년 셋째 아이 출생 성비는 209.7명이었다.

1990년대가 지나고 2000년대로 접어들면서 출생 성비는 비교적 안정화된다. 통계청에서 판단하는 정상적인 출생 성비는 103~107명 수준인데, 2020년 우리나라 출생 성비가 104.9명이었다. 여자아이가 100명 출생할 때 남자아이 104.9명이 태어났다는 뜻이다. 셋째 아이의 출생 성비도 정상 범주에 들었다. 2020년 셋째 아이 출생 성비는 106.7명으로 1990년대와 비교하면 크게 변했다.

우리나라도 이제는 초고령사회!

우리나라는 2017년에 이미 고령사회에 접어들었다. 2002년 고령화사회에 진입하고 15년 만의 일이다. 유엔은 전체 인구에서 65세 이상 인구 비중이 7퍼센트를 넘으면 고령화사회, 14퍼센트를 넘으면 고령사회, 20퍼센트를 넘으면 초고령사회로 구분한다. 프랑스는 1864년 고령화사회에 들어서고서 114년이 지난 1979년에 세계 최초의 고령사회가 되었고, 일본은 1970년 고령화사회에서 1994년 고령사회 진입 후 2005년 세계에서 처음으로 초고령사회가 되었다. 지금 추세라면 우리나라는 2025년 초고령사회로 진입하리라 예상된다.

계속되는 저출산과 고령화로 65세 이상 인구 비율은 빠르게 증가했다. 출생자가 앞으로 생존할 것으로 기대되는 기대수명은 2019년 기준 우리나라가 83.3세로 일본(84.4세)에 이어 이탈리아와 함께 두 번째로 높다. 기대수명이 계속 높아지는 반면 건강수명은 2012년(65.7세) 이후 점차 낮아져 2019년 기준 64.4세를 기록했다. 약 20년 동안 만성질환에 시달리면서 살다가 죽는다는 뜻이다. 고령 인구의 증가에 따라 의료비 지출이 늘어 노인장기요양보험과 건강보험은 각각 2016년과 2018년부터 적자를 기록하고 있다. 노인 건강 문제는 앞으로 더욱 심각해질 전망이다.

저출산 문제와 마찬가지로 고령화 문제는 비수도권에서 더욱 심각하다. 2020년 기준 전국 고령 인구는 전체 인구 대비 15.7퍼센트지만, 강원도·경상북도·전라남도·전라북도는 벌써 초고령 사회에 진입한 것으로 본다. 그런데 아이러니하게도 고령 인구가 가장 많이 거주하는 지역은 경기도(179만 5,000명)와 서울(148만 명)이다. 은퇴하면 시골 가서 살겠다는 이야기는 이제 옛말이다. 서울 인구는 1990년대 이후 완만하게 감소하는 추세지만 고령 인구는 좀처럼 줄지 않는다. 주거지가 병원 옆에 위치하는 이른바 '병세권'이 노인 세대에게 각광받는 달라진 풍속도의 결과다.

청년층이 도시로 이동하면서 농어촌에서 출산율이 급감하고 고령화가 빠르게 진행되어 '인구 절벽' '지방 소멸'의 위기에 처해 있다. 지방 소멸 위험 지역은 해마다 증가하는 추세다. 2020년 지역별 지방 소멸 위험 지수65세 이상 고령 인구수 대비 20~39세 여성 인구수를 보면 226개 시·군·구 중 105개가 지방 소멸 위험 지역이다. 위험 지수가 0.5 미만은 지방 소멸 위험 지역, 0.2 미만은 지방 소멸 고위험 지역이다. 경상북도 군위군의 지방 소멸 위험 지수가 0.133으

고령 인구 비율

2015년 전국의 평균 고령 인구 비율은 13.1%였으나, 2020년 전국의 평균 고령 인구 비율은 15.7%로 상승했다. 고령 인구 비율이 가장 높은 지역은 2020년 기준 전라남도(23.1%)이며, 가장 낮은 지역은 세종특별자치시(9.3%)이다.

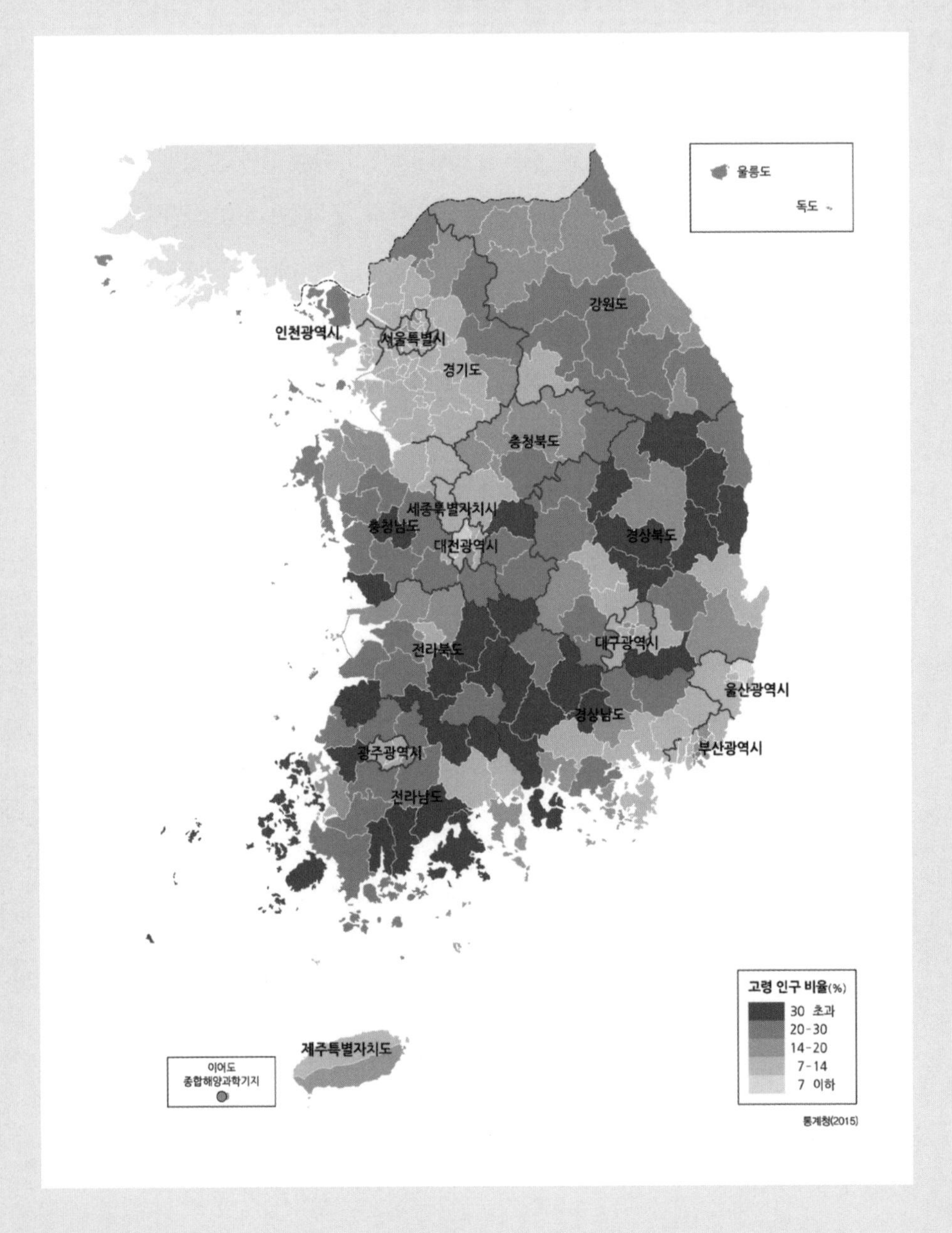

로 가장 높았다. 경상북도 의성군(0.135), 전라남도 고흥군(0.136), 경상남도 합천군(0.148), 경상북도 청송군(0.155), 경상남도 남해군(0.156)이 뒤를 이었다.

이런 상황 속에 고령층 기준을 수정하자는 목소리가 계속 나오고 있다. 연금 수령 연령을 조정하고 노동 인구를 확충하자는 취지에서 나온 고육지책이다. 1889년 독일은 처음으로 연금보험 제도를 실시하면서 연금 지급 대상을 65세 이상으로 정했고, 유엔도 이를 참고하여 1950년 노인 연령을 65세로 설정했다가 2015년 80세 이상으로 수정했다. OECD는 75세를 기준으로 젊은 고령자와 늙은 고령자를 나누며, 일본에서는 74세를 기준으로 전기 고령자와 후기 고령자로 분류한다.

우리나라에서도 최근 노인 연령 기준과 정년 연장에 대한 논의가 활발하다. 대한민국 근로기준법상 정년은 60세이지만, 통상 정년보다 10년 이상을 더 일한다. 2019년 기준 우리나라의 연평균 근로시간은 1,967시간으로 OECD 국가 중 멕시코 다음으로 길다. 많은 시간을 일하지만 노후에 건강하고 평안한 생활을 보장받기 어렵다. 오히려 2018년 우리나라 노인빈곤율(43.4%)은 OECD 평균(14.8%)의 세 배에 달하며 조사 대상 국가 중 가장 높았다.

스웨덴은 합계출산율이 1991년 2.1명을 기록하고 6년이 지난 1997년 1.5명으로 급감하자, 출산 장려 정책과 함께 출산을 어렵게 하는 요인을 제거하려고 노력했다. 양성평등에 기반을 두고 휴가 제도와 공교육을 정비하고, 육아의 사회화를 통해 출산과 양육이 여성의 경제활동에 걸림돌이 되지 않도록 제도 개선을 추진했다. 노력의 결과, 스웨덴의 출산율은 2000년대 이후 하락세를 멈추고 완만한 증가세로 접어들었다. 2019년 스웨덴의 합계출산

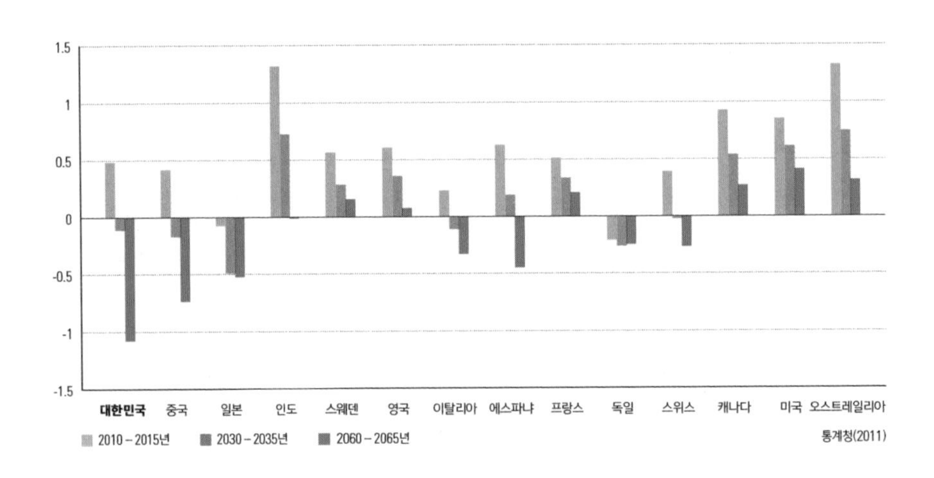

주요국의 인구 성장률 추이

유엔 인구기금(FPA)에 따르면 2015~2020년 세계의 인구성장률은 1.1%, 한국의 인구성장률은 0.2%였다.

율은 1.7명으로 프랑스(1.9명)에 이어 OECD 회원국 가운데 두 번째로 높다.

우리나라도 저출산 문제를 해결하고자 한다면, 여성에게 출산과 양육의 부담을 일방적으로 부과하는 사회 분위기와 제도부터 바꿔야 한다. 혼자 살기도 버거운데 나라를 위해 아이를 낳으라고 강권할 수 없는 노릇이다. 부모도 아이도 행복하기 힘든 사회에서 아이를 낳지 않겠다는 마음이 바뀔 수 있도록 사회의 제도와 분위기가 달라져야 하는 것이다. 정부도 이러한 점에 주목하여 삶의 질을 높여 출산을 늘릴 대책을 강구하고 있지만, 아직까지 눈에 띄는 결과로 이어지지는 못했다.

고령화로 인해 세대 갈등이 심화하는 것 역시 커다란 사회적 문제다. 한국청소년정책연구원이 2019년 청년(15~39세)을 대상으로 진행한 여론조사에서 응답자의 절반가량이 노인 세대가 다른 세대보다 정부로부터 더 많은 지원을 받고 있다고 답했다. 자녀 양육비와 교육비 부담으로 결혼과 출산을 미루는 청년층이 증가하는 상황에서, 복지 정책과 재원이 육아나 청년보다 노인에 편중되었다는 인식이 세대 갈등에 불을 지피는 실정이다.

세대 갈등이 비단 우리나라만의 문제는 아니다. 유럽에서도 세대 갈등이 대두하면서 이를 해결하려는 다양한 시도가 이루어지고 있다. 이탈리아와 스페인에서는 청년의 이익을 대변하는 청년정당이 제도권에 진입하고 있으며, 한편에서는 일부 노인이 청년의 목소리를 대변하려는 노력도 엿보인다. 스웨덴에서는 청년의 목소리를 대신 내는 노인들이 매주 월요일에 거리로 나선다. 청년이 잘 살아야 노인도 잘 살 수 있다는 마음으로 정치권을 향해 목소리를 내기 시작한 것이다.

저출산과 고령화는 하루아침에 해결할 수 있는 간단한 문제가 아니다. 출산과 양육 지원 정책을 마련하는 것은 물론 사회적 인식 개선이 동반되어야 출산율 상승을 꾀할 수 있다. 고령화사회에 알맞은 복지 제도 개편과 세대 갈등 조정의 노력도 절실한 상황이다. 인구가 계속 감소하고 전체 인구에서 노인 비율이 지나치게 높아진다면 사회는 성장할 수 없고, 이전처럼 기능할 수도 없다. 저출산과 고령화 문제를 냉정하게 살피며 근본적인 해결을 위해 노력해야 하는 이유다.

'지방 소멸 위험 지수'는 무엇을 의미할까요?

'지방 소멸 위험 지수'는 일본의 사회학자 마스다 히로야增田寬也가 쓴 책『지방 소멸』의 내용에서 출발했어요. 마스다 히로야는 젊은 여성 인구가 수도권으로 이동함에 따라 지방이 소멸할 수 있다고 주장했는데, 우리나라에서 사용하는 소멸 위험 지수는 마스다 히로야의 연구를 참고하여 20~39세 여성 인구를 65세 이상 고령 인구로 나눈 값을 말해요.

간단하게 말하면 20~39세 여성 인구가 65세 이상 고령 인구 수보다 적으면 인구가 쇠퇴하는 단계에 들어섰다는 것을 의미하고, 여성 인구가 고령 인구의 절반에 미치지 못하면 지역이 소멸할 가능성이 크다는 경고예요. 이 기준에 따르면 서울에는 소멸 위험 지역이 하나도 없지만, 전라도·경상북도·강원도·충청도의 경우 기초자치단체 절반 이상이 사라질 위기에 처해 있어요.

외국인주민 현황

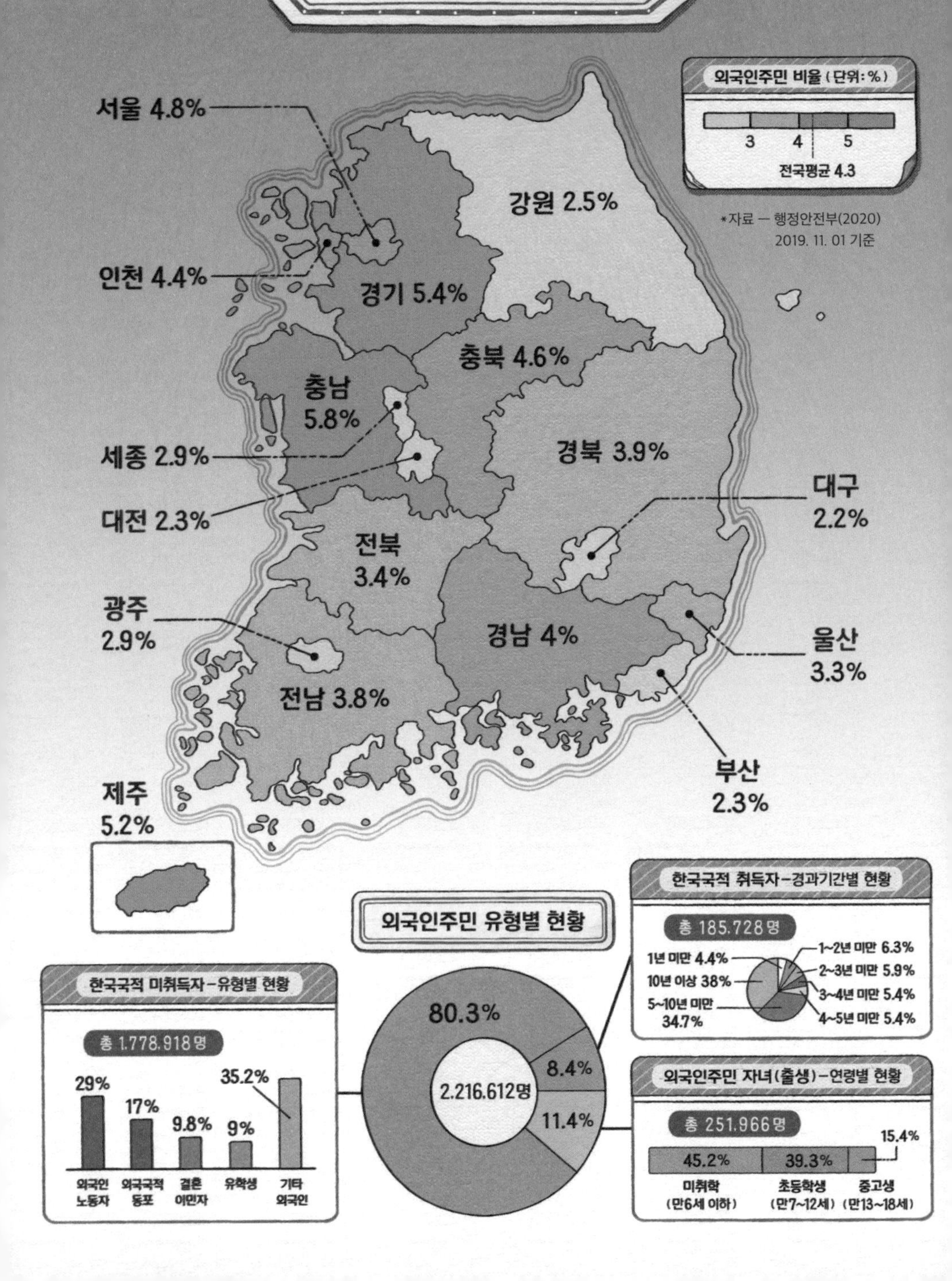

외국인주민 비율 (단위: %)
3
4
5
전국평균 4.3
*자료 — 행정안전부(2020)
2019. 11. 01 기준
서울 4.8%
인천 4.4%
경기 5.4%
강원 2.5%
충북 4.6%
충남
5.8%
세종 2.9%
대전 2.3%
경북 3.9%
대구
2.2%
전북
3.4%
광주
2.9%
경남 4%
울산
3.3%
전남 3.8%
부산
2.3%
제주
5.2%
외국인주민 유형별 현황
80.3%
8.4%
11.4%
2.216.612명
한국국적 미취득자 - 유형별 현황
총 1.778.918명
29%
17%
9.8%
9%
35.2%
외국인 노동자
외국국적 동포
결혼 이민자
유학생
기타 외국인
한국국적 취득자 - 경과기간별 현황
총 185.728명
1년 미만 4.4%
10년 이상 38%
5~10년 미만 34.7%
1~2년 미만 6.3%
2~3년 미만 5.9%
3~4년 미만 5.4%
4~5년 미만 5.4%
외국인주민 자녀(출생) - 연령별 현황
총 251.966명
45.2%
39.3%
15.4%
미취학 (만6세 이하)
초등학생 (만7~12세)
중고생 (만13~18세)

다문화

이미 도착한 다문화사회,
어떤 태도가 필요할까?

2006년 미국 미식축구리그 결승전인 슈퍼볼에서 최우수선수로 선정된 슈퍼스타 하인스 워드는 같은 해 한국을 방문하여 전국민에게 열렬하게 환영받았다. 한국인 어머니와 미국인 아버지 사이에서 태어난 하인스 워드는 1977년 한 살 때 미국으로 갔다가 29년 만에 자신이 태어난 고향을 방문한 것이었다.

한국인 엄마와 미국인 아빠 사이에서 태어난 하인스 워드의 방문은 한국 사회에 혼혈과 다문화 문제를 환기하는 계기가 되었다. 당시 언론은 그를 두고 '혼혈'이라 표현했다. 사전적인 의미로만 본다면 혼혈이 차별적 용어는 아니지만, 혈통을 중시하는 가부장제가 건재한 한국 사회에서 부정적인 의미로 사용되는 경우가 많았다. 2003년 건강가정시민연대가 '국제결혼 가정' 또는 '혼혈가족'이라는 말 대신 '다문화가족'으로 부르자고 제안한 이후, 지금은 국적과 문화가 서로 다른 사람이 만든 가족을 '혼혈가족'이 아니라 '다문화가족'이라고 부른다.

한국은 이미 다문화사회

1998년 개정된 대한민국 국적법에서는 출생 당시 부모 중 한 명만 한국인이면 자녀에게도 대한민국 국적을 부여한다. 외국인은 혼인이나 입양 또는 정부의 귀화 허가를 받아 대한민국 국적을 취득할 수 있고, 복수 국적을 허용하지 않는 대한민국에서 만 22세가 되기 이전에 하나의 국적을 선택해야 한다. 하지만 1998년 이전에는 아버지가 한국인이어야 자녀에게 대한민국 국적을 부여했다. 1976년 한국에서 태어난 하인스 워드는 아버지가 미국인이었으므로 처음부터 미국 단일 국적이었지만, 한국인 어머니 아래 미국에서 자랐으므로 '한국계 미국인'이라고 할 수 있다.

2007년 노무현 정부는 국민의례에서 낭송하는 국기에 대한 맹세문을 수정했다. '조국과 민족'을 '자유롭고 정의로운 대한민국'으로 변경한 것으로, 단일민족을 넘어 다문화사회로의 전환에 발맞춘 변화였다. '나는 자랑스러운 태극기 앞에 자유롭고 정의로운 대한민국의 무궁한 영광을 위하여 충성을 다할 것을 굳게 다짐합니다.' 중국, 베트남, 미국을 비롯하여 출신 배경이 다양한 한국인이 늘어나는 만큼, 태극기 앞에서 국민의례에 참여하는 사람은 한민족일 수도, 다른 민족일 수도 있다.

생활의 범위가 국가를 넘어 세계로 확대되는 시대에 서로 다른 인종, 국적, 문화를 가진 사람들이 한 지역에 어울려 사는 다문화사회는 자연스러운 현상이다. 많은 한국인이 해외로 나가 활동하고, 반대로 외국인이 한국으로 건너와 정착하기도 한다. 한류의 영향으로 한국 대중문화에 관심을 가지고 한국을 방문하는 경우가 무척 많아졌다. 이처럼 상품이나 서비스, 문화의 세계화는 사람들의 활발한 이동과 다문화사회 형성을 촉진한다.

2019년 11월 기준 우리나라에 거주하는 외국인주민은 약 221만 명으로 남한 인구 5,177만 명의 4.3퍼센트에 해당한다. 이는 2018년(205만 명)보다 16만 명 이상, 조사를 처음 시작한 2006년(53만 6,627명)보다 약 네 배 이상 증가한 것이다. 외국인주민이 많이 거주하는 지역은 경기도(32.5%), 서울(21.0%), 인천(5.9%)으로 전체 외국인주민의 절반 이상이 수도권에 거주한다. 특히 경기도 안산시와 시흥시, 서울의 영등포구와 구로구와 금천구는 외국인 비율이 특히 높은 편이다.

국내에 거주하는 외국인을 유형별로 보면 외국인노동자가 결혼이민자나 유학생보다 많다. 외국인노동자는 수도권에 가장 많지만, 주민 비율로 보면 경상남도, 전라남도, 제주도에서 높게 나타난다. 국내에 거주하는 외국인노동자는 주로 아시아 출신이다.

조선족이라 불리는 한국계 중국인을 포함하여 중국인이 가장 많고, 베트남, 태국, 캄보디아 출신이 뒤를 잇는다. 이들은 주로 제조업 분야에서 일하며, 농축업과 어업 종사자도 증가하는 추세다.

한국 사회에 외국인노동자가 대거 들어오게 된 계기는 1993년 '외국인 산업연수제'의 시행이다. 1988년 서울올림픽을 계기로 경제발전이 가속화하면서 특히 제조업 분야의 인력 부족이 심각해졌다. 이에 정부는 공장에서 일을 배우게 하는 산업연수를 명분으로 외국인노동자를 한국으로 오게 만들고 제조업과 건설업에서 부족한 노동력 문제를 해결하고자 했던 것이다.

한국에서 외국인이 늘어난 또 하나의 계기는 국제결혼을 통한 이주 여성의 증가다. 그 시작에는 1990년대 다수의 지방자치단체가 시행한 '농촌 총각 장가보내기 운동'이 있다. 농촌에 거주하는 미혼 남성이 결혼하지 못해 저출산과 고령화 문제가 심각해지자, 결혼과 가족 유지라는 명분으로 정부가 국제결혼 비용을 지원한 것이다. 이를 통해 우리나라에서 외국인주민의 증가는 사회의 필요에 따라 정부가 유도한 결과였다는 사실을 알 수 있다.

계속 늘어나는 다문화가족의 현주소

외국인노동자 유입과 국제결혼 증가로 다문화가족이 많아지자 2006년 노무현 정부는 '다문화·다종족 사회로의 전환'을 공식

선언했다. 그로부터 2년이 지난 2008년에는 이명박 정부에서 다문화가족 구성원의 삶의 질 향상과 사회통합을 목적으로 「다문화가족지원법」을 제정한다.

「다문화가족지원법」에서는 다문화가족을 한국인과 결혼이민자 또는 귀화·인지에 따른 한국 국적 취득자로 이루어진 가족으로 정의한다. 국적이 서로 다른 사람이 만나 가족을 이루는 다문화 결혼은 2008년 이후 점차 감소하다가 2017년부터 다시 증가하고 있다. 최근 한류 열풍으로 결혼이민자가 늘어나고 외국인과의 결혼에 대한 긍정적 인식이 작용한 결과로 풀이된다. 다문화 결혼은 외국인 아내가 70퍼센트로 외국인 남편보다 월등히 많다.

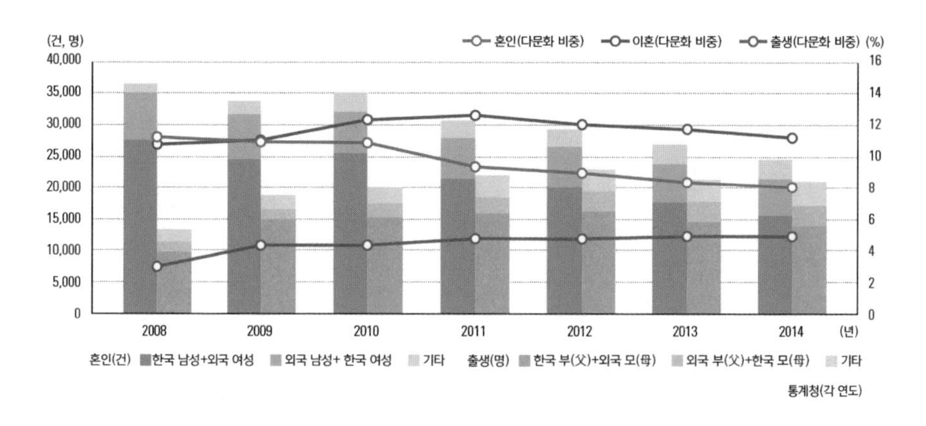

다문화 인구 동태

계속 증가한 다문화 결혼은 2019년 기준 총 2만 4,721건으로
전체 혼인에서 차지하는 비중은 10.3퍼센트였다.

2019년 기준 다문화 결혼을 한 외국인 및 귀화자 아내의 출신 국적은 베트남(37.9%)이 가장 많고, 중국(20.6%), 태국(11.6%)이 뒤를 잇는다. 2015년까지는 중국 출신이 가장 많았으나 2016년 이후 베트남이 역전했다. 다문화 결혼 건수는 경기도(6,905건), 서울(5,018건), 인천(1,488건) 순으로 수도권이 가장 많지만, 다문화 결혼의 비중이 가장 높은 지역은 제주도(13.2%)와 충청남도·전라남도(11.8%)다.

2019년 다문화가족의 출생아는 1만 7,939명으로 전체 출생아에서 차지하는 비중은 5.9퍼센트다. 이는 관련 통계 작성이 시작된 2008년 이래 가장 높은 수치다. 지역별 다문화가족 출생아 수는 경기도(4,804명), 서울(3,053명), 경상남도(1,185명) 순이며, 비중으로 보면 전라북도(8.1%), 제주도·전라남도(7.8%)에서 높게 나타난다.

여성가족부에 따르면 2019년 기준 다문화가족 자녀의 연령은 초등학교 저학년인 만 9세~11세(45.8%)가 가장 많고, 만 12세~14세(24.1%), 만 15세~17세(16.4%), 만 18세 이상(13.8%) 이 뒤를 이었다. 초등학생이 많기는 하지만 다문화가족 자녀의 연령대가 다양해지고 있는 만큼 그에 맞는 복지 정책도 폭넓게 갖출 필요가 있다.

오늘날 한국에서 다문화가족 자녀는 여러 가지 어려움에 처해 있다. 학업, 이성 관계, 진로를 비롯해 청소년기에 겪는 일반적인 고민은 물론 자아정체성 문제까지 더해진다. 다문화가족 자녀

2014년 이후에도 계속 증가한 결혼 이민자 수는 2019년 166,025명을 기록했다. 반면, 결혼 이민자 중 여성 비율은 2014년 84.8퍼센트에서 2019년 82.5퍼센트로 소폭 감소했다.

결혼 이민자 추이

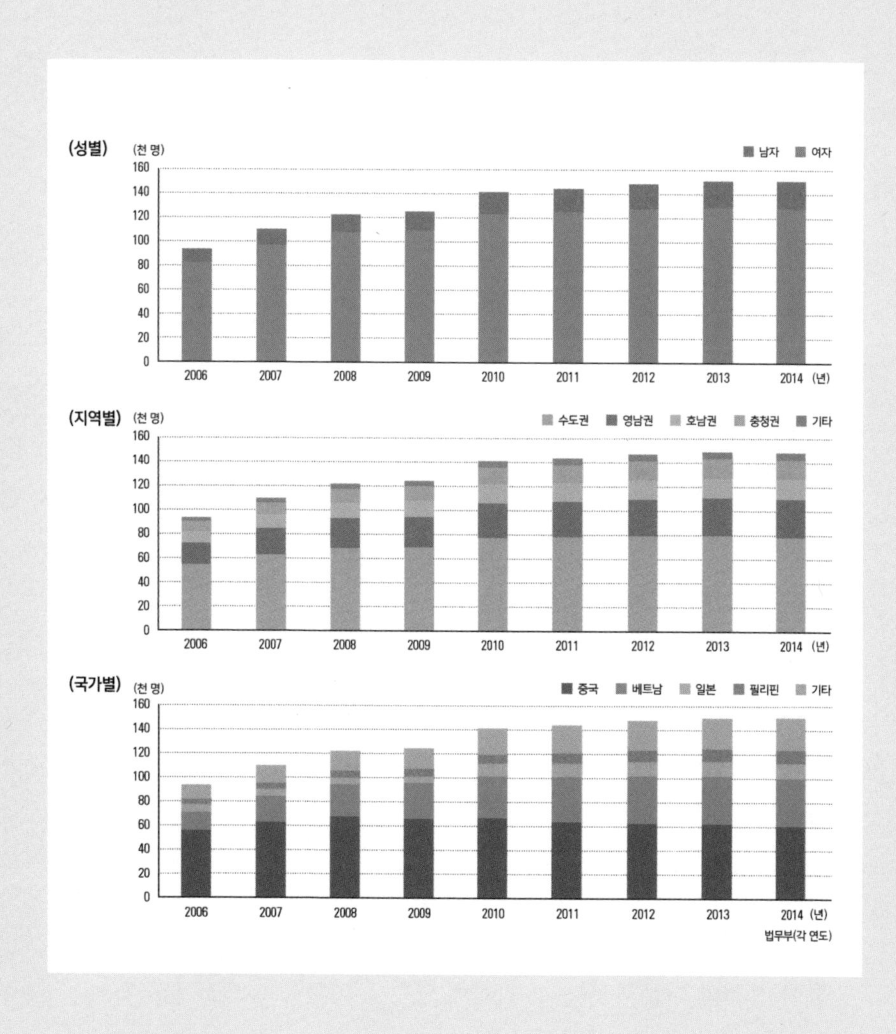

가 부모 양쪽의 문화적·민족적 유산을 중심으로 긍정적 정체성을 형성하면서 이중 언어 사용과 문화적 다양성 등의 장점을 발휘할 수 있도록, 다양한 분야에서 세심하게 고려해야 한다.

동화주의와 다문화주의라는 갈림길

사회통합에 대한 사회적 관심과 요구가 높아지면서 '다문화 수용성'이 중요해지고 있다. 다문화 수용성은 자기와 다른 구성원이나 다른 문화에 대해서 집단별 편견을 갖지 않고, 자기의 문화와 동등하게 인정하고, 그들과 조화로운 관계를 설정하려는 태도를 말한다. 다문화 수용성이 높은 사회라면 외국인을 대할 때 출신 지역이나 경제적 수준에 따라 차별하거나 편견을 가지지 않고 동등하게 대할 가능성이 높다.

여성가족부는 2012년 이후 3년마다 다문화 수용성을 조사하고 있다. 2018년 조사 결과에 따르면, 청소년의 다문화 수용성 점수는 100점 만점에 71.22점인데 반해 성인은 52.81점으로 큰 격차를 보였다. 2015년 조사와 비교하면 청소년은 3.59점이 높아졌으나 성인은 오히려 1.14점이 하락한 결과다. 보고서에서는 제주도 난민 신청과 관련된 언론 보도와 경기침체, 일자리 부족 문제 등이 성인의 다문화 수용성 악화에 영향을 미쳤을 것으로 분석하고 있다.

정부나 국민이 다문화를 바라보는 관점은 크게 두 가지다. 하나는 국민적 동질성을 강조하는 동화주의同化主義다. 동화주의는 외국인을 국민으로 인정하되 외국인이 이주 국가의 언어와 문화에 완벽히 녹아들어 하나가 되기를 요구한다. 반면에 다문화주의多文化主義는 국적, 인종, 문화 등에 상관없이 모든 사람이 보편적 권리를 가지므로 다양한 문화를 인정하고 각각의 삶의 방식이 모두 존중되어야 한다고 말한다.

지금까지 한국의 다문화 정책 전반에서는 동화주의적 성격이 매우 강하게 나타난다. 다문화가족 자녀에게 한글 교육을 강조하고, 김치 담그기를 비롯한 한국 문화 전파를 위한 프로그램이 '교양'이란 이름으로 방영된다. 다문화주의는 국민 통합을 방해한다고 비판받으며, 결국 동화되지 못한 외국인은 쉽게 차별과 배제의 대상이 되기도 한다.

건강한 다문화사회를 위해 제도적 지원보다 중요한 변화는 다양성을 인정하는 주위의 시선과 태도다. 한국인이 외국에서 부당하게 차별받았다는 이야기는 쉽게 공분을 모으며, 외국에서 한국 문화를 지키며 살아가는 한국인의 모습을 두고는 칭찬 일색이다. 하지만 한국인의 자리에 외국인을 넣으면 우리의 반응은 정반대로 나타난다. 한국에서 외국인이 출신지의 문화와 전통을 유지하며 산다면 수없이 많은 비난의 화살을 쏘아붙이고, 그들이 당하는 부당한 대우에는 둔감하기 그지없다.

외국인이 우리 사회의 구성원이 되는 일과 한국인이 외국의 구성원이 되는 일은 전혀 다를 것 없는 세계화의 결과이자, 다문화사회의 모습이다. 인종적·민족적·문화적 다양성이 증가하는 상황에서 보다 건강한 포용력을 가진 시민의식이 필요하다. 영국의 문화이론가 스튜어트 홀이 말했듯 "차이와 더불어 살아가는 능력이야말로 21세기 개인이 지녀야 하는 중요한 능력"인 것이다.

외국인주민이 많아지면서 생긴 변화가 있을까요?

최근 우리 사회에는 국제결혼, 취업, 유학, 사업 등 다양한 이유로 외국인주민이 급격히 늘고 있어요. 외국인주민은 한국에 거주하면서 다양한 업종에 종사하고, 일부 산업에서 노동력 부족 문제를 해결하는 데 도움을 주어요. 또 국제결혼 이주민은 지역사회에 활력을 불어넣으며, 다양한 문화가 융합하여 새로운 문화를 만드는 과정에 기여할 것으로 기대되고 있어요.

한편 외국인주민 증가에 따른 다양한 사회적 고민도 생겼어요. 외국인 집단과 내국인 집단 간의 일자리 경쟁, 외국인주민에 대한 편견과 사회적 차별 등이에요. 또 다문화가족 자녀들은 한국어 습득 능력이 부족하여 학습 부진아가 되거나, 학교에서 친구들로부터 소외되는 등의 문제를 겪기도 해요.

제 19대 대통령 선거 결과

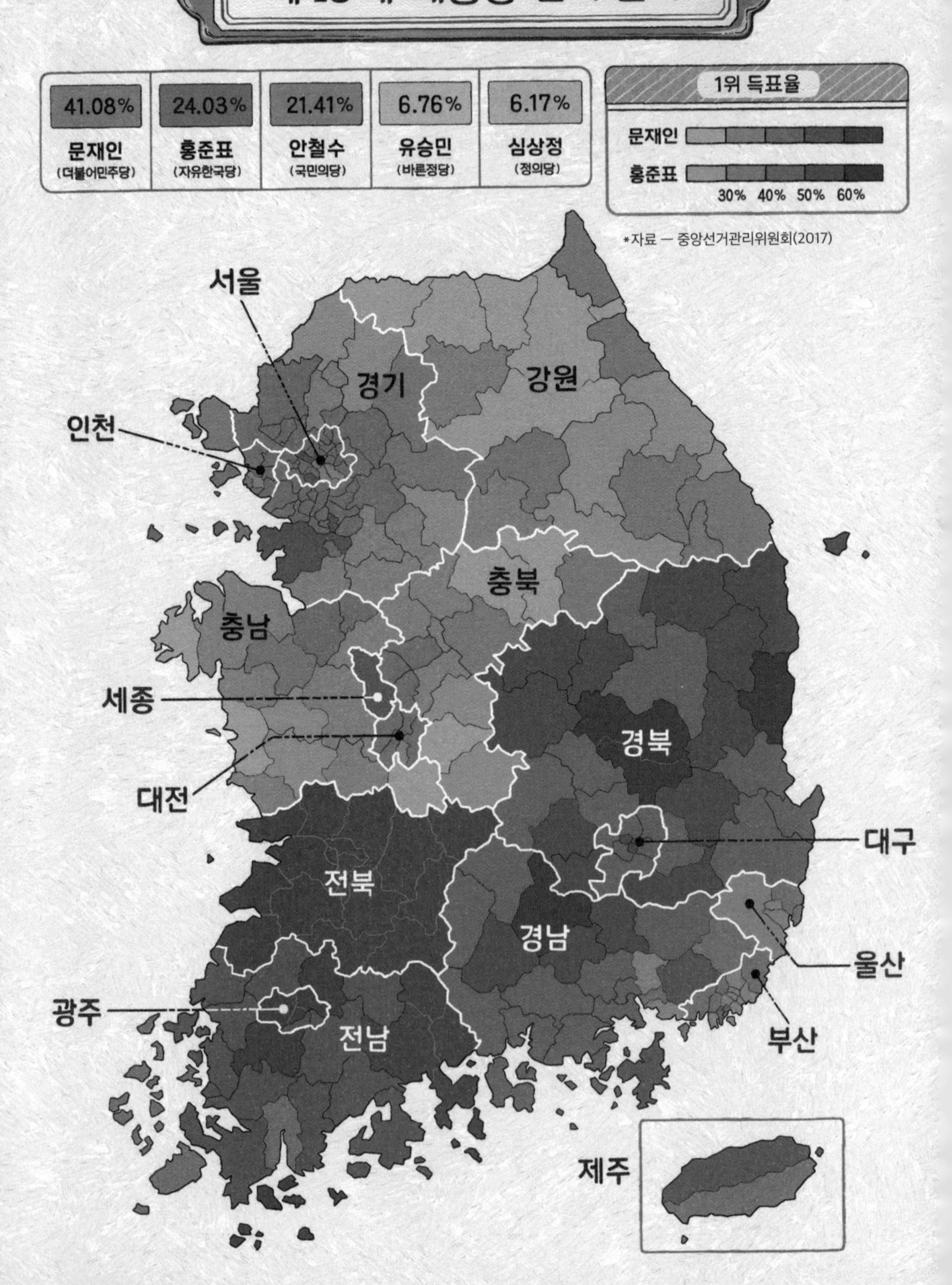

지역갈등

지역갈등은 언제부터 선거판에 등장했나?

한국에서 지역주의地域主義란 단어는 정치색으로 짙게 물들었다. 지역주의란 특정 지역에 유대감을 느끼고 지역의 특수성과 독자성을 확립하는 운동을 일컫는 용어지만, 한국에서는 지역 간의 긴장과 대립을 설명하는 용어로 사용되곤 한다. 경상도 출신이 정치권력을 장악해 폭력적으로 행사한다는 '영남 패권주의', 경제발전에서 전라도가 배제된다는 '호남 소외론', 각 지역에서 대통령이 나와야 한다는 '충청 대망론'과 '강원 대망론' 모두 지역주의에서 파생된 용어라고 할 수 있다.

지금도 선거 때마다 지역주의에 호소하는 후보가 등장한다. 전라도와 경상도 지역주의가 충돌하는 영호남 지역갈등은 선거

때마다 화두다. 광주와 전라도, 대구와 경상도에서 특정 후보와 정당을 향한 몰표 현상을 자주 목격하게 된다. 그런데, 지역에 따른 투표 성향이 처음으로 뚜렷하게 차이를 보인 1963년 제5대 대통령 선거의 지역별 투표 결과는 지금의 정치 동향과 사뭇 다른 양상을 보인다.

지금과는 사뭇 다른 과거의 지역 민심

1963년 10월에 치른 제5대 대통령 선거에서 민주공화당 박정희 후보와 민정당 윤보선 후보의 득표율은 각각 46.6퍼센트와 45.1퍼센트였다. 두 후보의 득표율 격차는 1.55퍼센트에 불과했다. 지역별 투표 결과를 보면 박정희 후보는 전라도와 경상도에서 모두 윤보선 후보에게 우위를 점했다. 윤보선 후보는 이 두 지역을 제외하고 서울, 경기도, 강원도, 충청도에서 박정희 후보보다 많이 득표했다.

투표 결과를 보면 서울과의 거리가 민심의 향방을 결정했다. 지역별 투표 경향이 뚜렷하게 갈린 선거에서 경상도는 물론 전라도에서도 박정희 후보가 더 많이 득표했다는 사실에 주목할 만하다. 박정희 후보는 자신을 '농민의 아들'이라고 유세하고 농업을 중시하는 정책을 공약하며 농촌의 표심을 공략했고, 결과적으로 농민 인구가 많은 전라도와 경상도 민심을 사로잡는 데 성공했다.

1963년 제5대 대통령 선거 결과

노란색은 민정당 윤보선 후보, 파란색은 민주공화당 박정희 후보 우세 지역이다. 선거 결과 박정희 후보는 전라도와 경상도, 제주도에서 윤보선 후보보다 많이 득표했다.

도시와 농촌의 투표 성향이 갈리면서 영호남과 수도권 사이에 명확한 경계가 드러나자 한반도에 '두 개의 38선'이 있다는 우스갯소리마저 돌았다.

결과적으로 당시 선거는 수도권에서 밀린 후보가 전라도와 경상도에서의 우위를 바탕으로 당선된 독특한 이력을 남겼다. 1963년은 아직 본격적인 경제 성장과 도시화가 이루어지기 전이었다. 서울 인구가 급증하고 있었지만, 서울과 멀리 떨어진 농촌 지역의 인구 역시 적지 않았다.

한편, 박정희 후보의 득표율이 가장 높았던 지역은 경상도가 아니라 제주도였다는 것도 특기할 만하다. 제주도 표심을 두고 선거에서 윤보선 후보가 박정희 후보의 남로당 이력을 문제삼자 4·3사건을 겪은 제주도민이 박정희 후보에게 공감대를 느껴 투표한 것으로 해석하기도 한다.

지역갈등을 부추기는 선거 전략의 등장

1971년 제7대 대통령 선거를 기점으로 정치 지형이 동서로 나뉜다. 이때부터 정치권이 지역갈등을 본격적으로 선거에 동원하기 시작한다. 민주공화당 후보로 출마한 박정희 대통령은 신민당 김대중 후보를 '용공분자'로 몰았다. 언론인과 체육인의 남북교류와 4대국 안전 보장 같은 김대중 후보의 통일 정책이 북한을 지지하는 것이라고 주장한 것이다. 선거 한 달 전부터 간첩 사건이 잇달아 발표되면서 반공 감정이 고조되기도 했다.

당시 여당인 민주공화당은 박정희 대통령의 지역갈등 전략에 입을 맞추었다. 민주공화당 출신 이효상 국회의장은 "쌀밥에 뉘가 섞이듯 경상도에서 반대표가 나오면 안 된다. 경상도 사람 쳐놓고 박 대통령 안 찍는 자는 미친놈이다."《조선일보》 1971년 4월 18일라며 지역갈등을 자극했고, 경상도 곳곳에 '전라도 사람들이여 단결하라'는 내용의 선전물을 뿌려 경상도민의 반발심을 일으켰다. 김대중 후보 역시 지역갈등에 편승하는데, 박정희 정부의 영남 위주 경제개발을 비판하며 '호남 소외론'을 들고나온 것이다.

이토록 좁은 땅덩어리에서 지역갈등에 기댄 선거 전략이 출현한 것은 어떻게 하면 더 많은 표를 안정적으로 확보할 수 있을까 하는 정치공학적 계산의 결과다. 전라도 민심을 외면하더라도 경상도 표심만 잡는다면 선거에서 승리할 수 있다는 확신이 생긴 것이다. 1949년에서 1970년까지 전라도 인구가 509만 명에서 632만 명으로 약 120만 명 증가하는 동안, 경상도 인구는 634만 명에서 938만 명으로 약 304만 명 증가했다. 이후 격차는 더 벌어져 2020년 기준 두 지역의 인구는 510만 명 대 1,291만 명으로 2.5배 정도 차이가 난다.

지역갈등에 불을 지핀 거점개발 전략

전라도와 경상도의 인구 격차가 커지고 두 지역 사이의 갈등이 격화된 데에는 정부의 경제개발계획의 영향이 작지 않았다. 박정희 정부는 한정된 자원으로 고효율의 개발을 이끌어내야 한다며 거점개발 전략을 적극적으로 추진한다. 여러 자녀 중 맏이 한 명만 대학에 보내고 온 가족이 성공을 기원한 것처럼, 거점개발 전략은 특정 대도시의 경제 성장에 자본과 노동력을 집중하는 방식이다. 예상대로 거점 지역은 인구와 경제 모두 가파르게 성장했지만, 거점 이외의 지역은 인구 이탈과 성장 부진 문제를 동시에 겪게 된다.

박정희 정부는 서울과 부산을 중심으로 거점개발을 추진한다. 특히 원료를 수입하고 제품을 수출하는 가공 무역, 무게와 부피가 큰 조선·제철·석유화학 등 중화학 공업 단지의 입지로 한반도의 남해안이 적합했다. 냉전이 아직 끝나지 않았던 1970년대 우리나라의 주요 무역상대국은 미국, 일본, 동남아시아였고, 남해안은 서해보다 수심이 깊고 조차가 작아서 항구를 개발하기에 좋았다. 결국 부산항과 가까운 영남 지역에 대규모 공업지구를 세워 수출을 꾀하면서, 호남은 경제개발계획에서 소외되고 만다.

인구와 경제의 불균형이 만든 1971년 제7대 대통령 선거의 정치 지형과 지역갈등은 16년 후인 1987년 제13대 대통령 선거에서 절정을 보인다. 출마한 후보들은 출신지를 내세우거나 지역

1971년 제7대 대통령 선거 결과

진홍색은 신민당 김대중 후보, 갈색은 민주공화당 박정희 후보 우세 지역이다. 선거 결과 박정희 후보(53.2%)는 김대중 후보(45.3%)를 이기고 대통령에 당선된다. 박정희 후보는 서울과 경기도, 전라도를 제외한 모든 지역에서 김대중 후보보다 많이 득표했다.

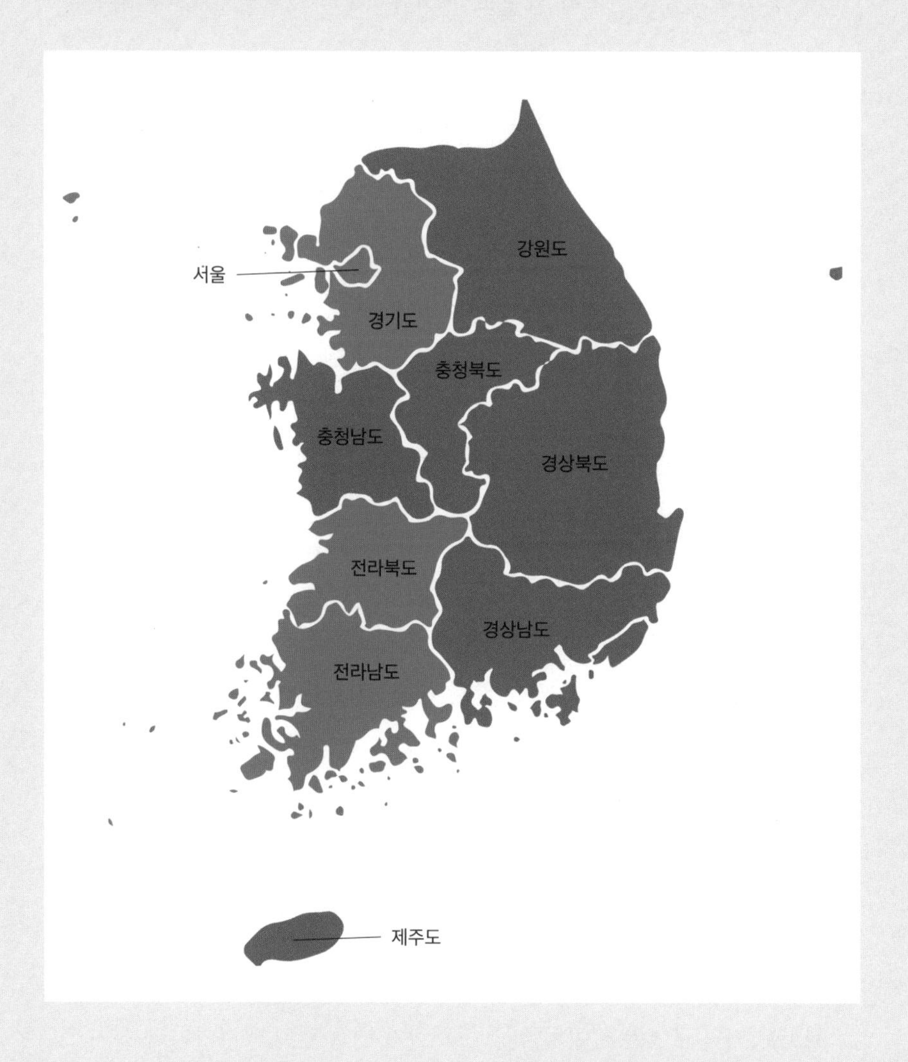

감정을 자극하는 발언을 이어나갔고 이는 그대로 투표 결과로 이어졌다. 평화민주당 김대중 후보는 전라도에서 몰표를 받아 80퍼센트 가까이 득표했다. 통일민주당 김영삼 후보는 부산과 영남에서, 신민주공화당 김종필 후보는 충청남도에서 우위를 보였다. 야당의 표심이 지역별로 크게 나뉘자, 민주정의당 노태우 후보가 수도권과 강원도와 경상도 지역에서 다수 득표하며 대통령에 당선되었다.

개인의 가치관은 지역의 영향을 받을까?

2002년 제16대 대통령 선거의 승자는 새천년민주당 노무현 후보였다. 선거는 과정만큼이나 결과 역시 꽤 이례적이었다. 경상남도 김해 출신인 노무현 후보가 자신의 고향인 경상도에서는 충청도에 정치적 기반을 둔 이회창 후보에게 7 대 3으로 크게 밀렸지만, 전라도에서는 전라남도 목포 출신 김대중 대통령이 1997년 제15대 대통령 선거에서 기록한 투표율과 흡사한 결과를 얻었다. 유권자가 같은 지역 출신 정치인에게 몰표에 가깝게 투표하던 이전과 사뭇 다른 결과였다.

개인은 자신이 속한 사회에서 자유롭지 않다. 개인의 정치 성향은 지역의 영향을 받는다. 특정 정당이 공고하게 뿌리내린 지역사회에서는 지역 구성원 사이의 이념 동일화가 더욱 강하게 나타난다.

2002년 제16대 대통령 선거 결과

초록색은 새천년민주당 노무현 후보,
파란색은 한나라당 이회창 후보 우세 지역이다.
노무현 후보는 강원도와 부산·울산·대구·경상북도·
경상남도를 제외한 모든 지역에서
이회창 후보보다 많이 득표하면서 대통령에 당선된다.

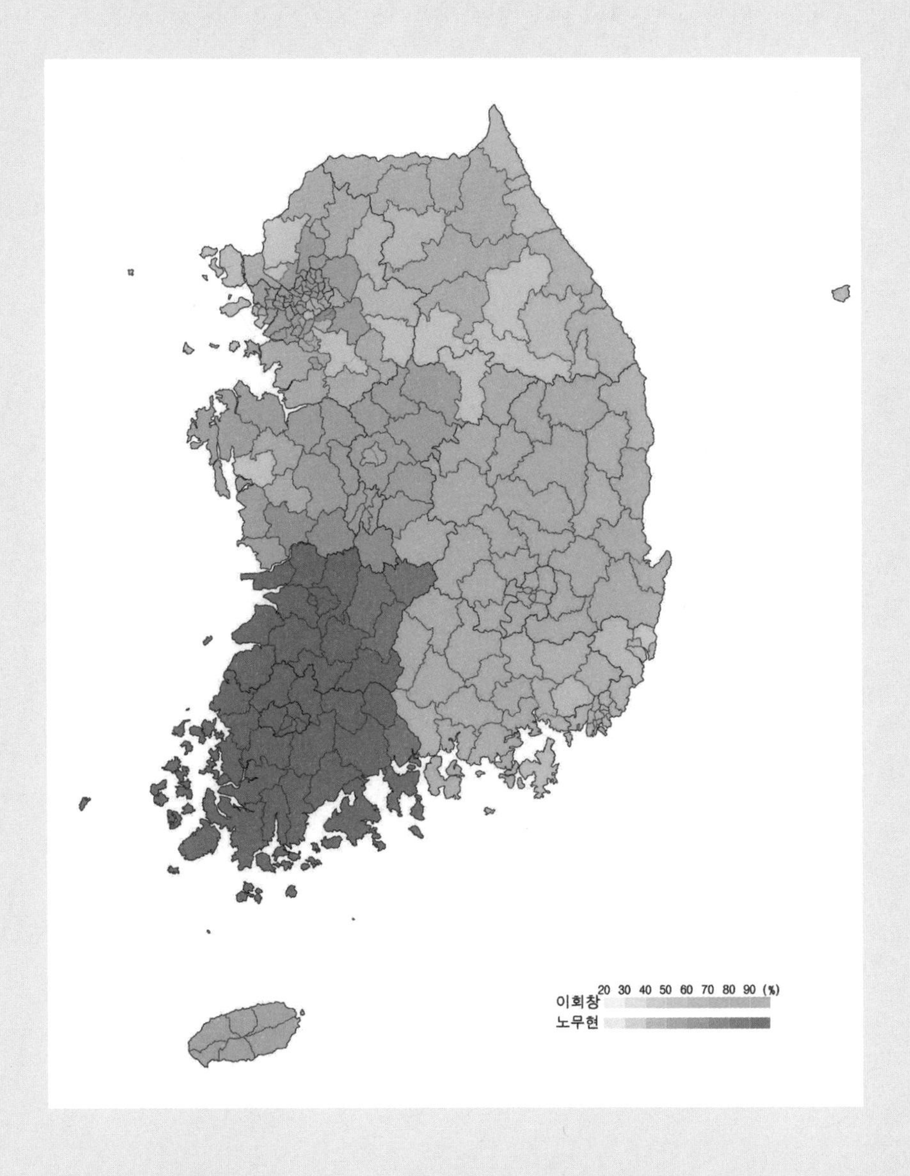

전라도 지역 유권자는 평등과 정의, 균형발전이나 남북 화해라는 의제를 다른 지역보다 적극적으로 지지하는 성향을 보인다. 이는 전라도가 갖는 독특한 장소감Sense of Place에서 그 배경을 찾을 수 있다. 1960년대 이후 거점개발에서 소외되고 민주화 과정에서 다른 지역으로부터 철저한 고립을 경험하면서 벼린 특유의 감각이다.

즉, 2002년 제16대 대통령 선거에서 전라도 유권자 다수가 노무현 후보를 지지한 건 후보의 출신지가 아니라 후보의 정책 성향을 보고 내린 결정이었다고 할 수 있다. 실제로 1997년 제15대 대통령 선거부터 2016년 제20대 국회의원 선거까지 유권자 설문조사를 분석한 문우진 아주대 교수는 전라도 유권자가 대북 지원, 복지 확대, 국가보안법 철폐, 여성 참여 같은 정책에 다른 지역 출신보다 훨씬 진보적인 성향을 갖고 있다고 분석하기도 했다.

지역갈등을 해소하려는 정부의 노력

전라도와 경상도 사이 지역갈등이 첨예해지면서 역대 정부에서 이를 해소하고자 꺼내든 카드가 균형발전이다. 1984년 전라남도 담양과 대구를 잇는 88올림픽고속도로 개통이 대표적이다. 전두환 정부는 지리산 휴게소에서 개최한 준공식에 두 지역 출신 신혼부부 여덟 쌍의 합동결혼식까지 진행하며 88올림픽고속도로를 전라도와 경상도 화합의 상징으로 대대적으로 홍보한다.

하지만 88올림픽고속도로는 기대와 달리 '죽음의 도로'라는 오명을 쓰게 된다. 무리한 공사 기간 단축, 익숙하지 않은 자재 사용, 부족한 안전설비로 재해에 취약했다. 중앙분리대조차 없는 2차선 도로에는 사고가 빈번했다. 도로 보수 및 확장 공사 필요가 꾸준히 지적되었지만 2006년 노무현 정부에 들어서서야 확장 및 보수 공사를 시작했다. 공사는 이명박 정부를 거쳐 2015년 박근혜 정부에 이르러 완료되었고, 이후에는 도로명을 '광주대구고속도로'로 개칭한다.

문재인 정부가 추진하는 달빛내륙철도 역시 같은 맥락에서 이해할 수 있다. 광주와 대구를 한 시간 거리로 연결하자는 취지의 철도 노선으로 광주대구고속도로의 철도판이라고 할 수 있다. 대구의 옛 이름 '달구벌'과 광주光州의 우리말 '빛고을'의 앞 글자를 가져와 달빛이라는 이름을 붙이고 두 지역의 동반 성장과 화합을 강조한다. 이와 같은 균형발전 정책 이외에도 지역 안배를 통한 인재 등용 역시 지역갈등을 완화하려는 정부 정책에 해당한다.

선거제도를 바꾸면 지역갈등을 해소할 수 있을까?

정부의 노력에도 지역갈등은 1970년대 이후 50년 가까이 이어졌다. 시간이 지나면서 과거에 비해 지역갈등이 완화된 측면도 없지는 않지만, 근본적으로 해소되었다고 보기는 어렵다. 지역갈등을 해소하려면 선거제도 개선이 무엇보다 중요하다는 의견이 정치권 일각에서 꾸준히 제기되는 배경이다.

지금의 선거제도는 소위 '승자 독식 구조'로 지역의 소수 의견이 투표 결과에 반영되기 어렵다. 당선을 위해 소수 의견은 배제하고 다수 의견에 부합하는 정책을 공약할 수밖에 없기 때문이다. 2009년 구성된 사회통합위원회는 지역갈등을 해결하려면 현행 소선거구제를 바꿀 필요가 있다고 밝혔으며, 2015년 중앙선거관리위원회는 전국을 6개 권역으로 나누고 인구에 따라 국회의원 정수를 배분하는 연동형 비례대표제를 제안하기도 했다.

연동형 비례대표제의 가장 큰 목적은 지역주의 완화와 사표 방지다. 지역구의원과 비례대표의원을 분리하여 각각 선출하는 기존 선거 제도에서는 정당 지지도가 낮아도 지역구 후보만 다수 당선되면 의석을 많이 확보할 수 있었다. 한 예로 2012년의 제19대 국회의원 선거 당시 경상도에서 새누리당의 득표율은 54.7퍼센트였지만, 경상도 전체 의석의 94퍼센트를 가져갔다. 연동형 비례대표제는 정당 득표율이 실제 국회의원 수에 반영되도록 만든다. 정당 지지도에 따라 지역에서 확보할 수 있는 의석수가 정해지는 것이다.

하지만 21대 국회의원 선거부터 연동형 비례대표제를 도입하려는 시도는 끝내 실패했다. 2019년 12월 국회에서 기존처럼 지역구 253석, 비례대표 47석을 유지하기로 확정한 것이다. 단, 비례대표 의석 가운데 30석을 연동률 50퍼센트를 반영하여 선출

2020년 제21대 지역구 국회의원 선거 결과

파란색은 더불어민주당, 빨간색은 미래통합당, 노란색은 정의당 후보가 당선된 지역이다. 대구에서 더불어민주당은 28.92퍼센트를 득표했지만, 의석은 단 한 석도 얻지 못했다. 대전에서 미래통합당은 43.27퍼센트를 득표했지만, 의석은 얻지 못했다.

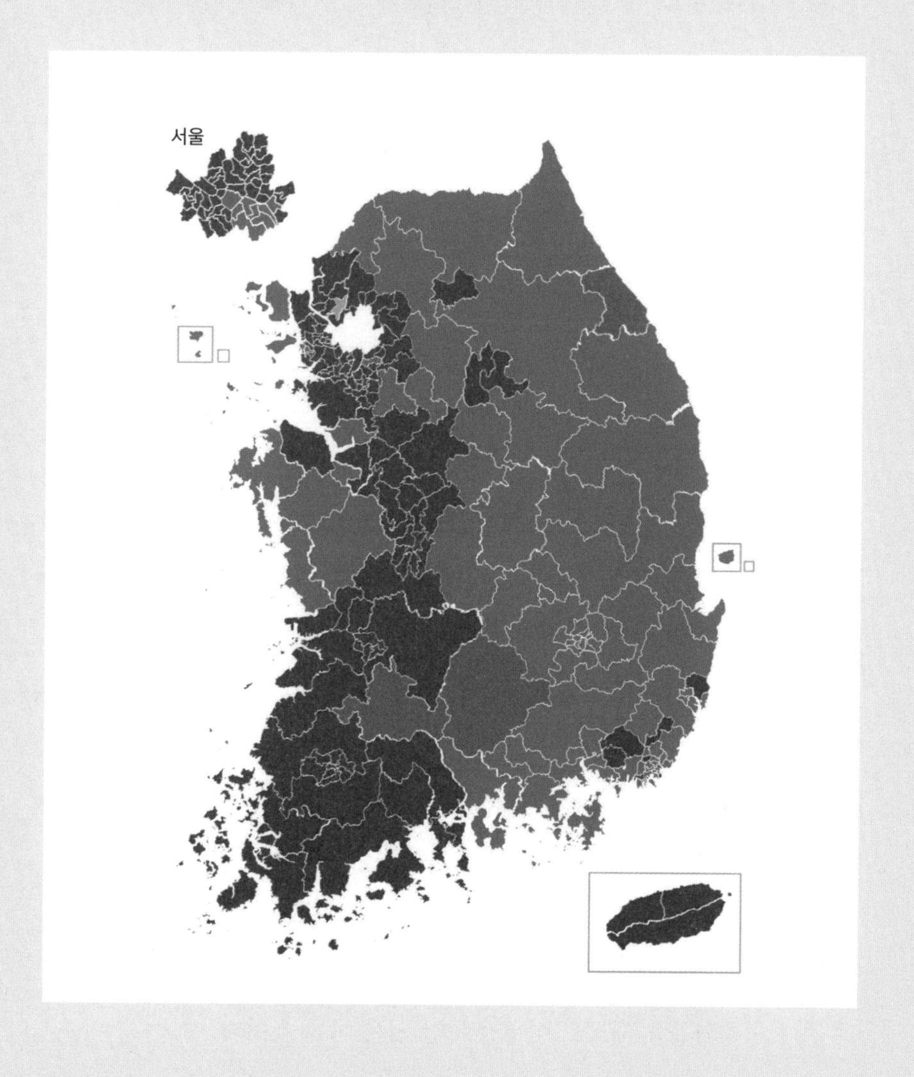

하고, 선거 제한 연령을 만 19세에서 만 18세로 낮추는 변화가 있기는 했다. 이를 두고 비례대표 47석 가운데 30석은 연동형으로 선출하는 '준연동형 비례대표제'라고 하지만, 지역갈등 해소와 승자 독식 방지를 위한 연동형 비례대표제의 취지와는 큰 거리가 있었다.

지역갈등을 해소하기 위해 반드시 필요한 한 가지

균형발전을 추진하거나 선거제도 개편을 통해 정치권에서 지역갈등 완화를 시도하고 있지만, 깊이 패인 지역갈등의 골을 메우기에는 역부족으로 보인다. 경제개발과 제도 개선뿐 아니라 교류와 연대를 통해 지역 간의 긴장과 대립을 근본적으로 해소하지 못한다면 지역갈등은 완전히 뿌리 뽑을 수 없다.

2020년 2월 대구에서 코로나19 확진자가 크게 늘어 병상이 부족했을 때 구원의 손길을 내민 곳은 광주였다. 광주 시내 감염병 전담병원의 병상 일부를 대구의 코로나19 확진자에게 제공한 것이다. 당시 이용섭 광주시장은 "고립됐던 광주가 외롭지 않았던 이유는 뜻을 함께한 수많은 연대 손길 덕분"이라고 말했다. 정책과 제도의 변화와 함께 지역 간의 연대의 손길이 앞으로도 이어진다면 지역갈등 해소도 이루지 못할 일은 아닐 것이다.

앞으로의 지역갈등은 어떤 모습일까요?

앞으로의 지역갈등은 이전과는 다른 모습으로 나타날 것으로 보여요. 우리나라는 정치·경제·문화 등 모든 방면의 인프라가 수도권에 쏠려 있어요. 이에 비수도권에서는 서로 경쟁하며 갈등하기보다 지역 균형발전이라는 공동의 이익을 위해 함께 목소리를 내기 시작했어요.

사회간접자본SOC을 예로 들 수 있어요. 도로, 항만, 철도 등 비수도권에 대규모 사회간접자본을 확충하려면 수도권에서 더 많이 걷힌 국가 세금을 지역 균형발전을 위해 사용하기로 합의해야 해요. 이때 비수도권 지역구 국회의원들이 서로 협력하지 않으면 국회 의석을 절반 가까이 차지하는 수도권 지역구 국회의원들을 상대로 목적을 달성하기 어려워요.

광주와 대구를 잇는 달빛내륙철도는 비수도권이 공동전선을 펼치며 연대하는 대표적인 사례예요. 경상도와 전라도 자치단체장과 국회의원은 입을 모아 달빛내륙철도 건설을 주장하고 있어요. 수도권과 비수도권 사이의 커다란 발전 격차를 해소하고 국토를 균형적으로 발전하기 위해 두 지역 사이의 내륙 철도 건설이 필요하다는 것이에요.

4부

▼

경제

지리로 풀어보는 우리나라 경제와 산업구조

대한민국 테마여행 10선

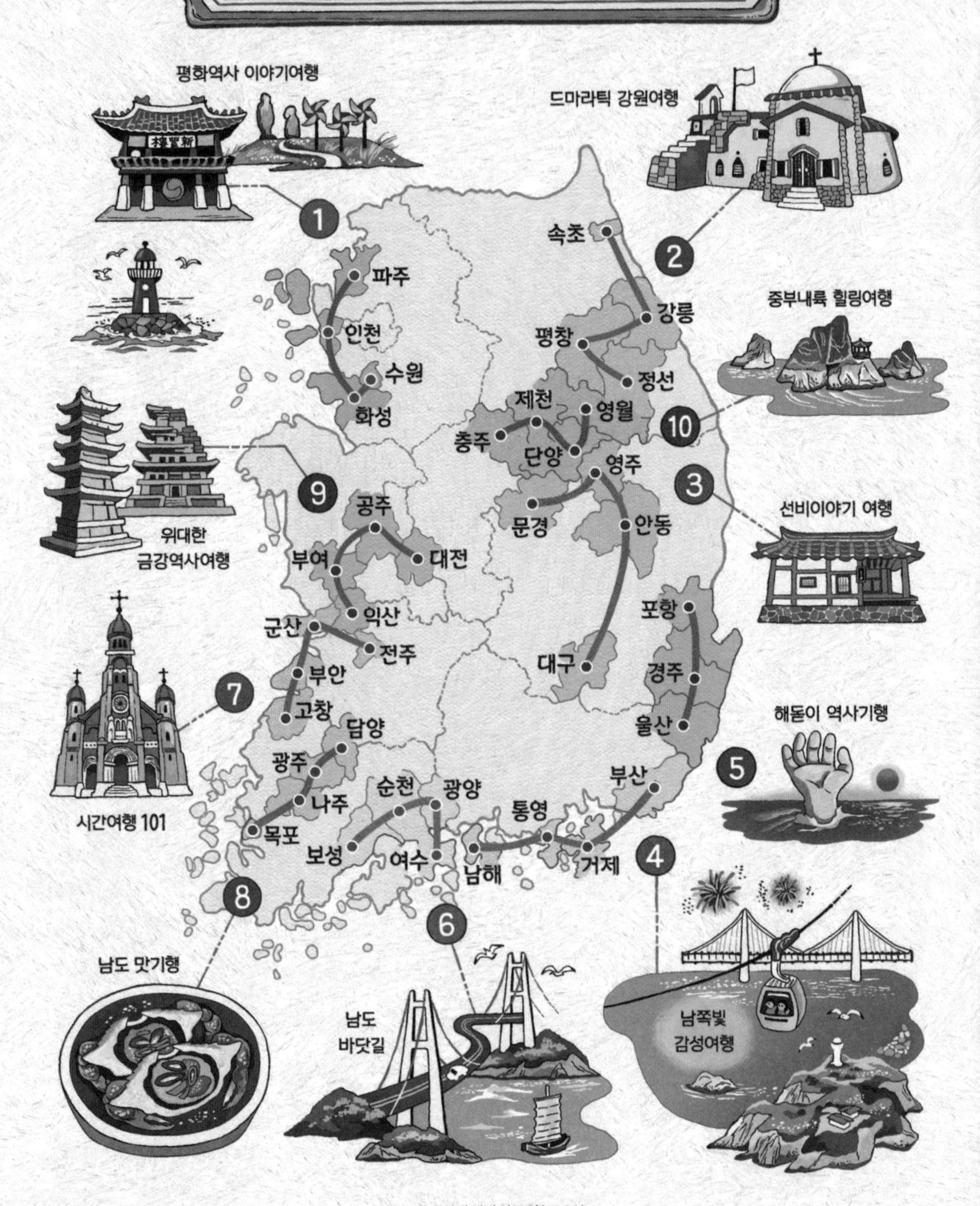

*자료 — 한국관광개발연구원(2020)

관광산업

코로나19가 끝나면 여행은 어떤 모습일까?

2020년 세계 각지로 확산된 코로나19는 우리 일상을 뿌리째 흔들었다. 각계 전문가들은 우리 사회가 코로나19 이전과 이후로 나누어질 것이라고 전망한다. 어려움에 처하지 않은 분야가 없지만, 그중에서도 해외 관광산업은 초토화되었다는 표현이 과장이 아닐 만큼 심대한 타격을 받았다. 어쩌면 코로나19가 지난 이후에도 후유증이 오래 갈지 모른다.

언제쯤 우리는 다시 이전처럼 여행을 떠날 수 있을까? 코로나19가 지나간 이후 우리가 떠날 여행은 어떤 모습일까? 이런 질문에 답을 하는 일은 쉽지 않다. 여기서는 코로나19가 휩쓴 관광산업의 현재를 살펴보고, 포스트코로나 시대의 여행을 가늠해보기로 한다.

코로나19가 휩쓸어버린 관광산업

일이나 공부에 지칠 때면 일상에서 벗어나 다양한 분야를 경험하는 잠시의 일탈을 상상한다. 흔히 경제활동 이외의 시간을 '여가'라고 한다. 여행을 비롯해 스포츠, 등산, 독서 등 휴식을 겸한 다양한 취미활동이 모두 여가에 해당한다. 서울대학교 행복연구센터 최인철 교수는 그중에서도 여행이야말로 '행복의 뷔페'라고 말한다. 먹기, 걷기, 운동, 대화보다도 큰 행복감을 여행이 우리에게 선물하기 때문이다.

과거에 비해 노동시간이 단축되고 소득이 증가하면서 여가활동으로 텔레비전 시청 같은 단순한 활동보다 기존의 생활권을 벗어나 다른 지역으로 떠나는 여행이 증가했다. 여행旅行이 떠난다는 사실에 방점이 찍혀 있다면, 관광觀光은 여행하며 무언가를 구경한다는 목적에 방점이 찍혀 있다. 일상에서 두 용어를 엄밀히 구별해서 사용하는 경우는 극히 드물기 때문에 여기서도 적절히 혼용하여 부르겠다.

2020년을 기점으로 전 세계적으로 유행한 코로나19는 지역 간 나라 간 왕래를 차단해 관광산업을 크게 위축시켰다. 유엔 세계관광기구WTO에 따르면, 2020년 국제 관광객은 4억 명 안팎으로 14억 명이 넘었던 2019년에 비해 10억 명가량 줄었다. 코로나19로 사라질 위험에 놓인 전 세계의 관광업계 일자리는 1억 개 이상으로 예상되며, 피해액은 1,453조 원 규모에 이를 것으로 추정한다. 이는 2008년 세계 경제위기 당시 관광산업이 받은 피해 규모보다 11배나 더 크다.

코로나19는 여행길을 막음으로써 역설적으로 여행이 우리에게 얼마나 소중한지 실감하게 만들었다. 집에서도 여행의 기분을 느끼고 간접 경험할 수 있는 '랜선 여행' '랜선 투어' 콘텐츠가 끝

대구시가 운영하는 온라인 관광 채널 〈제멋대로 대구로드〉

2020년 코로나19로 지역 관광이 위축되자 대구시는 온라인 관광 채널 〈제멋대로 대구로드〉를 통해 적극적으로 여행 정보를 제공하여 큰 호응을 얻었다.

없이 쏟아져 나오고, 방역이 우수한 나라 사이의 여행을 용이하게 만들 '여행 비자' '트래블 버블' 도입을 추진한다. 이는 하루 빨리 여행을 떠나고 싶은 우리의 마음을 반영한 현상이 아닐까.

'굴뚝 없는 공장' 관광산업의 놀라운 영향력

아무리 랜선 콘텐츠가 유행이라지만, 물리적 이동을 완전히 빼고서 여행을 말할 수는 없다. 다른 지역으로의 이동은 여행의 전제 조건이기 때문이다. 이에 따라 관광산업의 성장은 도로, 철도, 항공 등 사회간접자본의 확충과 관광객을 돕는 다양한 서비스업의 확대를 이끌어 낸다. 여권과 비자 발급, 항공권과 숙소 예약, 일정 계획을 혼자서 처리하기에는 시간과 비용이 많이 든다. 때문에 바쁜 현대 관광객의 편의를 위해 재화나 서비스를 제공하는 산업이 발달하게 된다. 이것이 통상 이야기하는 관광산업이다.

관광산업을 두고 '굴뚝 없는 공장'이라고 표현하기도 한다. 다른 공장 기반의 산업처럼 나라 경제를 견인하는 기간산업 역할도 하기 때문이다. 세계경제포럼WEF에 따르면 2019년 전 세계에서 관광산업 경쟁력이 가장 높은 나라는 스페인과 프랑스였다. 두 나라의 국내총생산에서 관광산업이 차지하는 비중은 각각 14.6퍼센트와 9.6퍼센트였는데, 같은 해 한국의 경우 관광산업의 국내총생산 기여도는 2.8퍼센트에 불과했다. 두 나라는 훌륭한 자연환경과 기후, 유서 깊은 역사와 풍성한 문화적 배경, 입맛 돋우는 음식, 편안한 관광 기반 시설로 자국 인구보다 더 많은 관광객을 해마다 유치하며 굴뚝 없는 공장을 제대로 가동하고 있다.

한편, 숫자로 드러나지 않는 여행의 파급효과도 있다. 혹자는 여행이 '편견과 혐오의 지우개'라고 말한다. 나고 자란 환경에 적응하고 익숙해지면 생소하고 낯선 문화에 배타적인 태도를 취하기 쉽다. 도구 대신 손으로 음식을 먹는 인도 문화를 더럽다고 치부하는 것처럼 말이다. 하지만 물이 귀한 인도를 직접 여행하고, 타인이 사용한 식기보다 자신의 손을 더 깨끗하다고 믿는 인도의 문화를 직접 체험해보면 생각이 달라진다. 이처럼 다른 문화를 직접 경험하면서 차이를 '틀림'이 아니라 '다름'으로 이해하게 만드는 것이 여행의 힘이기도 하다.

우리나라 관광수지는 왜 계속 적자일까?

우리나라는 2001년부터 20년째 관광수지 적자를 이어오고 있다. 한국을 방문하는 외국인 관광객보다 해외를 방문하는 한국인 관광객이 훨씬 많은 상황이 관광수지 적자의 주요 원인으로 꼽힌다. 한국관광공사에 따르면 2019년 해외 출국자는 2,870만 명, 국내 입국자는 1,750만 명으로 큰 차이를 보인다. 관광수지 적자가 최고치를 갱신한 2017년에는 관광수지 적자액이 14조 원에 육박했다. 오죽하면 수출로 번 돈을 해외 관광으로 다 까먹는다는 소리가 나올까.

앞서 언급한 세계경제포럼 발표에 따르면 우리나라 관광산업의 경쟁력은 조사 대상국 가운데 16위로 2017년보다 세 단계 오른 것으로 나타났다. 관광산업 경쟁력은 환경 조성, 관광 정책, 인프라, 자연·문화 자원의 네 가지 영역으로 나누어 평가하는데, 환경지속가능성(63위→27위)이나 관광서비스 인프라(50위→23위) 부분에서 커다란 진전을 이룬 것이 순위 상승에 주효했다.

상승하는 관광산업의 경쟁력에도 불구하고, 같은 해 우리나라

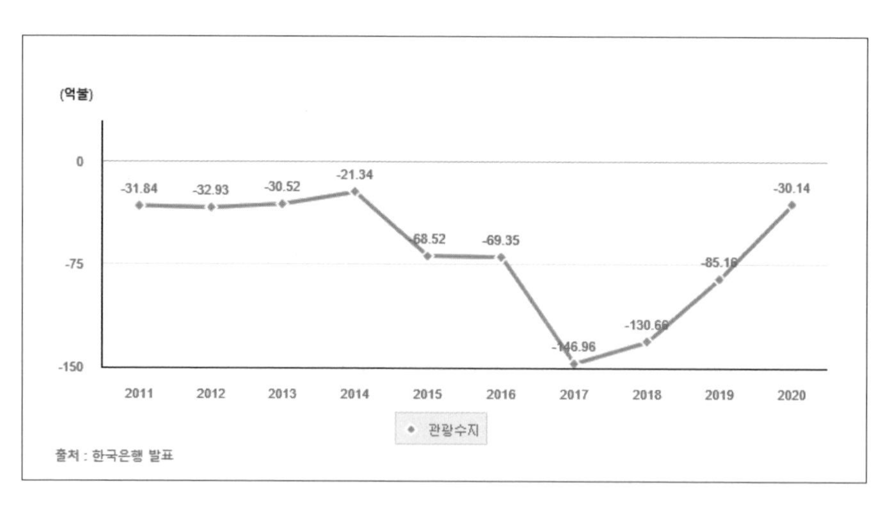

관광수지 추이

관광수지는 외국인 관광객이 우리나라에서 지출한 금액(관광수입)에서 한국인 관광객이 외국에서 지출한 금액(관광지출)을 뺀 금액을 말한다.

국내총생산에서 관광산업이 차지하는 비중은 2.8퍼센트에 불과했다. 이는 한국을 방문하는 외국인 관광객이 특정 지역에서 짧게 머무르는 데에서 기인한다. 한국관광공사에 따르면 2019년 한국을 방문한 일본인 관광객(72.7%)과 중국인 관광객(74.7%) 방문지는 서울에 집중되어 있다. 전체 외국인 관광객의 여행만족도는 직전 연도보다 높아졌지만, 체류기간(2018년 7.2일→2019년 6.7일)과 지출경비(2018년 1,342.4달러→2019년 1,239.2달러)는 모두 줄어들었다.

관광수지 개선을 위해 꼭 필요한 지역 관광 상품 개발

코로나19 이후 관광산업이 진일보하려면 서울 이외의 지역으로 외국인 관광객을 유인할 관광 상품이 필요하다. 이때 한반도만의 독특한 기후와 다양한 자연환경이 좋은 자원이 될 수 있다. 봄에는 다양한 꽃의 향연이 펼쳐지고, 삼면이 바다라 여름에는 어디서든 해수욕을 즐기기에 제격이다. 가을에는 기암절벽과 단풍을, 겨울에는 눈과 스키를 즐길 수 있다. 한반도는 전 세계에서 산림녹화가 잘된 지역으로 꼽힌다. 서울 이외 지역으로 관광객을 이끌기에 이만한 상품이 또 있을까.

훌륭한 자연환경에 오천 년 유구한 문화유산 역시 각 지역의 볼거리를 더한다. 우리나라 곳곳에 자리 잡은 사찰과 서원은 다른 나라에서는 좀처럼 만나기 어려운 풍경을 선사한다. 다른 나라는 종교시설이 대부분 도시 한복판에 위치한다. 반면 우리나라의 사찰과 서원은 고즈넉한 자연환경과 어우러져 편안한 풍경과 치유의 시간을 제공한다. 다양하고 독특한 한식도 빼놓을 수 없다. 우리가 자랑하는 김치와 다양한 양념장은 지역마다 고유의 특색을 살려 보는 맛과 먹는 맛을 모두 사로잡는다. 김치, 양념장, 전통주 담그기 체험은 한국에서만 경험할 수 있는 매력 요소라 할 수 있다.

우리나라에는 지역별 축제도 참 많다. 다만, 일제강점기와 산업화를 거치면서 다양성은 사라지고 먹거리와 무슨 아가씨 선발대회 등으로 천편일률적인 측면이 없지 않아 안타깝다. 그럼에도 강릉 단오제, 보령 머드축제, 강진 청자축제처럼 지역 특색을 살린 축제들이 지금도 여전히 성황리에 개최되고 있어 위안으로 삼을 수 있다. 최근 문화체육관광부는 국내 각 지역의 매력을 효과적으로 소개하기 위해 서울을 제외한 39개 지역을 10개의 테마로 묶어 '대한민국 테마여행 10선'을 선보였다. 이러한 시도가 꾸준히 쌓인다면 우리나라 관광수지를 개선할 기회가 생기지 않을까?

코로나19가 끝난 이후의 여행 상상하기

앞으로의 여행 화두로 '지속 가능한 여행'과 '공정 여행'이 떠

오르고 있다. 코로나19를 경험하면서 여행 형태가 대규모에서 소규모로, 여행사 중심에서 여행자 중심으로, 관람 중심에서 체험 중심으로 바뀐 것이다. 여기에 더해 코로나19가 일깨운 여러 교훈 중 하나는 인간과 자연의 조화가 아닐까. 그런 점에서 지역공동체와 관광객의 요구를 충족하며 환경을 지켜나가는 '지속 가능한 여행'은 포스트코로나 시대의 여행 트렌드와 일맥상통한다.

인터넷과 스마트폰으로 여행 정보를 실시간 제공받는 서비스는 코로나19 이전에도 대세였지만 앞으로는 더욱 중요해질 것이다. 낯선 다수와의 단체여행보다 익숙한 소수와 안전하고 내밀한 여행이 각광받을 전망이다. 여행사의 대면 서비스보다 플랫폼을 통해 개인이 직접 일정과 테마를 조율할 수 있는 콘텐츠가 주목받으면서, 빅데이터를 활용한 고객 맞춤형 서비스 개발이 관광업계에 절실하다.

미래에 관광산업은 다른 산업과 결합하여 고부가가치 산업으로 인정받을 가능성이 있다. 기존의 관광이 기업과 소비자가 만나는 B2CBusiness-to-Consumer 구조였다면, 앞으로는 기업회의·포상관광·컨벤션·전시를 포함해 기업과 기업이 만나는 B2BBusiness-to-Business 구조로 바뀔 가능성도 있다. 최근 또 하나의 여행 트렌드는 웰니스Wellness 관광이다. 웰니스는 웰빙well-being과 행복happiness과 건강fitness의 합성어로 현대인의 육체뿐만 아니라 정신적·사회적 건강까지 생각하는 개념이다. 한방이나 힐링, 명상, 뷰티와 스파, 숲치유 여행이 바로 웰니스 여행이라고 할 수 있다.

최근 코로나19 팬데믹을 통해 확인했듯이 관광산업은 주변 환경에 따른 변동성이 매우 크다. 개별 기업과 종사자의 노력만으로 극복하기에는 한계가 있다. 관광산업의 특성상 입지 의존도가 높기에 다양한 콘텐츠를 지속적으로 개발해야 한다. 관광산업은 앞으로 소규모, 스마트, 안전, 건강, 가성비, 공공성, 가치 지향 등을 핵심 주제로 삼아 계속 변화할 것이다. 관련 주체 모두의 노력이 함께할 때, 비로소 관광산업이 코로나19로 맞은 위기를 극복하고 종합 산업으로서 그 위상을 공고하게 다질 수 있을 것이다.

한국인은 어느 나라를 가장 많이 방문할까요?

거리 조락 함수distance decay function라는 개념이 있어요. 중심지에서 멀어질수록 어떤 경제 현상의 밀도나 크기가 감소하는 경향을 말해요. 거리가 멀수록 비용과 시간이 증가하여 현상이 적게 발생하고, 거리가 가까울수록 정보를 쉽게 취득하기 때문에 현상이 많이 발생하게 되는 것이에요.

2001~2018년 한국인 관광객은 한반도와 가까운 일본과 중국을 가장 많이 방문했어요. 베트남, 미국, 필리핀, 홍콩이 그 뒤를 이었어요. 가장 많이 방문한 유럽 소재 국가는 오스트리아와 독일이었는데, 각각 14위와 15위에 그쳤어요. 10위권에서 미국을 제외하면 모두 아시아 국가로, 한국인은 한반도에서 가까운 아시아 국가를 많이 방문한다는 것을 알 수 있어요.

2019년에는 한국인이 많이 방문한 해외 여행지로 일본과 중국 대신 베트남, 태국, 인도네시아, 타이완의 인기가 급상승했어요. 한국과 일본, 한국과 중국의 관계가 악화하면서 한반도와 비교적 가까운 다른 아시아 국가가 거리 조락 함수에 따라 반사 효과를 누린 결과라고 할 수 있어요.

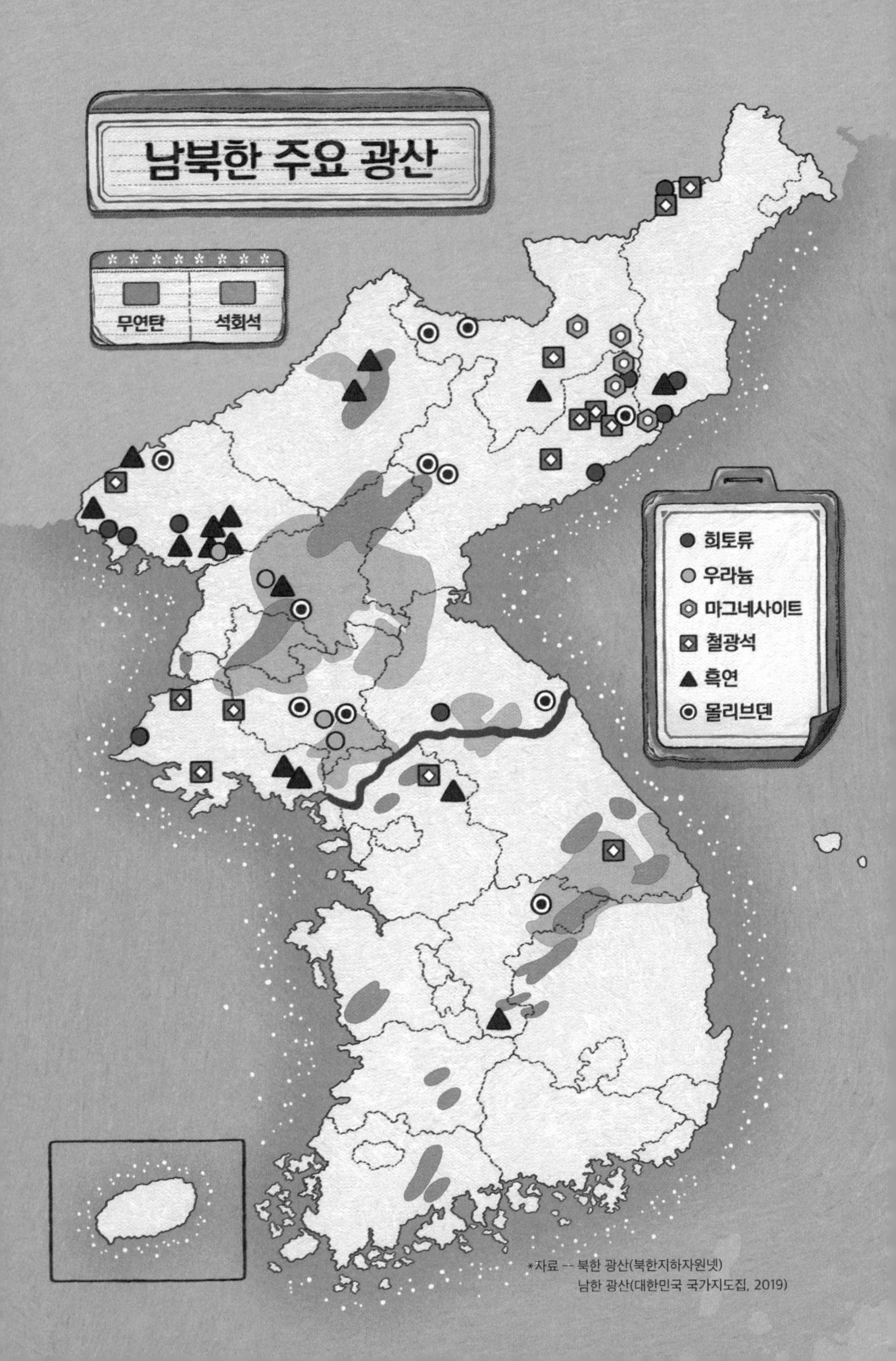

남북한 주요 광산
무연탄
석회석
희토류
우라늄
마그네사이트
철광석
흑연
몰리브덴
*자료 -- 북한 광산(북한지하자원넷)
남한 광산(대한민국 국가지도집, 2019)

지하자원

우리는 왜 지하자원을 수입할까?

우리나라는 흔히 기름 한 방울 나지 않는 나라로 지하자원 대부분을 수입한다고 알려져 있다. 실제로 우리나라의 지하자원 해외 의존도는 약 95퍼센트에 이른다. 그러나 지하자원 빈국이라는 자조 탓에 많이들 모르는 사실이 있다. 한반도에는 없는 게 없을 정도로 다양한 지하자원이 매장되어 있어서 '지하자원 박물관'으로 불리기도 한다는 것이다. 한반도에 이토록 다양한 지하자원이 매장되어 있다면, 우리나라는 왜 지하자원 대부분을 수입하고 있을까?

지하자원을 대부분 수입해서 쓰는 우리나라

지하자원은 크게 에너지자원과 광물자원으로 나뉜다. 에너지자원은 석유·석탄·천연가스처럼 에너지로 사용이 가능한 자원을 말하고, 광물자원은 공업 원료나 건설 자재로 다양한 산업 활동에 쓰인다. 경제가 성장하고 규모가 커질수록 지하자원의 수요가 크게 증가한다.

우리나라에서 기름 한 방울 나지 않는다는 말은 이제 옛말이 되었다. 한국석유공사가 2004년부터 울산 앞바다에서 천연가스와 석유를 생산하고 있다. 문제는 생산량이다. 우리나라의 경제 규모나 소비량에 비해 울산 앞바다에서 채굴하는 천연가스와 석유 생산량은 턱없이 부족하다.

대한민국은 오늘날 세계 6위의 석유 수입 대국이다. 우리나라에서 소비하는 석유는 대부분 해외에서 수입한 것이다. 석유보다 대기오염이 적어 청정에너지로 불리는 천연가스 역시 수입에 크게 의존한다. 아파트단지처럼 주택이 밀집된 지역에서 사용되는 도시가스가 바로 천연가스다. 쇠로 된 가스통에 담아 사용하는 LPG는 액화 석유 가스로, 유전에서 석유를 캐거나 원유를 정제할 때 나오는 가스로 만든다.

석유와 천연가스뿐 아니라 석탄 역시 수입한다. 한반도에는 석탄이 다량 매장되어 있지만 활용도가 높은 유연탄이 아니라 무연탄이 대부분이다. 유연탄은 태우면 연기가 나는 석탄으로 열량 우리나라 광업의 총 생산액은 국내총생산액의 0.2퍼센트 수준에 불과하다. 특히 금속광 자급률은 1퍼센트가 채 되지 않아 대부분 수입에 의존한다.

광물 수입액과 생산액 추이

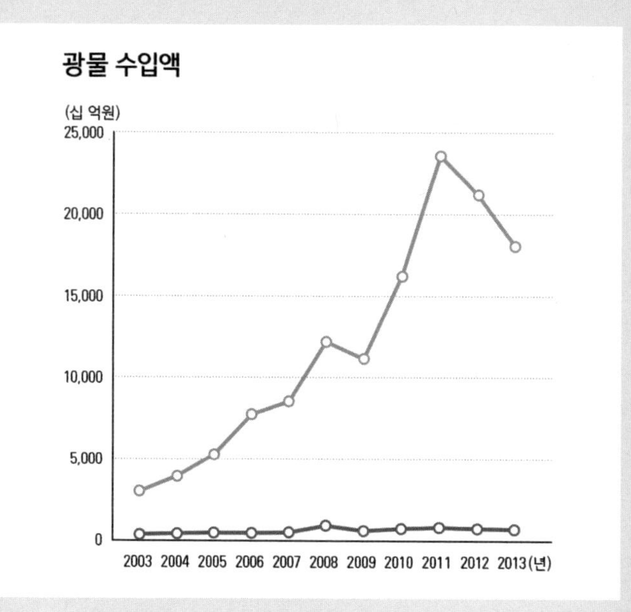

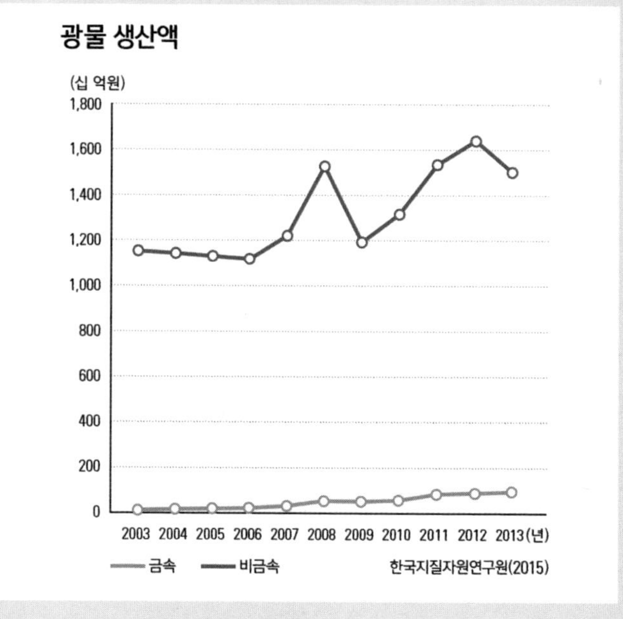

이 높은 역청탄과 갈탄을 말한다. 유연탄은 제철소에서 철광석을 녹이는 데 필요한 자원이자 화력발전소에서 사용하는 연료인데, 우리나라의 유연탄 수입률은 100퍼센트에 가깝다.

우리나라의 철강 생산력은 세계 6위에 이를 정도로 상당하다. 아이러니하게도 높은 기술력과 달리 철강 생산에 필요한 철광석의 국내 생산량은 매우 적다. 철광석의 수입 의존도는 99.1퍼센트이며, 주로 오스트레일리아, 인도, 브라질에서 철광석을 수입한다. 특히 오스트레일리아는 우리나라에 가장 많은 철광석을 수출하는 나라다.

이외에도 수입하는 주요 지하자원으로 알루미늄과 희토류가 있다. 알루미늄은 가볍고 녹슬지 않는 특성 때문에 산업과 생활용품 제작에 많이 쓰인다. 알루미늄은 보크사이트라는 광석을 제련하여 생산하는데, 우리나라에는 보크사이트가 매장되어 있지 않아 전량을 수입한다. 반도체 제작을 비롯해 첨단산업에 필요한 희토류도 수입에 의존하고 있다. 희토류Rare Earth는 희귀한 금속 원소 17종을 총칭하는 말이다. 스마트폰, 노트북 등 첨단 디지털 제품 제작에 꼭 필요한 희토류는 대부분 중국에서 들여온다.

우리나라는 국토 면적 대비 인구가 많아 자원 소비량은 높지만, 지하자원의 매장량과 생산량이 턱없이 부족해 지하자원을 대외무역을 통해 확보해야 하는 숙명을 지니고 있다. 안정적인 지하자원 확보는 경제 발전과 사회 유지에 직접 연결되는 문제라는 점에서 무척이나 중요하다.

땅속 지하자원을 캐지 않고 굳이 해외에서 수입해 오는 이유

한반도에 묻힌 광물자원의 종류만 수백 종에 이르는데 왜 지하자원 대부분을 수입할까. 그 이유는 채산성採算性에 있다. 생산에 투자되는 비용보다 생산으로 얻는 이익이 큰 성질을 채산성이라고 한다. 우리나라 지하자원의 매장량과 품질, 기반 시설을 고려하면 채산성이 낮아서 직접 지하자원을 채굴하는 것보다 해외에서 수입하는 편이 훨씬 경제적이다. 그나마 과거에는 일부 지하자원을 채굴했지만, 지금은 채산성을 이유로 대부분 수입한다.

무연탄은 강원도 태백, 정선, 영월에 풍부하다. 1970년대와 1980년대 무연탄을 가정용 연료로 사용하면서 무연탄을 채굴하는 태백, 정선, 영월의 탄광 지역이 경제적 호황을 누렸다. 광산의 일자리를 바탕으로 인구가 증가하자, 1981년 장성읍과 황지읍을 통합하여 태백시가 탄생할 정도였다. 그러나 에너지산업의 핵심이 석탄에서 석유와 천연가스로 바뀌면서 1980년대 말 무연탄 탄광이 대부분 문을 닫았고, 현재는 겨우 명맥만 유지하고 있다.

석탄산업의 침체와 함께 태백시를 비롯한 강원도는 인구감소와 경기침체로 지금까지 어려움을 겪고 있다. 폐광을 활용하여 석탄박물관을 만들고 폐광의 철도에 레일바이크를 설치하는 등 관광상품 개발로 위기를 돌파하고자 했지만, 관광산업 발전 목적으로 강원도 정선에 세워진 카지노는 도박 중독이라는 사회 문제를 일으키면서 골머리를 썩고 있다.

우리나라가 해외에 수출하는 대표적인 상품 중 하나가 시멘트다. 강원도 남부의 영월, 태백, 삼척에 비교적 풍부하게 매장된 석회석이 시멘트를 만드는 원료다. 시멘트 공장은 석회석 생산지 가까이에 자리하는데, 무거운 석회석을 운반하는 비용을 줄이기 위해서다. 문제는 석회석을 가공해 시멘트를 만드는 과정에서 먼지와 소음이 많이 발생한다는 점이다. 완성된 시멘트는 주로 수도권 대도시에서 사용하지만 공해는 모두 비수도권 생산지에서 떠맡고 있는 실정이다.

고령토는 도자기와 우주선의 내화재에 사용하는 세라믹의 원료로 중국 가오링高嶺에서 많이 생산되어 붙은 이름이다. 경상남도 하동, 산청, 합천에서 품질 좋은 고령토를 많이 생산했다. 그러나 매장량 감소와 생산량 부족으로 지금은 중국에서 수입한다. 우리나라에 비교적 풍부하게 매장되어 있는 흑연은 샤프심을 만드는 원료로 알려져 있다. 이외에도 배터리, 내화물, 주형 재료, 탄소봉 제작에도 사용하는 등 쓰임새가 다양한데, 각종 분야에서 소비량이 급증하면서 지금은 많은 양을 수입에 의존한다.

중석이라고도 하는 텅스텐은 녹는 온도가 섭씨 3,422도로 금속 중에서 가장 높다. 무기를 만드는데 필요한 특수강의 재료로 냉전 시대에는 전략물자였다. 강원도 상동 광산은 단일 광산으로는 세계 최대 규모를 자랑하며 생산한 텅스텐 대부분을 수출했지만, 값싼 중국산 텅스텐에 밀려 경제성이 떨어지면서 1990년대

초에 문을 닫았다. 최근 국제 자원 가격이 오르고 중국의 시장 비중이 지나치게 커지면서 다시 문을 열어야 한다는 주장이 나오고 있지만 매장량이 많다고 무조건 개발할 수는 없다. 앞서 말한 것처럼 채산성을 인정받아야 하기 때문이다.

북한은 풍부한 지하자원을 가지고서 왜 개발하지 않을까?

2018년 한국광물자원공사는 북한에 매장된 주요 광물자원의 잠재적 가치를 약 4,170조 원으로 추정했다. 이는 남한 광물자원 잠재가치의 약 15배에 이르는 엄청난 규모다.

'산업의 비타민'이라 불리는 희토류가 4,800만 톤가량 매장된 북한은 중국에 이어 세계 2위의 희토류 부국이다. 희토류 이외에도 철, 마그네사이트, 흑연을 비롯한 광물자원 매장량 역시 풍부하다. 함경북도 무산 광산의 철 매장량은 30억 톤에 이르고, 함경남도 룡양·대룡·대흥·쌍룡 광산의 마그네사이트 매장량은 세계 1·2위를 다툰다. 2013년 북한 전체 수출액 가운데 56.5퍼센트를 지하자원이 차지할 만큼 북한 경제는 지하자원 수출에 크게 의존하고 있다.

일제강점기 일본은 일찍부터 한반도 북부에서 지하자원을 수탈했다. 일본의 3대 재벌 가운데 하나이자 일제강점기 침략 전쟁에 기여한 전범 기업 미쓰비시는 1935년부터 함경북도 무산 광산을 개발해 연간 수십만 톤의 철광석을 일본으로 가져갔다. 함경남도 이원 광산의 철광석 수탈량은 1928년부터 1936년까지 139만 톤에 이른다. 평안북도 운산과 대유동 광산에서 생산한 금은 매년 수십 톤씩 일본의 침략 전쟁 자금으로 사용했다.

한반도를 중국 침략의 전초기지로 삼은 일본은 평야가 있는 한반도 남부에서는 식량을 생산하고, 지하자원이 풍부한 한반도 북부에는 공장을 세워 군수물자를 생산했다. 1920년대 압록강 유역에 발전소를 세우고, 1930년대에는 중화학 공장을 건설했다. 1940년대에 이르면 한반도 전체의 중화학 공업 가운데 북한 지역의 비중이 79퍼센트를 차지했다. 그 결과 광복 직후 우리나라 전체 발전량의 90퍼센트를 북한에서 생산했다.

6·25전쟁으로 분단된 이후에도 북한은 남한보다 상대적으로 풍부한 전기, 중화학 공장, 지하자원을 확보하여 경제적으로 우월한 위치에 있었다. 북한은 기존의 군수산업을 중심으로 중화학 공업 육성을 추진한다. 하지만 생활에 필요한 소비재를 생산하는 경공업 발전이 뒤쳐지면서, 오늘날까지 북한은 만성적인 소비재 부족에 시달리고 있다.

지금의 북한 공업지대는 대부분 지하자원 매장지를 옆에 두고 형성되었다. 황해도 은율, 안악, 재령, 하성 등 철광석 산지와 가까운 곳에 제철소가 있다. 함경도 김책은 제강과 제련 공업이 발달한 공업지구다. 이원의 철광석, 단천의 마그네사이트와 아연이 김책 공업지구로 공급된다. 청진 공업지구는 무산 철, 회령과 은덕의 석탄을 바탕으로 제철·기계·화학·조선 공업이 발달해 있다.

북한은 6·25전쟁 이후 1970년대 초까지 풍부한 지하자원과 공산권 국가와의 교역을 통해 빠르게 성장했지만, 경제체제의 폐쇄성과 비효율성이라는 한계를 극복하지 못하고 꾸준한 성장에 실패한다. 결정타는 1991년 소련의 해체였다. 소련이라는 구심점이 사라지고 동구권의 공산주의 동맹국이 차례로 무너지자, 북한은 기존의 무역 상대국 다수를 잃고 고립된 채 극심한 경제 위기에 봉착한다. 막대한 기술과 재원이 필요한 지하자원 개발과 채굴이 방치된 결정적인 계기라고 할 수 있다.

북한 지하자원을 독차지하려는 중국,
남북이 지하자원을 교류하면 어떨까?

북한 전체 무역량의 92퍼센트를 차지하는 중국이 북한의 지하자원 개발을 독점하고 있다. 중국은 2001년 북한에서 금과 아연을 채굴하기 시작한 이후 석탄, 철광석으로 개발 품목을 점차 확대했다. 한국광물자원공사에 따르면 2019년 북한은 700개 이상의 광산에서 40여 건의 해외투자를 유치했는데, 해외투자 가운데 중국이 차지하는 비중은 74퍼센트에 이른다. 북한이 경제위기를 극복하기 위해 동맹국인 중국에 지하자원 채굴권을 헐값에 제공하는 실정이다.

안타깝게도 북한 지하자원 개발에 남한의 참여는 매우 저조하다. 2008년 이후로 북한 지하자원 개발에 대한 투자가 전면 중단된 상황이다. 2007년 광물자원 개발을 전담하는 기구를 발족하고, 남북정상회담 이후에는 북한의 자원 개발을 목적으로 현지 조사를 진행했었다. 또 남북교류협력지원협회가 협력 사업의 일환으로 8,000만 달러를 제공할 때까지만 하더라도 남북 자원 외교에 호재를 예상했지만 북핵문제로 인한 대북 제재로 모두 중단되었다.

우리나라는 세계적인 철강 생산국이지만 철강의 원료인 철광석의 99.1퍼센트를 수입한다. 반면 북한은 남한의 철강 생산량의 12배에 해당하는 철광석을 채굴해 해외로 수출한다. 만약 우리나라가 한반도와 멀리 떨어진 오스트레일리아나 인도가 아니라 북한에서 철광석을 들여오면 비용 절감 효과가 클 것이다. 철광석뿐만이 아니다. 여러 지하자원을 북한에서 수입한다면 남북 공동의 이익과 교류를 동시에 도모할 수 있다. 남북교류와 상호 발전을 위해 다시금 남북 공동의 자원 개발이 필요한 시점이다.

북한의 지하자원 채굴권이 이미 중국으로 넘어갔다는데 사실일까요?

북한의 폐쇄성과 중국에 대한 높은 의존도로 인해 북한의 지하자원 개발을 중국이 선점하고 있는 것이 현실이에요. 그러나 모든 개발권과 채굴권이 중국으로 넘어간 것은 아니에요. 남한의 자본과 기술을 투자해 북한의 자원을 개발한다면 북한은 자원 개발에 따른 경제적 이익을 얻을 수 있고, 남한은 자원 수입 대체 효과를 얻을 수 있어요. 남북이 경제적으로 상생하는 길은 여전히 열려 있어요.

희토류 이외에 북한에 많이 매장된 지하자원은 무엇이 있을까요?

북한에 매장된 지하자원 가운데 경제성을 인정 받는 것만 약 20종이라고 해요. 텅스텐, 몰리브덴 등 희귀 금속과 구리, 운모, 형석 등의 매장량은 세계 10위권으로 추정되고, 북한의 마그네사이트 매장량은 중국과 함께 세계 1·2위를 자랑해요. 마그네사이트는 제철과 제련 산업에 폭넓게 사용되는 광물자원이에요. 하지만 2017년 유엔의 대북 제재 이후 북한의 마그네사이트 생산량은 꾸준히 감소했고, 2019년에는 생산량이 전년 대비 88퍼센트가량 급감했다고 해요.

연평균 인구 증감률 및 낙후 지역

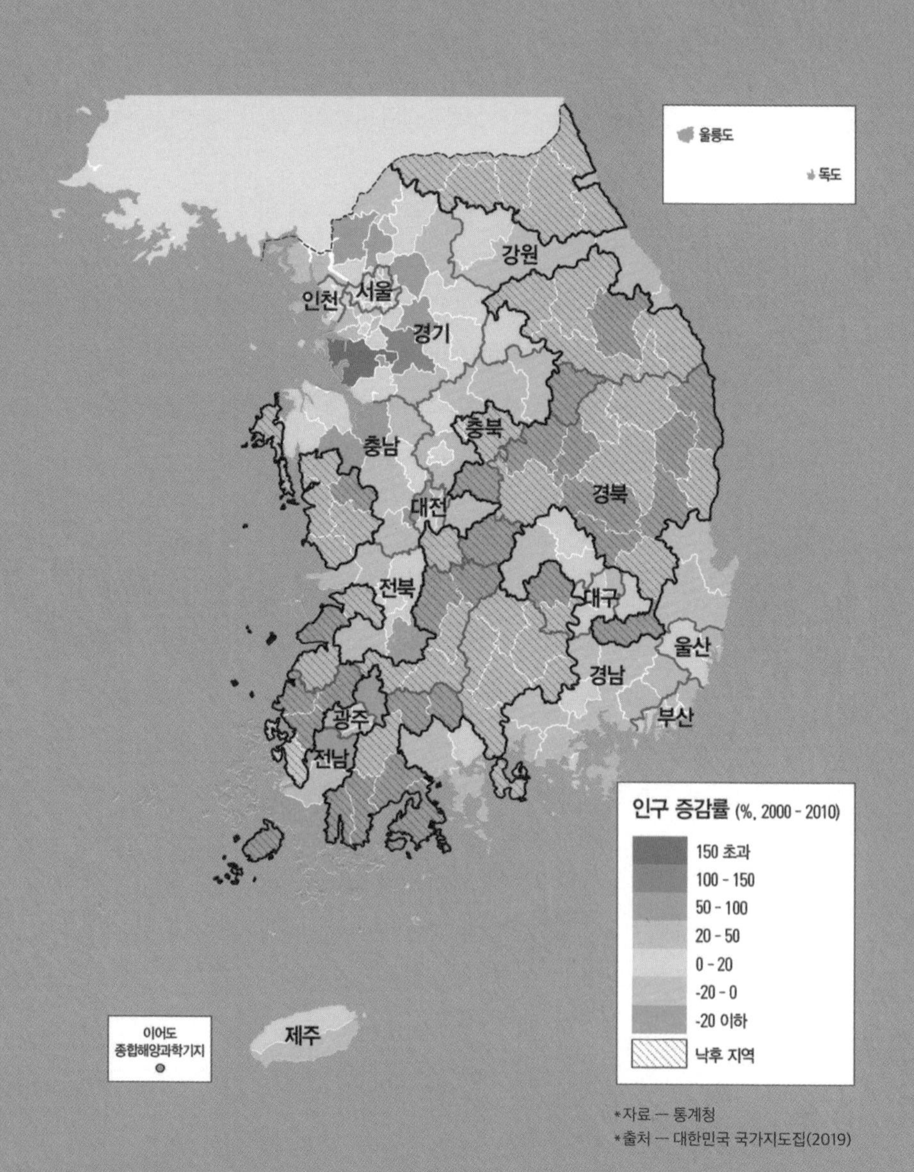

*자료 — 통계청
*출처 — 대한민국 국가지도집(2019)

균형발전

계속되는 국토종합계획,
균형발전의 꿈은 이루어질까?

2005년 노무현 대통령이 독일을 방문했을 때였다. 균형적인 국토 발전을 통한 지역갈등 해소를 정치 과제로 삼았던 그는 독일의 균형발전 사례를 보고는 이렇게 평가했다. "어느 한 도시에 경제가 집중되지 않고도 세계에서 경쟁을 해나가 최고 수준이 된 것을 우리도 많이 배워야 할 것 같다." 2005년 독일의 전체 인구는 8,200만 명이었지만, 수도 베를린 인구는 340만 명에 불과했다. 반면 같은 해 대한민국 인구 약 4,800만 명 가운데 서울 인구는 약 980만 명이었다. 대한민국 사람 다섯 명 중 한 명은 서울에 살고 있다.

그로부터 15년이 넘게 지난 지금까지도 대한민국의 지역 불균형 문제는 개선되기는커녕 심화하고 있다. 통상 일 년 단위로 일정 지역에서 생산한 상품과 서비스의 가치를 측정한 수치를 지역내총생산GRDP이라고 하는데, 각 지역에서 얼마나 많은 경제적 가치를 창출하는지 알 수 있는 지표다. 2018년 전체 지역내총생산에서 수도권 비중은 52.2퍼센트로, 1985년 43.7퍼센트보다 증가했다. 수도권 쏠림 현상이 개선되지 않고 계속되는 배경은 무엇일까? 지난 50년 동안 추진되어 온 국토종합계획의 흐름을 쫓아가며 그 실마리를 찾아본다.

거점개발이 초래한 국토의 불균형 : 제1차 국토종합개발계획

국토종합개발계획은 우리나라의 본격적인 지역 개발 프로젝트의 시작이라고 할 수 있다. 제1차 국토종합개발계획(1972~1981)의 핵심 목표는 빠른 경제 성장을 위한 기반 시설 조성이었다. 박정희 정부는 서울 중심의 수도권과 자동차, 선박, 정유, 석유화학 등 중화학 공업을 중심으로 하는 남동임해공업지대에서 거점개발을 추진했다. 전국에서 세금으로 거둔 국가 예산이 두 지역을 개발하는 데 집중되었다. 두 지역이 이미 도시화가 진행되었고 수출입이 비교적 용이한 지역이므로 다른 지역보다 투자 효과가 높을 것이라 판단한 것이었다. 경부고속도로와 호남고속도로

제1차 국토종합개발계획도

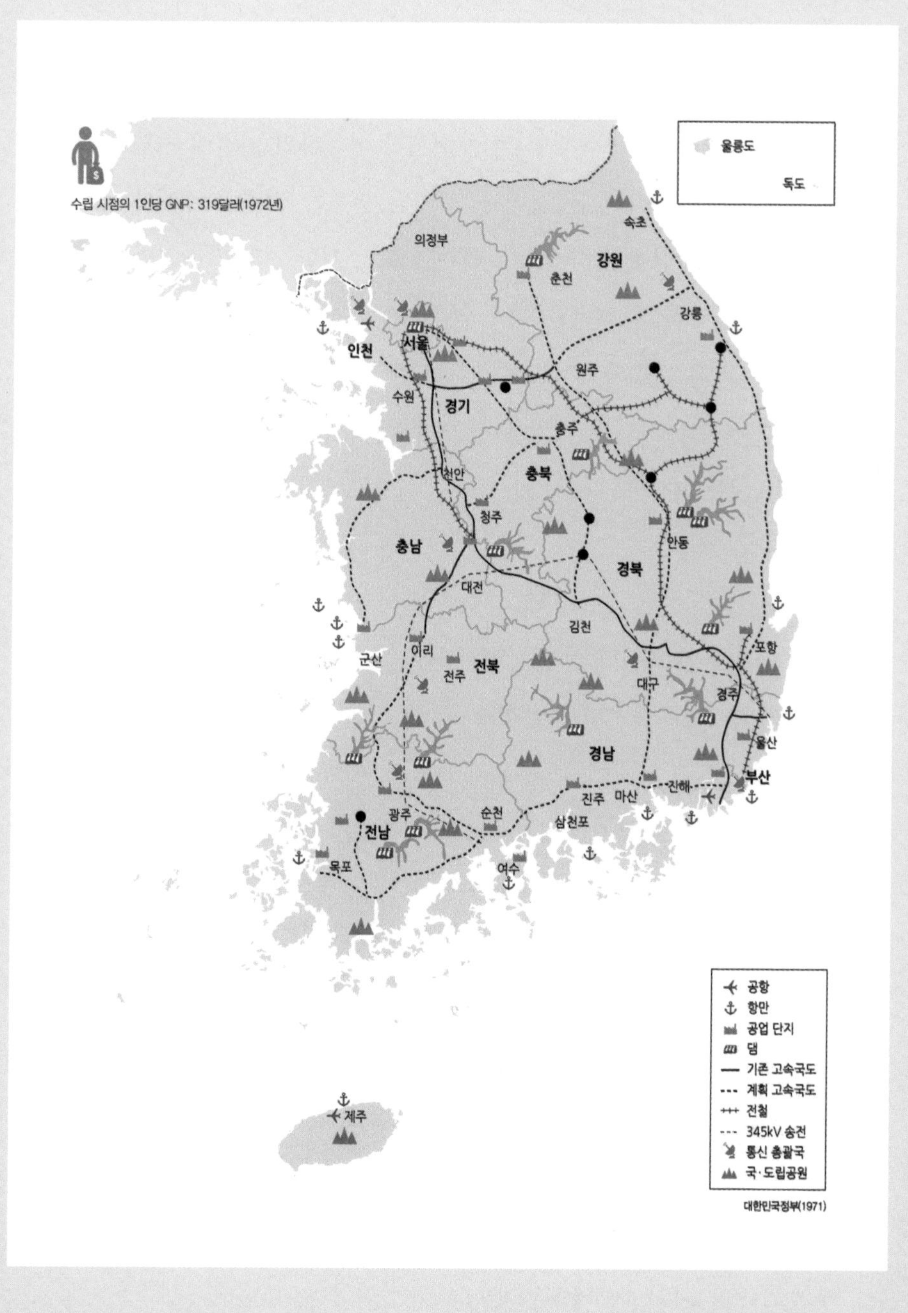

등 여러 고속도로가 준공되고, 수도권에 지하철과 전철이 개통되었으며, 소양강댐과 안동댐을 비롯한 다목적댐이 만들어져 홍수와 가뭄 등 자연재해 예방과 수자원 확보가 가능해졌다.

박정희 정부는 거점개발을 통해 주변 지역으로 낙수 효과가 일어나기를 기대했다. 특정 지역의 경제가 성장하면 이익이 주변으로 넘쳐 흘러가리라 본 것이다. 하지만 결과는 기대와 정반대였다. 인구는 주변에서 중심으로 몰려들었고, 개발 지역만 빠르게 성장하면서 지역 간 격차는 더욱 커졌다. 두 지역에 사회적 인프라가 지나치게 집중되면서 땅값 상승, 환경오염, 교통 혼잡 같은 집적불이익이 나타나기 시작했다. 이것이 거점개발을 불균형 개발이라고 부르는 이유다.

아직은 역부족이었던 균형발전 정책 : 제2차·3차 국토종합개발계획

제2차 국토종합개발계획(1982~1991)은 거점개발과 균형개발을 절충하는 광역개발 방식을 도입했다. 그 전략 가운데 하나가 수도권을 권역으로 나누어 개발하는 수도권정비계획이다. 서울과 인천에는 4년제 대학 신설이나 증원을 억제하고, 대형 건축물 건설도 제한했다. 서울 동쪽의 한강 유역은 자연보전권역으로 지정하여 수질 관리에 힘썼다. 그리고 전국을 28개 광역생활권으로 나누어 광역별 특성에 맞게 개발하고자 했다.

하지만 제2차 국토종합개발계획의 광역개발 방식은 성공하지 못했다. 여전히 수도권과 남동임해공업지대에 투자가 몰렸고, 인구도 지방에서 이 두 지역으로 이동했다. 여기에 서울올림픽을 위해 수도권 규제를 완화한 것도 한몫했다. 그 결과 균형개발 부문은 큰 성과를 얻지 못한 채 양극화와 이에 따른 지역 간 소득 격차가 발생했다.

제1차·제2차 국토종합개발계획의 문제점을 보완하여 제3차 국토종합개발계획(1992~2001)에서는 지방 육성과 수도권 집중 억제를 전략으로 삼았다. 국토 골격을 지방 분산형으로 개선하고자 한 것이다. 부산(국제무역·금융), 대구(업무·첨단기술·예술·문화), 대전(행정·과학연구·첨단산업), 광주(첨단산업) 등 광역시를 중심으로 하는 광역권과 서남해안의 아산만, 군산～장항, 광주～목포, 광양만 등 신산업지대(제철소·중화학)를 중심으로 하는 광역권을 나누어 개발했다.

제3차 국토종합개발계획 추진 기간 동안 인천 공항, 고속철도 등 대규모 사회간접자본SOC이 확충되면서 전국이 반나절 생활권으로 축소되었다. 전국에 주택 540만 호가 공급되었고, 상수도 보급률은 90퍼센트를 달성했다. 도시와 도시 주변 농촌을 통합한 도농복합도시를 만들어 지방 도시를 육성하고, 도시와 농촌 간의 통합을 추구했다. 도농복합도시는 쓰레기 처리, 공장 등 도시개발에 필요한 토지를 주변 농촌에서 확보하기 쉬웠고, 농촌은 예산 증대 등을 통해 지역 활성화를 기대할 수 있었다.

하지만 지방 도시를 육성하며 균형개발을 추진하는 노력도 수도권 쏠림 현상을 해결하기에는 역부족이었다. 제3차 국토종합개발계획이 끝나가던 2000년, 국토 면적의 10퍼센트 정도에 불과한 수도권에 인구(46.6%), 지역총생산액(48.0%), 제조업체(57.0%), 서비스업체(45.3%), 금융예금(68.1%), 금융대출(65.2%), 공공기관(84.8%), 의료기관(46.3%), 4년제 대학(40.7%)이 몰려 있었다.

균형발전은 행복과 혁신을 가져올까? : 제4차 국토종합계획

제4차 국토종합계획(2000~2020)은 이름과 기간에 변화를 주었다. 개발을 강조하던 이전의 계획과 달리 환경과의 조화에 비중을 두겠다는 의지를 담아 계획 이름에서 '개발'을 제외했고, 10년 단위 계획으로는 뚜렷한 변화를 기대하기 어려웠기에 계획 기간을 20년으로 늘린 것이다. 지역 불균형 문제를 해결하려는 의지는 이전과 일치하지만, 환경보전을 강조하고 주민 의사를 적극 반영하도록 했다는 점에서 이전 계획과 차이가 있다.

제4차 국토종합계획을 본격적으로 추진하기 시작한 2002년에는 제16대 대통령 선거가 치러졌다. 지역 불균형 해소가 의제로 떠오른 당시 선거에서 노무현 후보는 행정수도 이전과 지방대

제4차 국토종합계획도

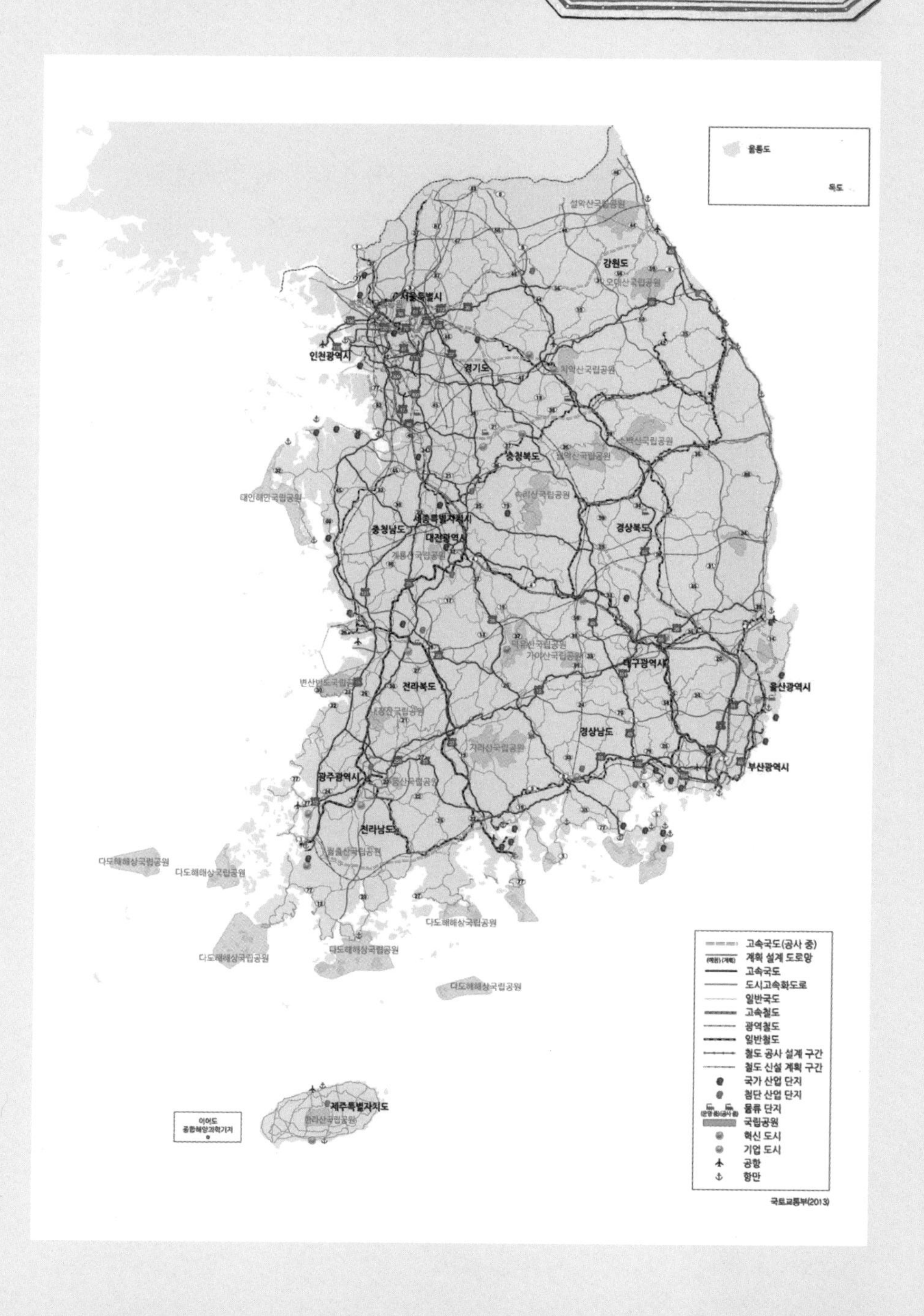

울릉도
독도
설악산국립공원
강원도
오대산국립공원
서울특별시
인천광역시
경기도
치악산국립공원
소백산국립공원
월악산국립공원
충청북도
속리산국립공원
세종특별자치시
충청남도
대전광역시
계룡산국립공원
경상북도
덕유산국립공원
가야산국립공원
대구광역시
울산광역시
변산반도국립공원
전라북도
내장산국립공원
지리산국립공원
경상남도
부산광역시
광주광역시
무등산국립공원
전라남도
월출산국립공원
다도해해상국립공원
다도해해상국립공원
다도해해상국립공원
다도해해상국립공원
다도해해상국립공원
다도해해상국립공원
제주특별자치도
한라산국립공원
이어도
종합해양과학기지
고속국도(공사 중)
계획 설계 도로망
고속국도
도시고속화도로
일반국도
고속철도
광역철도
일반철도
철도 공사 설계 구간
철도 신설 계획 구간
국가 산업 단지
첨단 산업 단지
물류 단지
국립공원
혁신 도시
기업 도시
공항
항만
국토교통부(2013)

학 육성을 통한 균형발전 정책을 공약으로 내세우며 대통령에 당선된다. 2003년 2월 출범한 노무현 정부는 같은 해 4월 곧바로 대통령 소속 자문위원회로 국가균형발전위원회를 설립하고, 선거 당시 공약한 행정수도 이전을 추진한다.

이때 가장 두드러진 정책은 행정중심복합도시, 일명 행복도시와 혁신도시 건설이다. 충청남도 연기군을 중심으로 인구 50만을 목표로 하는 행복도시를 건설하고, 중앙 관공서 및 연구소의 이전을 통해 인구 2~5만 명 규모의 혁신도시를 10개 건설하여 균형발전을 꾀하는 것이었다. 국토연구원에 따르면 2010년부터 2016년까지 수도권으로 들어온 사람보다 수도권에서 지방으로 나간 사람이 더 많았다. 혁신도시가 인구 양극화 해소에 어느 정도 기여한 것이다.

혁신도시란 수도권에 집중된 공공기관을 지방으로 이전하고, 공공기관·기업·대학·연구기관이 서로 긴밀하게 협력하여 지역의 성장 동력으로 삼겠다는 취지로 만든 미래형 도시다. 혁신도시는 크게 네 가지 유형으로 나뉜다. 앞서 언급한 기관들이 네트워크를 구성하고 연계하여 지역 발전을 견인하는 혁신거점도시, 지역 정체성을 살리는 테마를 브랜드로 삼는 특성화도시, 자연환경을 최대한 보전하는 친환경 녹색도시, 우수한 교육 환경을 조성하는 교육문화도시다.

그러나 20년간 추진한 제4차 국토종합계획도 전체적으로 성공적이지 못했다. 국가 경쟁력을 강조하던 이명박 정부 때 수도권 규제를 완화하는 등 균형발전 정책이 약화되었고, 4대강 사업을 벌여 환경 문제까지 초래한 것이다. 정권이 교체되면서 정책이 바뀌어서 일관성을 잃고, 계획한 정책이 제대로 실시되지 못한 결과였다.

멈추지 않는 균형발전이라는 목표 : 제5차 국토종합계획

제5차 국토종합계획(2020~2040)은 생활인프라 개선을 바탕으로 정주 여건을 개선하고, 광역경제권을 형성해 지역 발전을 꾀하는 것이 골자다. 과거에는 광역시를 중심으로 광역권 개발에 집중했다면, 지금은 둘 이상의 광역권을 연계하는 광역경제권 개발을 추진하는 점에서 이전과 다르다. 교통과 통신의 발달로 광역권 사이에 소통과 연계가 편리해졌으며, 인구가 2,600만 명에 이르러 우리나라 인구의 절반 이상을 차지하는 수도권과 경쟁하려면 무엇보다 많은 인구와 자원이 협력할 필요가 있다는 판단에서 나온 전략이다.

광역경제권 정책은 세계적인 추세다. 네덜란드의 메가시티 란드스타트Randstad는 10개 이상의 도시가 동그랗게 모여 있는 형태로 인구는 700만 명 정도다. 프랑스는 2016년 평균 인구 500만 명을 기준으로 국토를 나누어 13개의 광역경제권을 만들었고, 미국은 오바마 대통령 때 전국을 11개 광역경제권으로 나누어 국가 경쟁력을 높이고자 했다. 영국은 전국을 10개 광역경제권으로 나누고 그중 7개 광역경제권에서 직선 광역시장을 선출한다. 시장은 광역경제권 하위의 지방 정부, 우리나라로 치면 시·도가 권한을

국토종합계획의 변화

넘긴 일자리 창출, 주택 공급, 교통과 환경 문제 해결을 담당한다.

우리나라에서는 특히 경상도에서 광역경제권 논의가 활발하다. 부산광역시, 울산광역시, 대구광역시, 창원시에 도청을 둔 경상남도, 안동에 도청을 둔 경상북도까지 5개 광역자치단체가 하나의 광역경제권을 형성해 지역 발전을 추진하는 것이다. 이들 5개 광역자치단체들은 계속해서 광역경제권 구성을 위해 노력하고 있다. 이들은 광역경제권 구성을 위한 분야별 계획을 수립하고 광역교통망 구축, 낙동강 수자원 관리 방안 마련, 역사문화관광 개발 등을 검토할 예정이다.

경상도는 이전까지 사회간접자본 확충 및 자원 사용을 두고 갈등을 빚곤 했다. 2002년 이후 영남권 신공항 문제가 대표적이다. 대구와 경상북도는 밀양에, 부산은 가덕도에 신공항 건설을 요구하며 갈등했다. 낙동강 물 자원도 갈등의 화두였다. 낙동강 수자원을 누가 먼저, 누가 더 사용하느냐를 두고 자치단체끼리 첨예하게 대립한 것이다. 제5차 국토종합계획을 통해 경상도에 광역경제권이 형성된다면 갈등 대신 서로 연대하는 모습을 기대해 볼 수 있지 않을까.

이렇게까지 균형발전을 시도하는 이유는 무엇일까?

정부의 국토발전계획에서 균형발전은 지난 40년간 빠지지 않는 화두였다. 하지만 지금까지도 국토의 균형발전은 이루지 못한 숙제로 남아 있다. 수도권은 멈추지 않는 땅값과 집값 상승, 심각해지는 교통체증과 환경 문제 등 집적불이익 문제가 심각하다. 반면 지방은 인구 감소로 인한 노동 인구 감소, 경제 침체, 교육 기능 약화 등 악순환이 이어진다.

균형발전을 이루어야 하는 이유는 복잡하지 않다. 즉 땅값 상승으로 인한 산업단지의 생산비 증가, 대기 오염과 물 오염, 쓰레기 처리 등의 환경 개선 비용, 교통체증 비용을 줄일 수 있다. 2009년 삼성경제연구소는 국민 1인당 국내총생산액의 27퍼센트가 앞서 언급한 사회적 갈등에 따른 비용으로 지출한다고 분석했다. 사회 갈등 지수를 10퍼센트 낮추면 국내총생산액이 7퍼센트 상승한다며 갈등 비용을 줄일 필요성을 역설했다.

1762년 루소는 『사회계약론』Du contrat social에서 이렇게 말했다. "영토에 주민이 골고루 살게 하라. 어디에서나 풍요와 활기를 똑같이 누리게 하라. 그렇게 하면 국가를 가장 강력하게 만드는 동시에 가장 잘 다스리게 될 것이다." 루소는 전 국토의 고른 발전이 모든 주민의 삶의 질을 높이며, 동시에 이를 통해 국가가 최대로 성장할 수 있다고 확신했다. 수도권과 비수도권의 상생을 도모하고, 국민 모두의 행복을 위해서라도 국토의 균형발전은 꼭 해결해야 할 과제이다.

균형발전을 하다가 우리나라의 경쟁력이 떨어지는 건 아닐까요?

수도권 집중 개발과 국가 경쟁력이 항상 비례하지는 않아요. 수도권에 인구와 산업이 집중되어 있지 않으면서도 국내총생산이 높은 나라가 많아요. 2020년 기준 우리나라보다 국내총생산이 높은 국가는 미국, 중국, 일본, 독일, 영국, 인도, 프랑스, 이탈리아, 브라질, 캐나다, 러시아 등 11개국이에요. 이들 나라는 대부분 수도권 인구 비율이 낮고, 지방 분권이 발달해 있어요. 독일의 수도 베를린은 인구가 340만 명에 지나지 않아요.

오히려 균형발전을 통해 수도권과 비수도권의 경쟁력을 전부 높일 수 있어요. 균형발전을 통해 인구가 전국에 고루 분산되면 수도권은 가파르게 상승하는 집값을 안정화시켜 부동산 문제를 해결하고, 비수도권은 인구 유입을 통해 노동력 부족 문제를 해결할 수도 있기 때문이에요. 주거 문제로 인한 사회적 갈등 비용을 줄인다면 수도권과 비수도권 모두 긍정적인 효과를 얻는 것이에요.

원자력발전소 현황

상태	전체수
운영중*	24기
영구정지	2기
건설예정	4기
건설보류	2기
건설취소	4기

* 정비중 6기 포함

*자료 — 열린원전운영정보(2021)

발전소

왜 원자력발전소는
모두 해안가에 몰려 있을까?

우리는 전기 없는 세상을 상상하기 힘든 시대에 살고 있다. 사회를 움직이는 동력은 대개 전기에서 나오기 때문에 전기 없이는 단 하루도 온전히 살아가기 힘들다. 페달을 밟아 자전거가 앞으로 나아갈 힘을 얻듯이, 전기는 터빈을 돌려 얻는다. 터빈은 물을 떨어뜨려서 돌리기도 하고, 석탄이나 석유 같은 화석연료나 원자력으로 만든 증기로도 돌린다. 터빈을 돌리는 방식은 달라도 만들어진 전기는 모두 동일하므로 같은 송전선을 타고 전국의 소비자에게 전달된다. 발전소 한두 곳에 문제가 생겨도 사회 전체가 정전되지 않는다.

최근 풍력이나 태양력을 비롯한 소위 친환경 발전소가 주목받고 있지만, 여전히 우리나라에서 사용하는 전기는 대부분 화력발전소와 원자력발전소에서 생산된다. 2020년 기준으로 전체 발전량의 65퍼센트 가까이를 화력발전으로 얻는다. 원자력발전은 후쿠시마 원자력발전소 사고 이후 비중이 점차 낮아졌지만 2019년 기준 전체 발전량에서 차지하는 비중은 20퍼센트 내외다. 수력을 포함한 신재생에너지의 비율은 겨우 7~8퍼센트에 불과하다.

발전소 유형마다 발전량에 차이를 보이는 건 발전소 입지와도 밀접한 관계가 있다. 발전소의 입지 조건은 수력, 화력, 원자력 등 발전 양식에 따라 뚜렷하게 다르다. 크게 보면 건설비, 원료비와 운영비, 자연적인 제약, 송전 거리가 발전소의 입지를 결정한다. 수력발전소는 큰 강의 중상류에 위치하고, 화력발전소는 대도

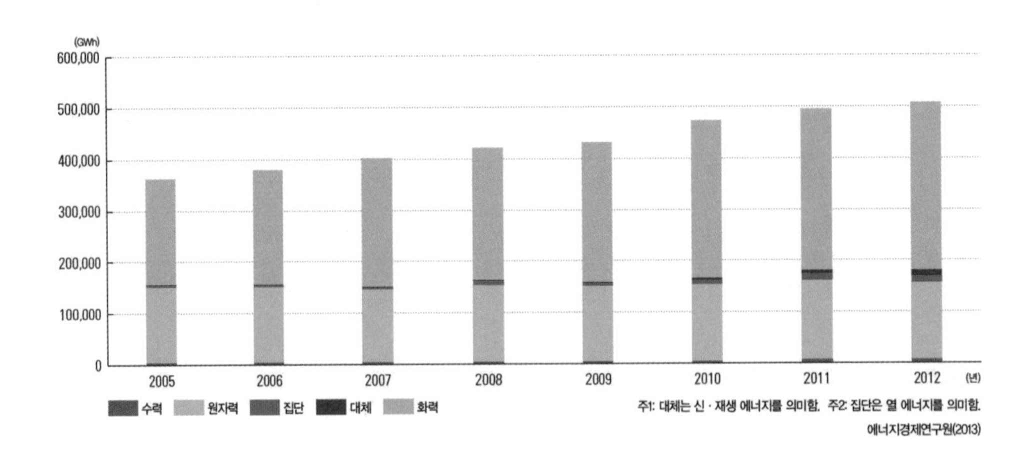

에너지별 전력 생산량

시와 가까운 해안가에 위치한다. 반대로 원자력발전소는 대도시에서 거리가 먼 해안가에 위치하는 경향이 있다.

중요한 건 양이 아니라 질이야! 수력발전소

수력발전은 인간에게 친숙한 발전 방식으로 물레방아를 생각하면 이해가 쉽다. 물의 수량과 낙차를 이용해 위치에너지를 운동에너지로 전환하면서 동력을 얻어 터빈을 돌린다. 효율적인 수력발전을 위해서는 수량과 낙차 모두 중요하다. 하천 상류일수록 강폭이 좁아 낙차가 큰 반면에 수량이 적고, 하류일수록 강폭이 넓어 낙차가 작고 수량이 많다. 따라서 강 중하류에서는 많은 수량이 만드는 강력한 수압을 이용하고, 중상류에서는 높은 낙차를 이용해 전기를 생산한다.

큰 댐을 만들어서 상류에 물을 가두었다가 하류로 방출하면서 터빈을 돌리는 댐식이 대표적인 수력발전 방식이다. 다른 방식으로는 낙차가 작은 하류에서 많은 수량을 바탕으로 터빈을 돌리는 저낙차식이 있다. 한강 팔당댐은 저낙차식으로 발전한다. 댐의 높이보다 더 높은 낙차가 발생하도록 유도하는 방식도 있다. 물길을 같은 하천으로 유도하면 수로식, 다른 하천으로 유도하면 유역변경식이라고 부른다. 전자는 북한강 화천댐, 후자는 강릉 수력발전소와 칠보 수력발전소를 들 수 있다.

댐은 발전용수를 비롯해 생활·농업·공업용수 확보 및 홍수 조절을 목적으로 짓기도 한다. 두 가지 이상의 용도로 활용하려고 건설한 댐을 다목적댐이라고 부르는데, 우리나라의 댐 대부분이 다목적댐이다. 다목적댐은 대개 발전용수보다 생활용수 확보에 더 큰 비중을 둔다. 우리나라는 계절에 따라 강수량의 변동이 심하기 때문이다. 여름에 일 년 강수량의 60퍼센트가 집중되는 탓에 언제 홍수가 날지 몰라 댐을 비워두기도 하고, 겨울과 봄에는 언제 가뭄이 들지 몰라서 댐의 물을 발전한답시고 마냥 흘려보내기 무섭다. 이러한 이유로 우리나라에는 댐이 다수 건설되어 있지만, 전체 발전량에서 수력발전 의존도는 2퍼센트 미만으로 2018년 OECD 평균인 13.8퍼센트에 비해 매우 낮다.

보통 전기 사용량은 밤에 적다. 그렇다고 밤에 발전소 가동을 중단할 수는 없다. 특히 화력발전과 원자력발전은 발전기를 돌려 전기를 생산하기까지 시간이 오래 걸린다. 정확한 전력 수요를 예측할 수 있다면 사용할 만큼만 생산하면 되겠지만, 전력 수요를 정확하게 예측하기란 무척 어렵다. 화력발전소와 원자력발전소는 여유롭게 돌리고 남는 전기를 '심야전기'라는 이름으로 할인해서 소비를 유도하고, 그럼에도 소비되지 않는 전기는 아깝지만 버린다.

이에 비해 수력발전은 전기가 필요할 때 바로 물을 떨어뜨려 전기를 생산하고, 필요가 없으면 바로 중단할 수 있다. 이런 특징 덕분에 전력 당국이 주목하는 발전 양식은 바로 양수식 수력발전이다. 밤에 남는 전기로 하부 저수지의 물을 고도가 높은 상부 저수지로 끌어올렸다가, 전기가 많이 필요한 낮에 집중적으로 방류하여 발전한다. 이 원리를 이해하면 왜 요즘 여러 곳에 양수식 수력발전소를 건설하는지 알 수 있다.

우리나라 경제발전과 함께 성장한 화력발전소

화력발전은 흔히 화석연료로 알려진 석유, 석탄, 천연가스를 에너지원으로 이용한다. 화석연료를 연소시켜 만든 증기로 터빈을 돌린다. 우리나라는 화력발전에 대한 의존도가 매우 높은데, 전체 발전량에서 화력발전이 차지하는 비중이 65퍼센트 이상이다. 2019년 기준 화력발전의 에너지원으로는 석탄(40.4%)이 천연가스(25.6%)나 석유(0.6%)보다 훨씬 많이 쓰인다. 2018년 OECD 국가에서 석탄(25.4%)과 천연가스(27.4%)가 화력발전 에너지원으로 사용되는 비중을 고려하면, 우리나라 화력발전에서 석탄이 차지하는 비중이 매우 높은 것을 확인할 수 있다. 문제는 석탄이 환경오염과 지구온난화의 주범으로 꼽힌다는 점인데, 그럼에도 전력 생산에서 석탄 의존도가 높은 이유는 화력발전의 간단한 운영 원리에 있다.

화력발전소는 다른 발전소에 비해 건설하기 쉽고 건설비가 저렴하다. 여타 선진국에 비해 산업화와 도시화가 빠르게 진행된 우리나라는 적은 예산으로 많은 전기를 생산하려다 보니, 화력발

유형별 전력 생산량 분포

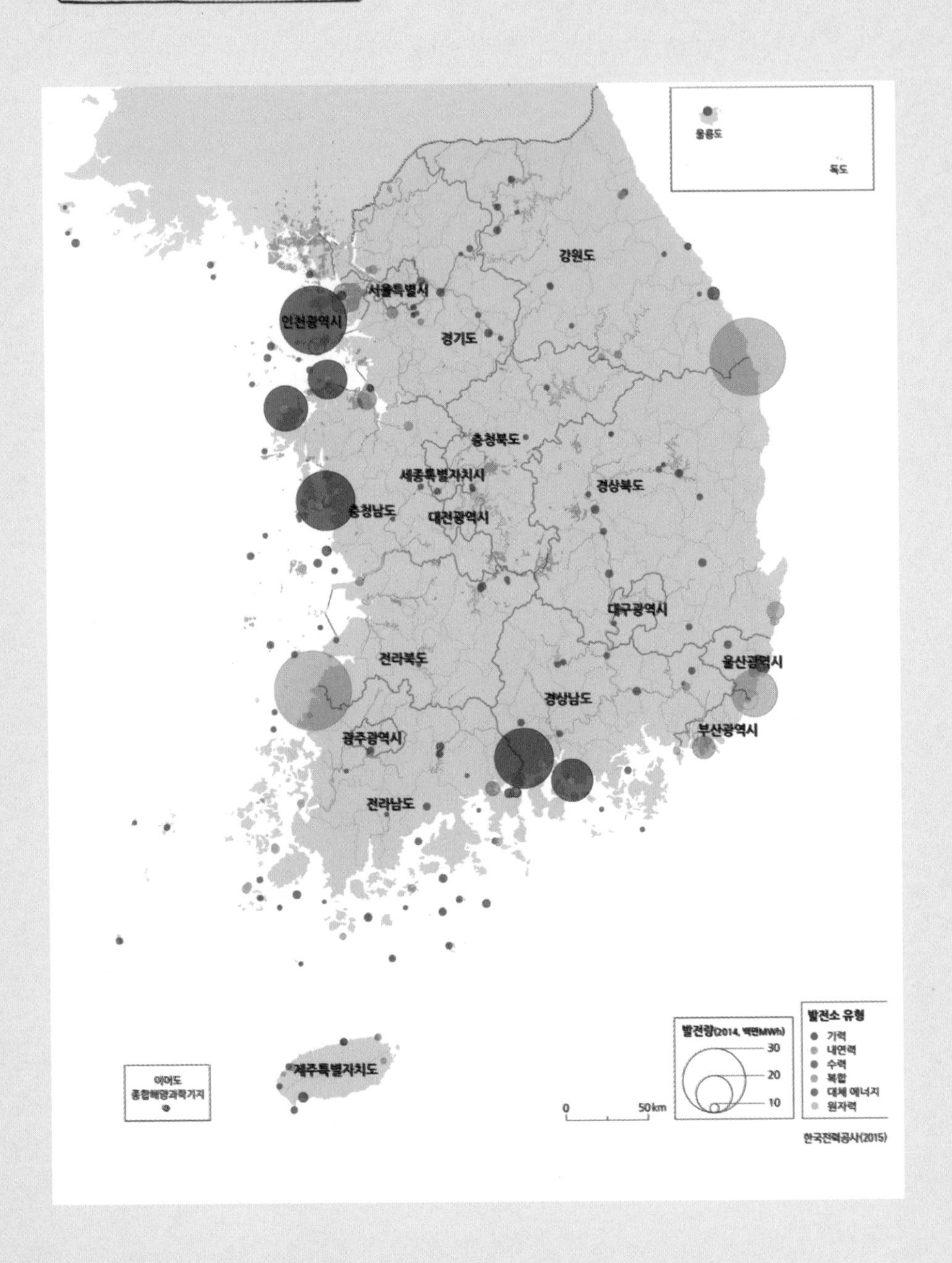
울릉도
독도
강원도
서울특별시
인천광역시
경기도
충청북도
세종특별자치시
경상북도
충청남도
대전광역시
대구광역시
전라북도
울산광역시
경상남도
광주광역시
부산광역시
전라남도
이어도
종합해양과학기지
제주특별자치도
0
50 km
발전량(2014, 백만MWh)
30
20
10
발전소 유형
기력
내연력
수력
복합
대체 에너지
원자력
한국전력공사(2015)

전에 치중할 수밖에 없었다. 화력발전소는 지형적인 제약도 적어서 원하는 장소에 공장이나 아파트 짓듯이 건설하기도 쉽다. 원료를 수입하기 쉽고 인구와 산업이 밀집된 수도권과 인접한 충청남도 서해안에 화력발전소가 집중 분포하는 이유다.

하지만 그에 따른 대가도 크다. 한반도는 대륙과 해양의 경계에 위치하여 상공에서는 연중 서쪽에서 동쪽으로 편서풍이 분다. 인구와 산업이 밀집된 수도권에 전력을 원활하게 공급하려고 대규모 화력발전소를 수도권과 충청남도 서해안에 건설했는데, 화력발전으로 발생한 다량의 미세먼지는 편서풍을 타고 동쪽으로 이동하면서 우리나라 전체에 퍼지게 된다.

화력발전의 원료를 대부분 수입에 의존한다는 점도 고민할 필요가 있다. 급변하는 국제 정세 속에서 석유와 석탄 등 화석연료는 언제든지 가격이 폭등하고 수입선이 막힐 수가 있다. 더욱이 화석연료는 언젠가는 고갈될 유한한 자원이기에 대체자원에 대한 준비가 필수다.

원자력발전소는 왜 해안가에 몰려 있을까?

원자력발전은 우라늄 등으로 핵분열을 일으켜 발생하는 고압 증기로 터빈을 돌리는 방식이다. 적은 에너지원으로 다량의 전력을 얻을 수 있다는 점이 가장 큰 특징이다. 원자력발전소 한 곳당 발전량은 다른 발전 방식과 비교할 수 없을 정도로 많다. 전라남도 영광의 한빛, 부산 기장의 고리, 울산 울주의 신고리, 경상북도 경주의 월성, 경상북도 울진의 한울 등 다섯 곳의 원자력발전소에서 전국 전력 생산의 약 20퍼센트를 담당한다. 화력발전소에 비해 발전 효율이 높다는 판단 아래 전력 소비가 많은 국가에서 원전 건설 유혹에 쉽게 넘어간다.

터빈을 돌리고 남은 증기와 원자로는 바로 식혀야 한다. 발전시설이 높은 온도를 유지하면 설비에 구조적 문제를 일으키기 때문이다. 뜨거운 증기를 빨리 식히려면 다량의 물이 필요한데, 증기와 원자로를 식히는 데 사용하는 물을 냉각수라고 한다. 핵융합을 일으키는 원자로 하나를 식히려면 1초당 40~60톤의 냉각수가 필요하다. 우리나라 원자력발전소가 대부분 해안가, 특히 동해안에 밀집한 이유는 바다에서 다량의 냉각수를 쉽게 얻기 위해서다.

바닷가라고 모두 원자력발전소를 건설할 수 있는 것은 아니다. 체르노빌이나 후쿠시마에서 보았듯 원자력발전소에 사고가 발생하면 자손만대에 크나큰 부담을 남긴다. 방사능 물질이 한 번 누출되면 사고 이전으로 되돌릴 방법이 없다. 원자력발전소를 안전하게 가동하려면 발전소 부지가 아주 단단하고 안정되어 있어야 하며, 혹시라도 후쿠시마 발전소와 같은 사고가 발생할지 모르기에 인구 밀집 지역에서 가능한 멀리 떨어져 건설해야 한다. 수도권에서 멀리 떨어진 동해안에 원자력발전소가 집중한 또 하나의 이유이다.

발전소 운영 비용에서 생산만큼 중요한 것이 송전이다. 발전소에서 소비지까지 거리가 멀수록 방전량이 많아져서 효율이 떨어진다. 하지만 냉각수를 공급받고 안전성을 확보하려면 원자력발전소를 최대 전력 소비지인 수도권과 멀찍이 떨어진 해안가에 지어야 했다. 이에 도로도 없는 산에 거대한 송전탑을 설치해서 원자력발전소에서 만든 전기를 수도권으로 보낸다. 문제는 송전탑을 설치하면 주변 자연환경이 크게 훼손되고, 고압선이 지나는 송전탑 주변으로 발암인자인 전자파가 발생하는 것이다. 이런 이유로 송전탑 건설은 커다란 반대에 부딪혔고 지금까지도 완전히 해결하지 못한 사회적 숙제로 남아 있다.

발전소를 계속 늘리는 것이 좋을까?

우리가 전기 없는 세상에서 살 수 없다면 어떤 발전소를 어디에 세워야 할까. 폭포가 많은 노르웨이나 캐나다, 넓은 하천이 있는 브라질이나 파라과이는 전력의 대부분을 수력발전에서 얻고 있다. 반면 우리나라는 국토가 좁고 상대적으로 해발고도가 낮으며 강수량 변동폭이 크기 때문에 안정적으로 수량을 확보하기 어렵다. 또한 수력발전소 건설은 정든 고향을 떠나야 하는 수몰민을 발생시키고, 주변의 생태계와 기후에 악재로 작용한다.

화력발전소는 다른 발전소에 비해 입지가 비교적 자유롭지만, 비용 절감을 위해 대체로 해안가에 위치한다. 생산지와 소비지가 가까워야 운송비가 절감되듯, 발전소도 가능하면 소비지에 가까워야 송전 비용을 절약할 수 있다. 하지만 산성비, 미세먼지, 스모그를 일으키는 화석연료는 지구온난화의 주범으로 지적받고 있다. 자기 집 앞에 화력발전소가 들어온다면 환영할 사람이 어디 있을까.

한반도가 더이상 지진에서 안전하지 않다는 사실은 원자력발전소 사고 위험을 일깨우고 있다. 2016년 경주와 2017년 포항에서 대규모 지진이 발생했다는 소식이 잇따라 전해졌다. 최근 10년간 월성 원자력발전소 주변 30킬로미터 이내에서 발생한 지진 건수만 200건이 넘는다. 또 원자력발전소 내부의 원자로를 식히는 데 사용하고 바다로 방류되는 고열의 냉각수가 바다 속 생태계를 교란시켜 어장이 황폐화되고 지역 어민들에게 골칫거리가 되었다.

사회에 필요하지만 내 집 앞에 들어오는 건 반대하는 시설이 있다. 쓰레기 매립장이나 소각장, 하수처리장, 장례시설이 대표적이고 발전소도 그중 하나다. 수력·화력·원자력뿐 아니라 신재생에너지 발전소라고 사정이 다르지 않다. 태양열 집열판은 반사광으로 고통을 주고, 풍력발전기의 소음은 끔찍하다.

편하게 사용하는 전기가 수많은 갈등 속에 생산되는 소중한 자원이라는 사실을 안다면, 이전보다는 신중하게 사용할 수 있을까. 지금 우리에게 필요한 건 전기를 더 많이 사용하기 위한 발전소 건설이 아니라, 현재의 전력을 효과적으로 사용해 발전소 건설을 줄이는 지혜일지도 모른다.

한국지리
돋보기

신재생에너지는 환경 파괴 및 사회 문제를 해소할 수 있을까요?

한국 정부는 2050년 탄소 중립국으로 거듭나겠다고 선언했어요. 2034년까지 전체 전력 생산에서 신재생에너지 비중을 25퍼센트 이상으로 끌어올리겠다고 다짐도 했어요. 이를 위해 정부는 다양한 정책을 제안하면서 한편으로 관련 규제를 완화했어요. 기존에는 거주지와 도로에서 일정 거리 안에는 태양광발전 설비를 짓지 못하도록 규제했는데, 그 기준을 완화한 것이에요. 또 발전 설비를 지으려면 대규모 토지가 필요하니, 발전 설비를 설치하는 공간의 임대 기간도 연장하기로 했어요.

신재생에너지를 두고 정부의 계획은 장밋빛이지만 현실이 그렇지만은 않아요. 2019년 기준 신재생에너지 비중은 6퍼센트를 살짝 넘는 수준이에요. 또 태양광발전소와 풍력발전소를 건설하는 과정에서 산림 파괴, 소음, 저주파, 지역사회 갈등으로 파열음이 계속 일고 있어요. 발전소 건설은 대규모 수몰지역을 만들어 내는 수력발전소, 화석연료의 연소로 지구온난화 물질을 배출하는 화력발전소, 미래 세대에게 위험 물질을 전가하는 원자력발전소나 신재생에너지발전소 할 것 없이 이면의 문제점을 안고 있어요.

원자력발전소 운영을 중단하면 어떻게 되나요?

원자력발전소의 수명은 보통 30~40년으로 보아요. 우리나라 최초의 원자력발전소인 고리원전 1호기는 1978년에 가동을 시작해 2007년 설계수명을 다했지만, 업계 검증과 지역사회 합의에 따라 운영 기간을 10년 연장하여 2017년에 가동을 중단하고 폐로 절차에 들어갔어요. 현재 국내에서 운전하는 원전은 24기이며, 그중 12기는 10년 이내에 설계수명이 끝나요. 당장 원자력발전소 폐쇄 문제를 고민해야 하는 이유예요.

원자력발전소는 사실 폐쇄 이후가 더 큰 문제예요. 발전소 해체에는 큰 비용과 치밀한 관리가 필요해요. 정부는 인근 지역에 원전해체연구소를 출범시켜서 원전 해체를 종합적으로 관리한다는 계획을 세우지만, 가동을 멈춘다고 원전을 바로 해체할 수는 없어요. 원자로 내부의 열을 낮추는 데에만 10년 내외의 긴 시간이 필요해요. 거기에 핵연료를 빼내서 제염 작업을 하고, 방사능 폐기물을 처분하고, 사용 후 핵연료도 관리해야 하고요. 비용도 비용이지만 보관 작업은 끝이 보이지 않는 과정이에요.

5대 권역 내륙물류기지

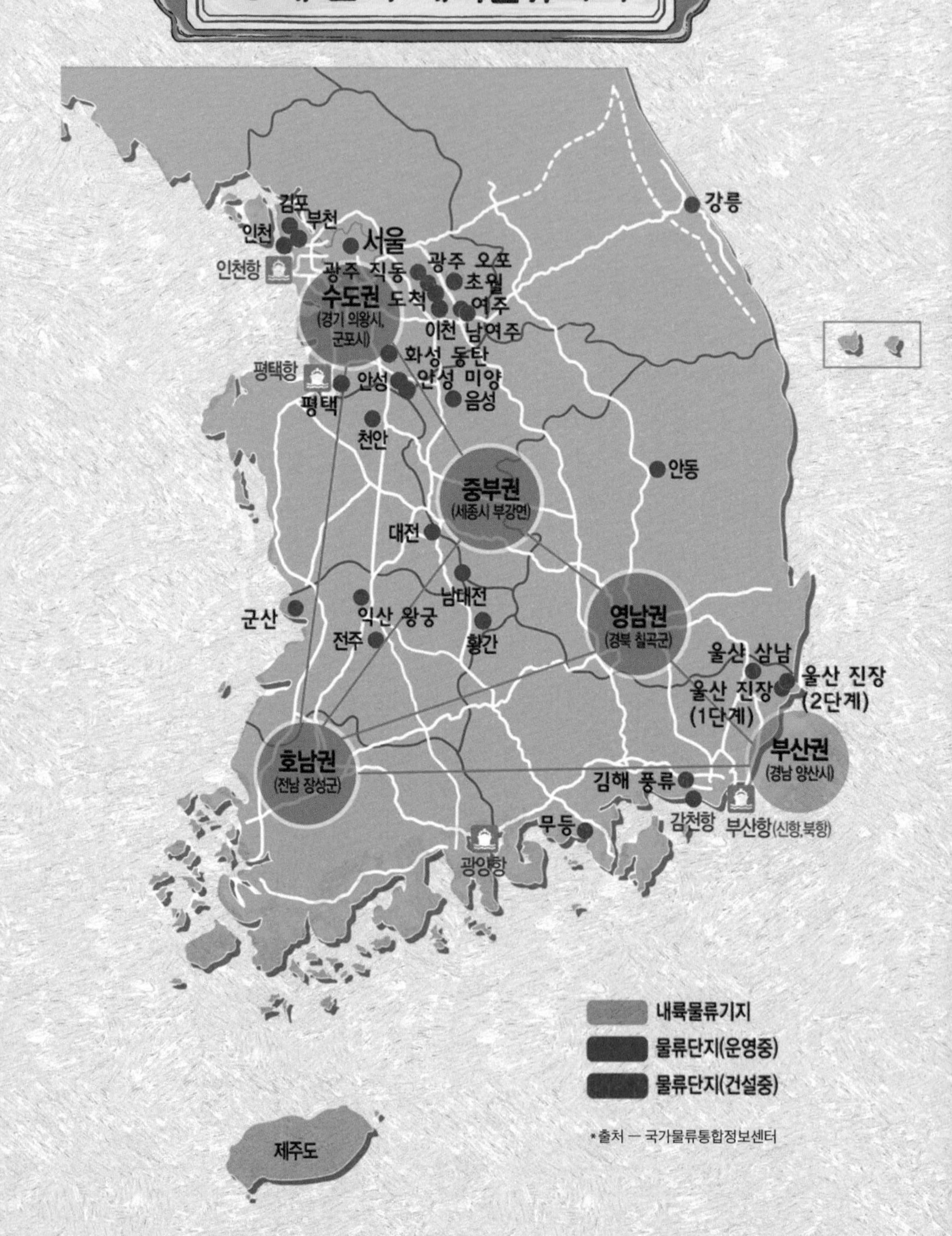

김포
부천
인천
서울
인천항
광주 직동
광주 오포
초월
수도권
(경기 의왕시, 군포시)
도척
여주
이천
남여주
화성 동탄
평택항
안성
안성 미양
음성
평택
천안
강릉
안동
중부권
(세종시 부강면)
대전
남대전
군산
익산 왕궁
전주
황간
영남권
(경북 칠곡군)
울산 삼남
울산 진장
(2단계)
울산 진장
(1단계)
부산권
(경남 양산시)
호남권
(전남 장성군)
김해 풍류
감천항
부산항(신항,북항)
무등
광양항
제주도
내륙물류기지
물류단지(운영중)
물류단지(건설중)
*출처 — 국가물류통합정보센터

유통망

700원이던 양파는 어떻게 4,200원에 판매되었나?

우리나라는 도시에 거주하는 인구 비율이 90퍼센트가 넘지만 비도시 지역에서 생산한 상품을 도시에서 얻는 데 어려움을 거의 느끼지 않는다. 유통이 발달한 덕분이다. 여기서 유통流通은 생산자가 생산한 상품이 소비자에게로 전달되는 과정을 통틀어 일컫는 말이다.

생산자가 만든 상품을 도매상이나 소매상이나 소비자에게 전달하고 돈을 받으면, 상품 소유권은 생산자에게서 비용을 지불한 상대에게로 이전된다. 이처럼 판매 대금과 상품 소유권이 교환되는 거래를 상적유통商的流通 또는 상류商流라 한다. 반면 소유권 이전 없이 꽃이나 가구를 운반하고, 차에 싣고 내리고, 창고에 보관하고, 물류센터에서 포장하거나 가공하는 활동은 물적유통物的流通 줄여서 물류物流라고 한다. 넓은 의미에서 유통은 상류와 물류를 모두 합친 개념이다.

우리 경제에서 유통이 차지하는 비중은 상당하다. 2018년 국내총생산GDP 가운데 국가물류비는 178조 원으로 전체의 9.4퍼센트를 차지한다. 2020년 상반기 소매업 취업자 수는 214만 명으로, 전체 취업자 2,690만 명의 8퍼센트에 해당한다. 취업자 12명 중 1명이 소매업에 종사하는 셈이다. 주변에서 쉽게 찾아볼 수 있는 슈퍼마켓과 편의점, 자동차를 타고 가서 이용하는 대형 할인점과 백화점 모두 유통 과정의 일부를 담당하는 소매업체이다. 그만큼 유통은 우리 일상과 가까운 활동이다.

중심지 이론으로 살펴보는 유통 지도

만약 소비자가 지역에 고르게 분포하고 소비자 집단의 소득 수준과 소비 성향이 같다면, 각 상품의 판매 장소는 고르게 분포하게 된다. 이와 같은 현상을 독일의 지리학자 발터 크리스탈러는 '중심지 이론'으로 설명한다. 중심지 이론에서 상품이나 서비스를 제공하는 장소는 중심지, 상품과 서비스를 제공받는 범위는 배후지 또는 상권이라고 말한다. 중심지와 상권은 규모의 크고 작음에 따라 분포하는데, 1차 중심지는 개수가 적지만 배후지가 넓고, 반대로 3차 중심지는 개수가 많지만 배후지가 좁다.

1차·2차·3차 중심지를 각각 백화점, 마트, 편의점으로 가정해서 생각하면 이해가 편하다. 편의점은 상권이 좁지만 점포는 많고, 백화점은 상권이 상대적으로 넓지만 다른 중심지에 비해 점포가 적다. 마트는 편의점과 백화점의 중간에 해당한다. 어린이집과 초등학교를 포함해 각종 학교, 보건소와 각종 병원의 서비스도 인구에 비례해서 중심지 이론을 적용해 볼 수 있다.

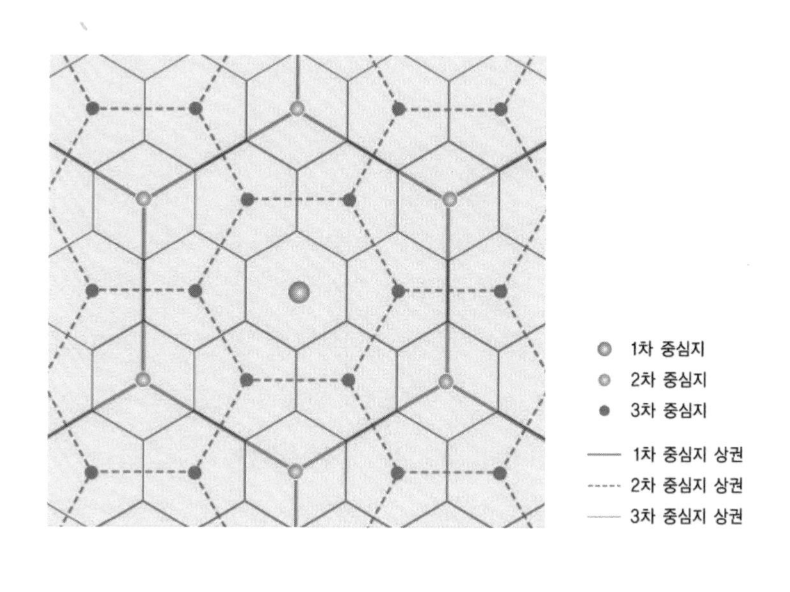

발터 크리스탈러의 중심지 이론

중심지 이론은 상업 중심지가 어떻게 분포하는지를 설명하는 이론이다. 단, 중심지 이론은 평야지형, 균등한 인구와 재원 분포, 개인의 합리적인 선택을 전제로 하기 때문에 실제 상업 중심지의 분포와는 차이를 보인다.

하지만 실제 상권은 중심지 이론이 그리는 모습과 사뭇 다르다. 지형과 기후, 불균등한 교통 체계에 따라 중심지와 상권이 불규칙하게 형성되기 때문이다. 소비자가 밀집해 있는 평지의 도시에서는 산지에 비해 상권이 훨씬 좁다. 대자본을 가진 독점적 유통업체가 새로운 중심지를 형성하면 주변 소매점이 문을 닫아 상권에 변화가 생기기도 한다. 이처럼 소비자의 불균형한 분포와 자본의 편중은 상권의 불균형을 초래하고 독과점 현상을 불러온다. 이는 지역의 소비 방식은 물론 교통 체계와 땅값, 집값에까지 영향을 끼친다.

양파값은 어떻게 6배나 상승할 수 있었을까?

생산자가 만든 상품은 보통 도매상과 소매상을 거쳐 소비자에게 판매된다. 소매小賣가 상품을 소비자에게 판매하는 과정이라면, 도매都賣는 소매를 제외하고 상품을 판매하는 모든 과정을 지칭한다고 생각하면 편하다. 유통은 상품이 도매와 소매를 거쳐 소비자에게 최종 판매되는 과정을 포괄하는 개념으로, 이 과정에서 발생하는 비용을 통상 유통비라고 부른다.

상품 가격에서 유통비 비중이 가장 큰 상품은 농수산물이다. 한국농수산식품유통공사는 주요 농산물 가격의 45퍼센트가 유통비용이라는 조사 결과를 발표하기도 했다. 가령 2015년 12월 양파가 유통되는 과정을 보면 농산물 가격에서 유통비가 얼마나 큰 비중을 차지하는지 확인할 수 있다. 양파 농가에서 양파 2킬로그램을 산지 유통업자에게 판매할 때 가격은 고작 700원이지만, 세 차례 도매상을 거치면서 양파 가격은 1,600원, 2,700원, 3,600원으로 급증했고, 최종 소매상은 양파를 3,600원에 사들여 소비자에게 4,200원에 판매했다.

다섯 단계를 거치면서 양파값은 700원에서 4,200원으로 여섯 배 상승했다. 상승한 비용에는 상품의 상하차 비용, 선별 및 포장 비용, 운송비와 유통 마진이 포함된다. 도시에 거주하는 소비자가 농민이 처음 매긴 값의 6배를 지불하고 양파를 사지만, 농민에게 돌아가는 대가는 유통비를 제외하면 많지 않다. 농민의 수익 중 상당수가 재생산 비용이라는 점을 고려하면 유통비의 비중이 상당하다.

농산물 생산자는 많지만 가락시장을 비롯한 대규모 도매시장, 청과회사처럼 독점 자본으로 운영되는 도매시장법인 등 유통업체는 그 수가 비교적 적다. 소수의 유통업체가 유통망을 관리하니 자연스럽게 독과점 문제가 발생한다. 이들 유통업체가 담합하여 농민에게 농산물을 싸게 사서 소비자에게 비싸게 팔거나, 특정 소비자에게 싸게 몰아주는 것도 가능하다. 동일한 생산지에서 나온 감자를 서로 다른 유통업체에 넘길 경우, 소비자가 구매하는 최종 가격은 상자당 몇천 원에서 몇만 원까지 차이가 나기도 한다.

다수의 농민이 소수의 유통업체와 대등하게 거래하고 협상하려면 그에 상응하는 규모의 조직을 만들어야 한다. 하지만 현실에서 그러기가 쉽지 않기에 농산물 유통의 독과점 문제를 해소하는 방안으로 농협을 주목한다. 여러 도매상을 거치고 거쳐 소비자에게 상품을 판매하는 대신, 농협으로 유통망을 일원화함으로써 구조는 단순해지고 상품은 제값을 찾게 된다. 또는 생산자와 소비자가 온라인을 통해 직거래하는 방법으로 유통비를 줄이면 생산자와 소비자 모두에게 유리하다.

한편, 유통망을 단순하게 만들어 상류비를 줄이는 방법으로 물류기지의 중요성이 더욱 커지고 있다. 실제로 농협은 지방에서 수도권으로 농산물이 들어오는 길목인 경기도 안성시에 물류센터를 만들고, 7단계를 거쳐야 하는 기존의 유통과정을 5단계로 단축했다. 과정이 단순해지는 만큼 비용과 시간이 절약되는 건 두말할 것도 없다.

대기업이 싹쓸이하는 공산품의 유통망

농장에서 생산한 농산물이 도매와 소매를 거쳐 소비자에게 판매되는 것처럼, 공장에서 생산한 공산품 역시 도매와 소매를 거쳐 최종 소비자에게 판매된다. 이때 소비자에게 상품을 최종 판매하는 소매점은 다양한 형태로 나타난다. 백화점과 대형마트, 편의점과 슈퍼마켓은 규모에 따라 전자를 대형 소매업체, 후자를 소형 소매업체로 분류하기도 한다.

백화점·대형마트·면세점을 비롯한 대형 소매업체는 통상 상당한 자본력을 가진 대기업이 운영한다. 2020년 기준 전체 오프라인 소매업체 매출에서 백화점과 대형마트가 차지하는 비율이 각각 30퍼센트를 넘을 만큼 대형 소매업체의 영향력은 막강하다. 이로 인해 제품 생산자는 '을'의 위치에서 대형 소매업체 입점을 놓고 경쟁하고, 대형 소매업체는 이들을 관리하면서 '갑'의 위치에 자리하게 된다.

그런데 대형 소매업체 사이의 양극화가 갈수록 심해지고 있다. 국내 5대 백화점으로 통하는 롯데·현대·신세계·갤러리아·AK 백화점 57개 점포의 2020년 전체 매출은 27조 8,000억 원이었다. 하지만 그중 상위 10개 점포 매출이 전체 매출의 40퍼센트 이상을 차지했다. 또 다른 대형 소매업체인 대형마트 역시 다르지 않다. 2019년 대형마트 전체 판매액 32조 원 가운데 83퍼센트에 해당하는 27조 원을 대자본이 운영하는 이마트·홈플러스·롯데마트의 세 회사가 차지했다.

소형 소매업체는 대형 소매업체에 비해 점포 개수가 압도적으로 많다. 소형 소매업체 가운데 의류, 휴대전화, 가전제품처럼 한 가지 종류만 취급하는 전문 소매점만 50만 개에 육박한다. 그중 휴대전화와 가전제품 소매점은 제조회사가 소수에 불과해 회사가 직접 소매점을 운영하며 가격과 판매 방식에 일정한 영향력을 행사한다.

소상인이 운영하는 슈퍼마켓은 대기업이 운영하는 편의점이나 기업형 슈퍼마켓SSM보다 경쟁력이 약하다. 슈퍼마켓 수는 2005년 10만 6,153개에서 2016년 6만 9,577개로 매년 크게 줄어드는 실정이다. 기존의 슈퍼마켓이 폐업하거나 편의점으로 바뀌는 동안 2005년 8,521개에 불과했던 편의점은 해마다 3,000개 가까이 늘어났다. 2020년 기준 GS25와 CU를 포함한 5대 유통업체에 속한 편의점은 전국에 총 4만 7,056개였으며, CU·GS25·세븐

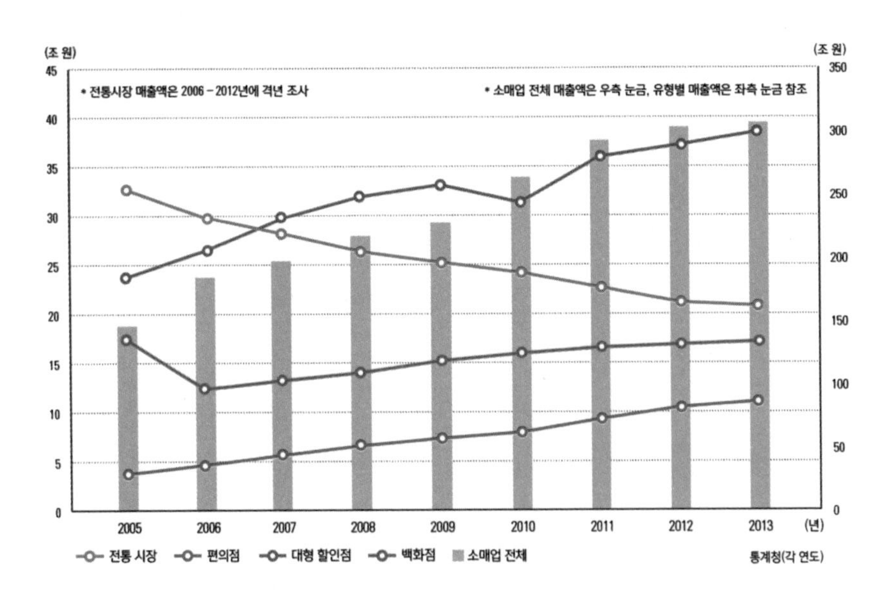

소매업 유형별 매출액 추이(2005-2013)

소매업 전체 매출 및 유형별 매출 역시 상승하고 있지만, 전통 시장의 매출액은 감소 추세에 있다.

일레븐 등 편의점 업체 세 곳의 매출액이 롯데·현대·신세계백화점 전체 매출액보다 높았다.

편의점 역시 독과점 문제에서 자유롭지 않다. GS25, CU, 세븐일레븐을 비롯한 상위 5개 업체가 전체 편의점 점포의 95퍼센트 이상을 차지한다. 편의점 가맹 본사가 폭리를 취하고 있다고 편의점 점주들이 주장하면서 갈등이 일어나기도 한다. 기존 편의점 가까이에 새로운 편의점이 들어서면 상권이 절반 가까이 줄어들어 큰 피해를 볼 수 있다. 심야 영업을 하면 인건비가 더 들어가므로 24시간 운영에 반대하는 편의점 점주가 많지만, 편의점 본사에서는 물류 시스템과 상비약 판매를 이유로 이러한 요구를 수용하지 않는다.

빠르게 성장하는 온라인 유통망

코로나19가 크게 확산된 2020년, 온라인을 통한 비대면 서비스가 우리 일상에 깊게 스며들었다. 코로나19가 휩쓴 2020년 전체 소매 판매액(약 475조 원) 가운데 오프라인과 온라인 비중은 66퍼센트 대 34퍼센트로, 오프라인 판매액이 온라인 판매액보다 훨씬 많았다. 하지만 오프라인 판매액은 2019년 대비 7퍼센트 하락한 반면, 온라인 판매액은 2019년 대비 19.1퍼센트 증가했다. 오프라인 판매액이 2019년(-3.9%)과 2020년(-7%) 연이어 감소하는 것과 달리, 온라인 판매액은 2019년 19.4퍼센트, 2020년 19.1퍼센트로 계속 성장하고 있다.

앱 데이터 분석 업체 와이즈앱에 따르면 2020년 온라인에서 가장 많은 매출을 올린 기업은 네이버(21조 원)였고, 쿠팡(17조 원), 이베이코리아(17조 원), 11번가(10조 원), 위메프(6조 원)가 차례로 뒤를 이었다. 지금까지 온라인 부문에서 부진했던 롯데와 신세계까지 과감하게 투자하는 승부수를 던지면서 온라인 유통망이 계속 과열 양상으로 치닫는 상황에서, 대규모 자본의 경쟁으로 생긴 문제도 적지 않다. 2020년 공정거래위원회가 네이버에 과징금을 부과한 사건은 온라인 유통망의 독과점과 불공정거래에 경종을 울렸다.

온라인 쇼핑몰이 성장하고 유통량이 크게 증가하면서 택배업계에도 커다란 변화가 생겼다. 과거에는 다양한 택배 회사가 존재했지만, 최근에는 대기업이 중소 택배업체를 인수하면서 세를 불렸다. 2018년 기준 한국의 택배 서비스는 상위 5개 업체가 전체 택배 물량의 89.5퍼센트를 차지했다. 우체국 택배와 로젠택배를 제외한 CJ대한통운·롯데·한진의 세 업체가 대기업으로 통하는데, 특히 전체 택배 물량에서 CJ대한통운의 비중은 50퍼센트에 가깝다.

대형 유통업체는 자체 물류창고를 가지고 있거나 물류창고보다 규모가 큰 대형 물류거점을 상당 부분 임차해 사용한다. 물류거점은 대개 수도권의 소비 시장과 가까운 경기도 일대에 집중해 있다. 임차료는 서울에 가까울수록 비싸서 1제곱미터에 매달 1만 5,000원이 넘는 반면 경기도 주변과 충청도 지역은 그 반값 정도에 가능하다.

유통 독과점을 해결하려면?

유통산업의 발달과 유통망의 변화는 생산자와 소비자에게 모두 편리하고 경제 성장에 이롭게 보였다. 하지만 동시에 나타나는 문제도 있다. 가장 큰 문제는 대자본이 유통 과정에서 막강한 영향력을 행사하는 독과점 구조이다. 농수산품은 소수의 도매업체가 담합하여 가격을 올리고, 공산품은 일부 대기업이 운영하는 업체에 쏠려 있는 실정이다. 빠르게 성장하는 온라인 유통망과 택배업계에서도 대기업의 독과점 문제는 동일하게 나타난다.

유통망의 변화를 통해 생산자, 소비자, 유통 관계자 모두에게 이익이 돌아가고 국가 전체의 경제 성장을 촉진하는 방법이 없는 것은 아니다. 정부는 대형마트 입점을 제한하는 규제를 고민하고 있다. 대형마트의 출점 자체를 제한하는 법을 만들고 도시 규모에 따라 일정한 면적 이상의 경우 허가를 받아야 하는 유럽의 사례를 참고한 것이다. 농협 같은 공공 유통망 확충이나 대형자본에 대항해 교섭력을 확보할 수 있는 생산자, 소비자, 중소 유통업체의 단체 조직화도 수반되어야 한다.

규제와 더불어 중앙 정부와 지방자치단체, 민간 기업이 지역별로 건설하는 물류거점의 확대 역시 유통 독과점 문제를 개선하는 방법으로 꼽힌다. 도로·철도·항만·공항이 교차하는 지역에 대규모 물류거점과 내륙컨테이너를 건설하고, 대기업뿐 아니라 많은 중소기업이 이용하도록 만들겠다는 것이 정부의 계획이다. 주요 권역별로 물류거점을 만들어 여러 기업이 이용하도록 한다면 일부 대기업에 의한 유통 독과점을 해결하고, 물류비 안정과 유통 효율 개선이라는 두 마리 토끼를 모두 잡을 수 있을 것이다.

한국의 물류비 비중은 다른 나라와 얼마나 다를까요?

미국은 국내총생산 대비 물류비 비중이 1998년 10.6퍼센트에서 2017년 7.7퍼센트까지 낮아졌어요. 우리나라 역시 같은 기간 16.5퍼센트에서 9.5퍼센트로 낮아졌어요. 일본은 국내총생산 대비 물류비 비중이 우리와 비슷한 9.1퍼센트(2016년)이고, 중국은 14.6퍼센트(2017년) 정도예요.

세계은행은 2년마다 각국의 물류 서비스, 품질, 효율성을 평가해 물류성과지수LPI를 발표하는데요. 2018년 발표에 따르면 우리나라의 물류성과지수는 OECD 36개국 가운데 23위에 불과했어요. 국내총생산에서 물류비 비중은 줄었지만, 물류 서비스는 여전히 부족한 점이 많다는 의미예요.

물류비가 크면 국가 경쟁력을 낮추는 요인으로 작용해요. 생산에서 소비에 이르는 과정에서 많은 비용이 들어가면 그만큼 가격 경쟁력이 약화되는 것이에요. 정부가 교통 시설과 물류 시설을 지속적으로 확충하고, 물류 체계를 표준화하려는 이유예요. 그중에서도 물류기지 건설을 통해 물류비를 절약하는 것이 핵심이에요. 유통 경로를 간소화하여 도심 혼잡을 줄이고 비용까지 아낄 수 있기 때문이에요.

5부

미래

한반도의 미래를 한발 앞서 살펴보는 시간

세계 기아 지도
러시아
우크라이나
아프가니스탄
몽골
북한
남한
중국
일본
이라크
인도
베트남
차드
필리핀
소말리아
라이베리아
르완다
탄자니아
인도네시아
인도양
남아프리카
공화국
마다가스카르
호주
태평양
그린란드
아이슬란드
캐나다
미국
대서양
멕시코
쿠바
아이티
과테말라
니카라과
베네수엘라
브라질
볼리비아
칠레
아르헨티나
2017~2019년 전체 인구 대비 영양부족 인구 비율
2.5%
5%
15%
25%
35%
자료 불충분
*자료 — 유엔세계식량계획(2020)

식량 문제

세계 5위의 식량 수입국
한국은 왜 식량이 부족할까?

사람이 살아가는 데 필요한 요소는 한두 가지가 아니다. 석유·석탄·천연가스 같은 에너지자원이 부족하면 지금처럼 생활할 수 없고, 적절한 수입과 여가가 없다면 삶의 질을 높이기 어렵다. 그러나 무엇보다 중요한 건 밥, 바로 식량이다. 우리 속담에 '사흘 굶어 남의 집 담 넘어가지 않는 사람 없다.'라는 말이 있다. 식량이 부족하다면 현대문명도 삶의 질도 다 빛 좋은 개살구일 뿐이다. 21세기를 지나는 지금, 우리는 남의 집 담장을 넘지 않을 만큼 충분한 식량을 보유하고 있을까?

세계 5위의 식량 수입국 대한민국

2019년 우리나라의 쌀 자급률은 92.1퍼센트로 우리가 먹는 쌀 대부분은 국내에서 생산되고 있다. 하지만 보리, 밀, 옥수수, 콩을 포함한 전체 식량자급률은 약 45퍼센트, 가축 사료로 사용되는 곡물까지 계산하는 곡물자급률은 21퍼센트였다. 반면, 2018~2020년 전 세계 평균 곡물자급률은 100.2퍼센트였으며, 인구가 많은 중국의 곡물자급률도 97.5퍼센트로 세계 평균에 가깝다. 심지어 오스트레일리아(198.6%), 캐나다(176%), 미국(120%)의 곡물자급률은 100퍼센트를 훨씬 상회한다.

본격적으로 경제개발을 추진한 1960년대 한국 정부의 숙제 중 하나는 식량 보급을 위해 쌀 자급률을 높이는 일이었다. 1970년대 다수확 품종인 '통일벼'를 개발해 보급하고, 따뜻한 한반도 남부에서 그루갈이 농사법을 활용하여 쌀을 보완할 식량으로 보리 생산을 꾀하기도 했다.

하지만 같은 시기 늘어난 인구의 쌀 수요를 공급량이 따라가지 못했다. 공급 부족으로 쌀값이 상승하자, 정부는 쌀 소비량을 줄이기 위해 혼분식混粉食 장려 운동을 추진한다. 쌀밥에 잡곡을 섞어 먹는 것을 혼식, 밀가루 음식을 분식이라 한다. 학교에서 점심시간에 담임교사가 학생들의 도시락을 검사해 쌀밥 도시락이면 혼을 낼 정도였다.

하지만 정작 쌀 자급률 향상은 쌀 생산량의 증가가 아닌 다른 방법을 통해 달성하게 된다. 경제 성장에 따라 소득이 증가하자 한국인의 식생활이 점차 서구화되면서 쌀 소비가 줄어든 것이다. 한국인의 1인당 쌀 소비량은 1970년 136.4킬로그램을 기록한 이후 점차 감소했다. 2019년 한국인의 1인당 쌀 소비량은 59.2킬로그램으로 50년 전에 비해 절반 이하로 줄었다.

변하는 식탁 풍경과 감소하는 쌀 소비량

그러자 이제는 반대로 쌀 소비량 감소가 정부에게 커다란 부담으로 작용했다. 정부는 농가로부터 쌀을 구매하여 쌀값을 안정

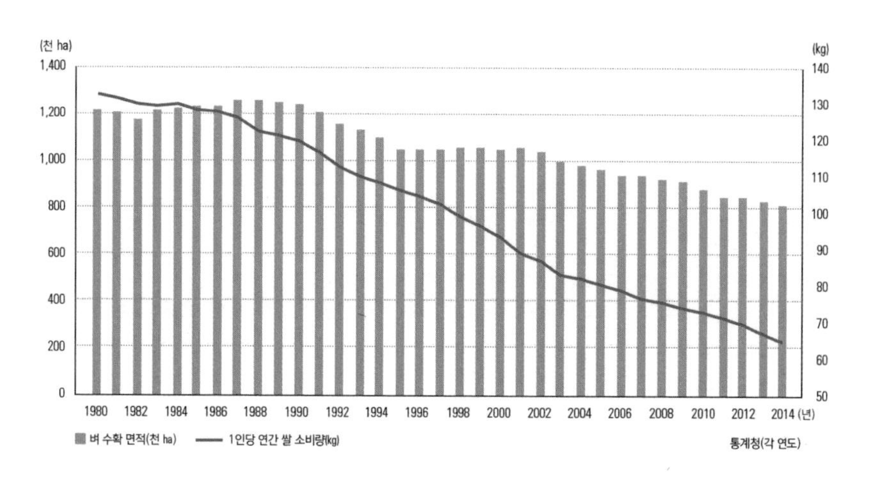

1인당 쌀 소비량 변화 추이

1인당 쌀 소비량은 계속 감소하여 2019년에 59.2킬로그램을 기록했다.
1인당 쌀 소비량이 60킬로그램 아래로 떨어진 건 1964년 조사를 시작한 이래로 처음이다.

화하고자 했으나, 쌀 소비량이 급감하면서 상황은 더욱 악화된다. 이로 인해 쌀 공급 과잉에 따른 쌀값 폭락을 정부 지출만으로 감당하기가 어려워졌다. 이에 정부는 쌀 재배 농가가 벼 대신 다른 작물을 심도록 지원하기에 이른다.

쌀 소비량 감소와 정부의 쌀 생산 억제 정책이 맞물리면서 쌀 수확 면적과 생산량은 크게 감소하게 된다. 우리나라 쌀 재배 면적은 1980년 약 122만 헥타르에서 2019년 약 73만 헥타르로 50만 헥타르 정도 감소했다. 쌀 생산량은 1988년 605만 톤으로 정점을 찍은 이후 꾸준히 감소해 2019년 기준 374만 톤이었다.

국내에서 생산하는 식량 자원 가운데 절대적인 위치에 있던 쌀의 위상이 흔들리면서 농가에도 큰 변화가 나타났다. 상대적으로 높은 소득을 얻을 수 있는 목축업이나 채소·과일·화훼를 비롯

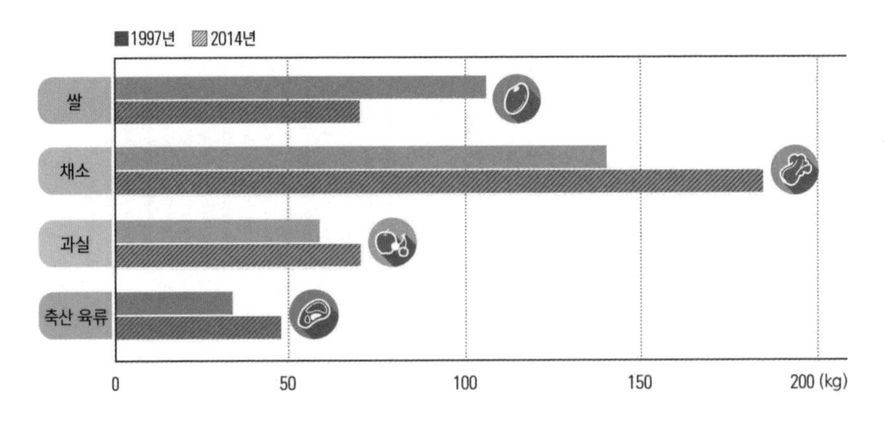

1인당 연간 농축산물 소비 추이

한 상품작물을 재배하는 시설농업 규모가 크게 확대된 것이다. 기존의 곡물 재배지를 목축업과 상품작물 재배에 활용하면서 곡물 생산량과 식량자급률은 더욱 하락한다.

경제가 농업 중심에서 공업 중심으로 전환한 것 역시 쌀을 비롯한 곡물 생산량을 낮추는 또 하나의 배경이다. 도시와 공업지역을 중심으로 도시화가 진행되면서 시가지가 확대되었고, 전국 곳곳에 대규모 공업단지가 빠르게 건설되었다. 이 과정에서 많은 농경지가 시가지와 도로로 바뀌었고, 대규모 공업단지 조성으로 농경지가 공장 용지로 전용되면서 농경지 면적은 크게 줄어들었다.

기후위기에 쉽게 흔들리는 국제 곡물 시장

일상생활에서 소비하는 제품은 대부분 공장에서 생산하는 공산품이다. 공산품은 기후변화 등 자연 현상의 영향을 적게 받아 안정적인 생산이 가능하다. 또, 공산품 시장은 반도체 같은 극소수 제품을 제외하고 특정 국가가 독점하기 어려운 구조라 생산량이 급격하게 변하지 않으며, 생산량과 소비량을 예측할 수 있어 유동성이 적은 시장이다.

반면, 식량자원을 거래하는 곡물 시장은 공산품 시장과 비교해 가격의 변동 폭이 매우 크다. 공장과 달리 기온, 강수량 같은 기상 조건에 따라 농산물 생산량과 품질이 크게 바뀐다. 1980년 우리나라는 냉해로 쌀 생산량이 전년도의 절반 수준으로 떨어지자 쌀값이 급등해 어려움을 겪었다. 지구온난화로 폭염, 홍수, 혹한, 가뭄, 강력한 태풍 등 기상이변이 자주 발생한다면 식량 생산과 공급은 커다란 위험에 직면할 수 있다. 특히 농산물 다수를 해외에서 수입하는 우리나라에 국제 곡물 시장의 급격한 변화는 치명적일 수밖에 없다.

흔히 세계 3대 식량으로 쌀, 밀, 옥수수를 꼽는다. 세 가지 곡물을 대량 생산하고 또 수출하는 나라는 미국을 필두로 브라질, 아르헨티나, 캐나다, 오스트레일리아가 대표적이다. 이들 나라의 주요 농경지가 기상이변으로 작황이 나빠지면 국제 곡물 시장은 크게 출렁인다. 실례로 1980년 사료작물 흉작으로 미국 정부가 곡물 수출을 금지하자 전 세계가 식량난을 겪었으며, 2007~2008년 기상이변으로 세계 주요 곡창지대인 미국의 대평원, 아르헨티나 팜파스 평원에 흉작이 들자

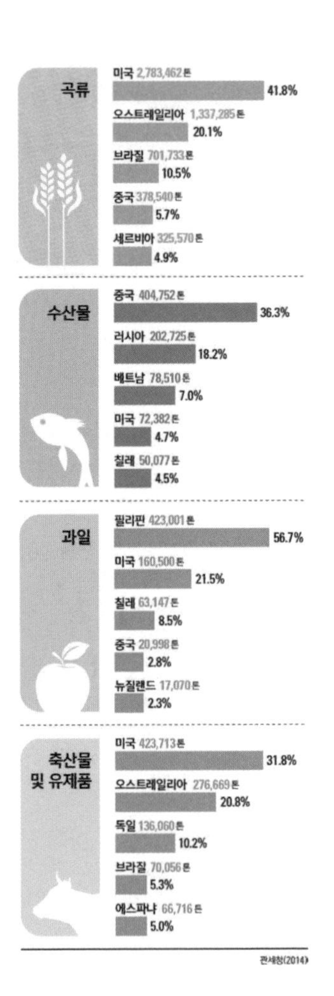

주요 수입 농산물 원산지(2014년)

전 세계 30여 개 국이 식량난을 겪었다.

국제 곡물 가격은 언제나 폭등 위기

곡물은 수출을 전제로 생산하는 공산품과 달리, 생산지에서 소비하고 남는 여유분을 수출하는 공급자 중심의 상품이다. 생산량에 비해 공급량이 적은 시장을 얇은 시장thin market이라고 한다. 통상 생산된 곡물의 85퍼센트 이상을 자국에서 소비하고 10퍼센트 정도만 국제시장에서 거래하므로, 공급 과정에서 작은 변화가 생겨도 시장 가격은 폭등할 수밖에 없다.

2020년 코로나19 바이러스가 세계적으로 확산하자 위기를 느낀 베트남과 캄보디아 등 일부 국가가 쌀 수출을 통제했고, 국제 시장에서 쌀값이 폭등했다. 태국의 백미가 1톤당 560~570달러(약 68만~70만 원)에 거래되었는데, 이는 2013년 4월 이후 최고가이다. 세계 3위의 쌀 수출국인 베트남의 쌀 가격도 1톤당 400달러를 기록해 2018년 3월 이후 최고가를 기록했다.

곡물 소비 인구의 증가도 곡물 가격을 오르게 만드는 주요 요인이다. 세계에서 인구가 가장 많은 중국이 경제적으로 크게 성장하면서 중산층이 늘었고, 이는 곡물과 육류의 소비 증가로 이어졌다. 최근 빠르게 경제가 성장하는 또 다른 인구 대국 인도 역시 중산층이 증가하며 곡물과 육류 수요가 증가했고, 이는 세계 식량

수급에 부담이 되고 있다.

무엇보다 국제 곡물 시장은 독과점 상태에 있다. 카길, ADM, LDC, 벙기, 앙드레 등 5개 메이저 곡물회사가 세계 곡물 시장의 80퍼센트를 장악하고 있다. 특히 카길의 시장 점유율은 40퍼센트에 가깝다. 우리는 곡물 시장을 장악한 소수의 곡물회사가 공급하는 대로 곡물을 구매할 수밖에 없다. 국제 곡물의 생산, 수급, 품질, 가격, 유통과 거래에서 대한민국처럼 작은 나라는 제대로 목소리를 낼 수 없는 것이다.

요동치는 국제 곡물 시장 속 더욱 중요해지는 식량 안보 대책

앞서 살펴보았듯이 우리나라의 식량 생산은 지나치게 쌀 중심적이다. 쌀을 제외한 곡물 대부분을 수입에 의존하는 상황으로, 변동성이 매우 큰 국제 곡물 시장에서 곡물 가격이 폭등할 경우 대처하기 매우 어려운 구조이다. 안정적으로 식량을 확보하려면 쌀 이외의 식량자급률을 높이는 방법을 강구해야 한다.

혹자는 식량도 공산품처럼 자국이 유리한 부분만 생산하고, 나머지는 수입해야 한다고 말한다. 하지만 식량을 실은 배가 우리나라에 상륙하지 못하는 등의 예기치 못한 사태가 발생하면, 국내에서 소비하는 곡물의 약 80퍼센트를 해외에서 수입하는 우리나라에 치명적일 수밖에 없다. 식량자급률을 높이고, 석유를 비축하듯이 식량을 비축해 만일의 사태를 대비할 필요가 있다.

식생활의 서구화로 육류와 빵, 라면과 각종 면류 같은 밀 가공식품이 우리의 식탁을 점령하고 있다. 1인 가구가 꾸준히 증가하면서 가정 간편식이 대세가 되어가는 상황이라, 쌀을 활용해 다양한 가공식품을 개발해야 한다. 이런 노력을 하지 않는다면 전적으로 수입에 의존하는 밀로 만든 가공식품에 우리 식탁을 내줄 수밖에 없고, 식량자급률을 높이기 어려워진다.

에너지자원이나 소비재가 수입되지 못하더라도 식량만 충분하다면 불편을 감수하고 생존할 수 있지만, 사흘을 굶으면 누구나

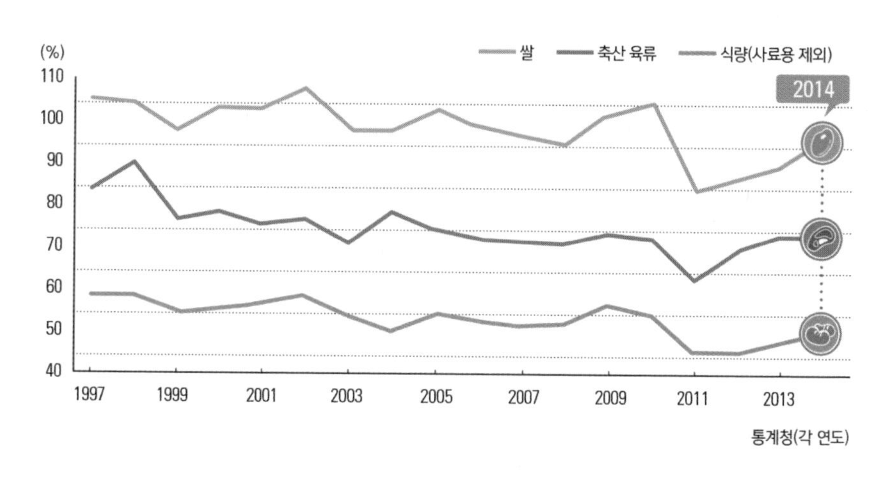

식량자급률 변화

2020년 농림축산식품부가 공개한 자료에 따르면 쌀 자급률은 101퍼센트, 축산 육류 자급률은 67.1퍼센트, 식량자급률은 50.2퍼센트로 이전에 비해 크게 개선되지 못했다.

남의 집 담장을 넘는다. 식량이 없으면 개인은 물론 국가와 사회도 존재할 수 없다는 의미다. 지금이라도 우리 식탁 위의 안전을 지키려면 적절한 수준의 식량자급률을 확보하는 식량 안보 대책을 고민해야 하지 않을까?

가축이 섭취하는 곡물은 얼마나 될까요?

지구에서 생산되는 곡물의 약 40퍼센트가 가축 사료로 쓰이고 있어요. 가축이 곡물을 많이 소비하는 것은 사람이 먹을 고기 1킬로그램을 얻으려면 곡물 6~8킬로그램을 가축에게 먹여야 하기 때문이에요. 따라서 사람이 고기 1킬로그램을 소비하면, 10명이 먹을 곡물을 혼자서 한꺼번에 먹는 셈이에요.

북한의 식량자급률은 어떤 상황일까요?

2010년대 북한의 식량자급률은 90퍼센트에 가까워 남한보다 훨씬 높았어요. 하지만 북한에서 소비하는 식량은 대부분 쌀이나 밀이 아니라 옥수수예요. 북한은 핵무기 개발로 인한 국제사회의 제재, 코로나19로 인한 국경 봉쇄, 폐쇄적인 사회 구조로 국제 무역이 원활하지 못해 식량 수급에 어려움을 겪고 있어요. 내부적으로는 협동농장 체제에서 공동생산에 따른 생산성 하락, 비료 부족, 농업기술 부족으로 생산성이 떨어지는 문제도 안고 있고요. 즉, 북한은 식량자급률이 높지만, 식량 문제가 상당히 심각하다고 할 수 있어요.

전국 습지 분포

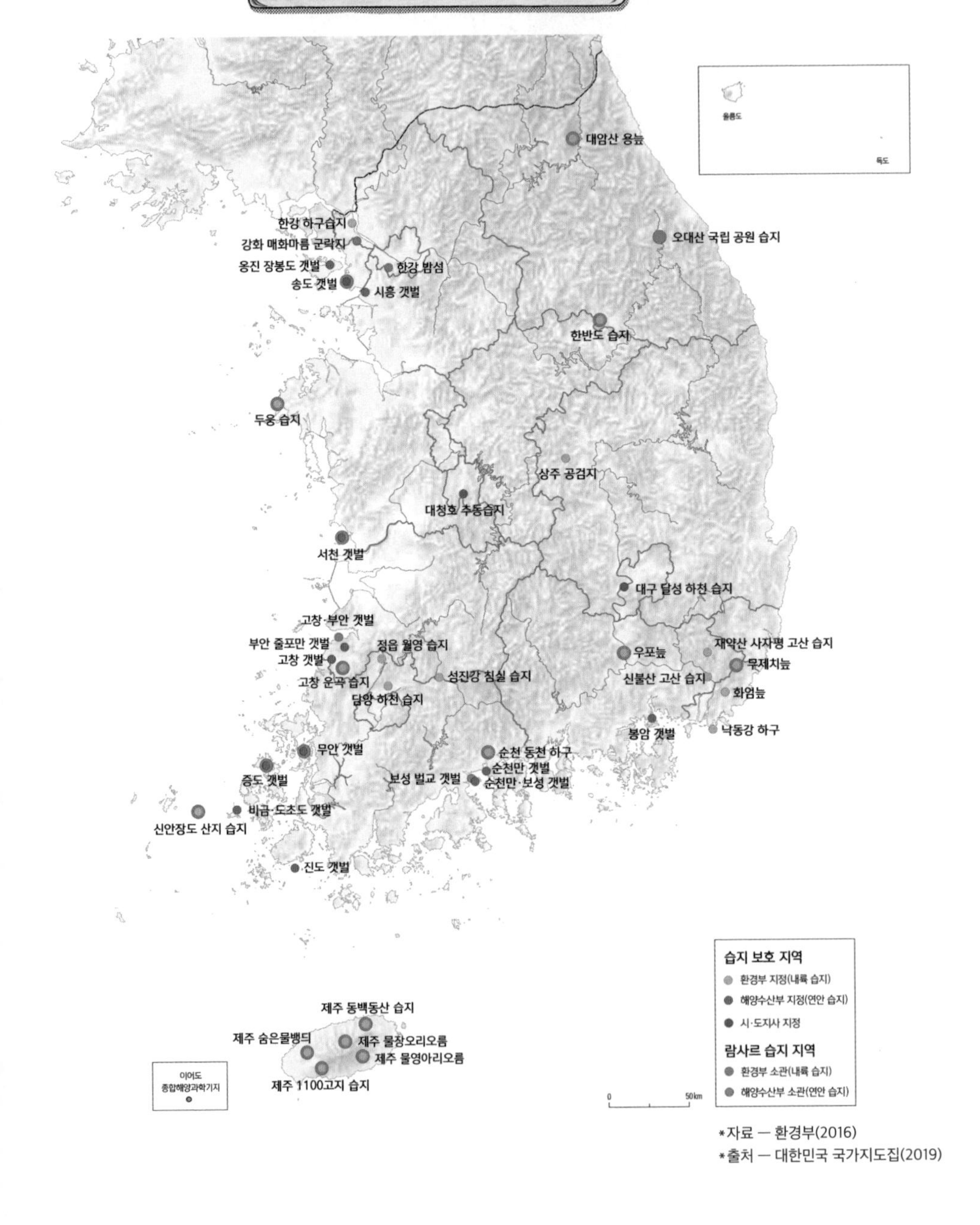

*자료 — 환경부(2016)
*출처 — 대한민국 국가지도집(2019)

람사르 습지

우리가 모르고 있었던
습지의 가치는 무엇일까?

과거 한국에서 방조제를 쌓아 갯벌을 간척하고 습지를 매립해 농경지와 각종 개발에 필요한 땅을 확보하는 것은 당연한 일이었다. 땅덩어리가 좁은 나라에서 용지를 확보하는 사업은 필요에 따라 정당화되었고, 대규모 간척 사업의 성공을 국민의 자부심처럼 조명하기도 했다. 습지 개발에 적극적인 태도를 보인 나라는 한국만이 아니었기에, 산업화가 본격화된 18세기 이후 전 세계에서 상당한 습지가 훼손되었다.

습지가 생태환경 보호에 얼마나 중요한지, 또 습지의 경제적 가치가 얼마나 막대한지 인식한 지는 그리 오래되지 않았다. 산업화 이후부터 1960년대까지 전 세계에서 습지가 계속 훼손되자,

습지에서 서식하는 물새의 개체 수가 급감했다. 국제수금류조사국IWRB과 네덜란드 정부는 1962년부터 물새 보호를 위한 국제협약 체결을 추진하는데, 협약 내용을 다듬는 과정에서 물새만이 아니라 물새가 서식하는 습지 자체를 보존하는 방향으로 확대된다. 이렇게 만든 국제협약이 일명 '람사르협약'이다.

람사르협약이 말하는 습지의 가치

람사르협약Ramsar Convention은 1971년 이란 람사르에서 체결되어 1975년 발효되었다. 협약의 정식 명칭은 '물새 서식처로서 국제적으로 중요한 습지에 관한 협약'Convention on Wetlands of International Importance Especially as Waterfowl Habitat으로 물새가 서식하는 습지를 보호하고 또 현명한 이용을 촉구하려고 만들어졌다. 지금까지 170여 개 나라가 가입했고, 1,700곳 이상의 습지가 '람사르 습지'로 등록되어 있다. 람사르협약은 국가 간 협력을 독려하고 지원함으로써 등록된 습지 상태를 파악하고 보호한다.

국제협약으로 전 세계 곳곳의 습지를 공동으로 보호하고 연구할 만큼 습지는 중요한 가치를 지니고 있다. 습지는 육지 생태계와 수중 생태계가 만나는 중간 지대로 다양한 생물이 생활하는 터전이다. 조류와 어류는 물론 포유류, 양서류, 파충류의 서식지이자 산란장이기도 하다. 지구에 사는 전체 생물 중 2퍼센트가 습지에서 서식하며, 해양생물의 60퍼센트는 습지에서 알을 낳거나 생활한다.

인간에게도 습지의 중요성은 결코 작지 않다. 습지는 홍수로 인한 범람을 억제하고 안정적으로 물을 공급한다. 습지가 스펀지처럼 흡수한 물을 천천히 배출하면서 하천 유량을 일정하게 유지하고, 단시간에 많은 물이 하천에 유입되어 범람하는 일을

2012년 세계 습지의 날

'세계 습지의 날'은 람사르협약이 체결된 1971년 2월 2일을 기념하는 국제 기념일로 습지의 중요성과 가치를 더 많은 사람에게 알리기 위해 1997년부터 매년 2월 2일에 기념행사를 개최하고 있다. 사진은 스위스 제네바에서 열린 2012년 세계 습지의 날 기념행사 장면이다.

방지하기 때문이다.

습지는 수자원 공급 외에 수질과 공기 정화에도 효과가 있다. 특히 식물 잔해가 퇴적되어 형성된 습지인 이탄지泥炭地는 삼림의 두 배에 해당하는 탄소를 저장한다. 우리나라 최고最古의 자연습지인 우포늪 또한 주변에서 유입되는 각종 오염원을 정화한다. 우포늪 인근에서 발생하는 각종 오염물질이 우포늪을 통과하면서 생화학적 산소 요구량 및 부유물질 농도가 감소하는 것으로 나타났다. 만약 습지를 개간한다면 막대한 탄소 방출로 지구온난화가 더욱 심각해질 수 있다.

하지만 람사르협약 체결에도 습지는 빠르게 사라지고 있다. 람사르협약 사무국이 2018년 발간한 「지구습지전망」Global Wetland Outlook에 따르면 1970년부터 2015년까지 전 세계 내륙 및 해안 습지의 35퍼센트가 사라졌다. 이는 산이 사라지는 속도보다 세 배나 빠른 것으로, 습지 면적의 축소는 습지에 서식하는 생물종의 생존에도 심각한 타격이었다. 오늘날 습지에 의지해서 살아가는 생물 4분의 1이 멸종 위기에 처해 있다. 1970년 이후 내륙 습지에 사는 생물 개체는 81퍼센트 감소했고, 연안습지에 사는 생물 개체는 36퍼센트 감소했다.

우리나라에는 어디에 람사르 습지가 있을까?

한국은 1997년 7월 세계에서 101번째로 람사르협약에 가입했다. 람사르협약에 가입하려면 한 곳 이상의 습지를 람사르 습지로 등록하고, 등록된 습지를 보호하기 위해 어로 행위나 주변 개발을 제한해야 한다. 한국이 가장 먼저 등록한 습지는 강원도 인제군 대암산 용늪이었고, 이듬해 두 번째로 경상남도 창녕군 우포늪을 등록했다. 2020년까지 한국이 등록한 람사르 습지는 총 23곳에 이른다.

① 강원도 인제군 대암산용늪(1997)
② 경상남도 창녕군 우포늪(1998)
③ 전라남도 신안군 신안장도 산지습지(2005)
④ 제주도 서귀포시 물영아리오름(2006)
⑤ 울산시 울주군 무제치늪(2007)
⑥ 충청남도 태안군 두웅습지(2007)
⑦ 제주도 제주시 물장오리오름(2008)
⑧ 강원도 평창군 오대산 국립공원 습지(2008)
⑨ 인천시 강화군 매화마름 군락지(2008)
⑩ 제주도 서귀포시 1100고지(2009)
⑪ 제주도 제주시 동백동산 습지(2011)
⑫ 전라북도 고창군 고창 운곡습지(2011)
⑬ 서울시 영등포구 한강밤섬(2012)

⑭ 제주도 제주시 숨은물뱅듸(2015)

⑮ 강원도 영월군 한반도습지(2015)

⑯ 전라남도 순천시 동천하구(2016)

⑰ 전라남도 순천시· 보성군 순천만·보성갯벌(2006)

⑱ 전라남도 무안군 무안갯벌(2008)

⑲ 충청남도 서천군 서천갯벌(2010)

⑳ 전라북도 부안군·고창군 고창·부안갯벌(2010)

㉑ 전라남도 신안군 증도갯벌(2011)

㉒ 인천시 연수구 송도갯벌(2014)

㉓ 경기도 안산시 대부도갯벌(2018)

습지보호지역 지정 및 람사르 습지 등록 현황(환경부, 2020)

2018년은 우리나라 람사르 습지 역사에서 특기할 만한 해였다. 제주시, 전라남도 순천시, 강원도 인제군, 경상남도 창녕군 등 네 도시가 람사르협약 당사국 총회에서 '습지도시'Wetland City Accreditation of the Ramsar Convention 인증을 받은 것이다. 당시 인증 받은 7개국 18개 도시 가운데 한국의 도시가 중국(6곳)에 이어 두 번째로 많았다. 람사르가 인증한 습지도시는 습지 인근에 위치하며 습지 보호와 현명한 이용에 지역사회가 참여하는 도시이다. 국제사회에서 하나의 브랜드로 인정받으며 친환경 농산물이나 생산품 판촉, 생태관광 활성화에 람사르 인증을 활용할 수 있어서

↑ 경상남도 창녕의 우포늪, ↓ 전라남도 순천의 순천만

경제적 가치도 클 것으로 기대된다.

국내에서 처음 람사르 습지로 등록된 강원도 인제의 대암산 용늪은 해발 1,280미터에 자리한 우리나라 유일의 고층습원高層濕原이다. 과거 군부대가 주둔해 습지가 건조해졌지만, 지금은 복원하여 예약 후 탐방할 수 있다. 홍수 방지, 수질 정화, 생태 조절 기능까지 담당하는 용늪의 경제적 가치는 연간 11억 원 이상으로 평가된다. 하지만 용늪처럼 산에 있는 습지는 등산객에 의해 침식될 우려가 크다. 밀양의 사자평 습지와 울산광역시 울주의 무제치늪 역시 침식 방지를 위해 탐방로 정비에 노력을 기울이고 있다.

대동여지도에도 기록되어 있는 경상남도 창녕의 우포늪은 커다란 면적을 자랑한다. 낙동강 하류는 지대가 낮고 평탄하며 본류가 범람하여 지류를 막는 경우가 많아 습지가 잘 발달했는데, 우포늪도 그중 하나다. 우포늪은 다양한 생물이 살기에 충분한 자연환경을 갖추고 있어 환경적·경제적 가치를 인정 받아 1997년 환경부가 자연생태계 보전지역으로 지정했고, 이듬해 1998년 람사르 습지로 등록되었다. 우포늪 인근 따오기 복원센터에서는 서식처 파괴와 남획으로 사라진 따오기를 복원해 야생에 방사하여 야생 적응을 시도하고 있다.

제주도의 람사르 습지로는 물영아리오름 1100고지, 물장오리오름, 동백동산 습지, 숨은물뱅듸가 있다. 제주도의 습지는 육지에서 볼 수 없는 독특한 섬 생태계를 구성하고 있으며, 지표수가 부족한 제주도에서 습지를 품은 오름은 수자원 공급원으로도 매우 중요하다. 아름다운 낙조로 유명한 순천만은 한국이 처음으로 람사르 습지로 등록한 연안습지沿岸濕地이다. 연안습지란 강이나 호수, 바다 주변에 형성된 습지를 말한다. 순천만의 갈대밭은 한국에서 가장 면적이 넓을 뿐만 아니라 보전 상태 역시 훌륭해, 국제보호종인 흑두루미를 비롯한 각종 물새가 이곳에서 산란한다.

습지를 현명하게 이용하려면

람사르협약은 습지를 보호하기만 하는 것이 아니라 '현명한 이용'Wise Use의 대상으로 중요하게 다룬다. 2005년 람사르협약 당사국 총회에서는 "지속가능한 발전의 맥락에서 생태계를 고려한 접근을 통해 달성되는 습지의 생태적 특성을 유지하는 것"이라고 '현명한 이용'의 개념을 정의했다. 앞서 살펴본 습지도시의 활동 역시 습지를 현명하게 이용하는 사례라고 할 수 있다.

논은 습지를 현명하게 이용한 사례라고 할 수 있다. 논은 인공습지의 한 종류로 식량자원의 보고이다. 동시에 홍수나 가뭄을 조절하고, 수질을 정화하고, 광합성을 통해 온실가스를 제거하고 산소를 공급하며, 여름철 기온 상승을 막는 데 일조한다. 논은 친환경 농법에 의한 생물다양성 증진과 겨울철 철새에게 먹이를 제공하는 장소로도 가치가 있다. 2008년 창원에서 열린 람사르협약 당사국 총회에서 논의 중요성을 강조한 결의문이 채택된 것은 이러한 논의 가치를 인정한 결과였다.

그렇지만 모든 자연습지를 논으로 개발할 필요는 없다. 최근에는 반대로 논을 습지로 되돌리는 노력이 주목받고 있다. 2011년 람사르 습지로 등록된 고창 운곡습지는 원전의 냉각수 공급을 위해 운곡댐이 건설되고 주변 지역의 출입이 제한되면서 습지 생태계가 조성되어 람사르 습지로 등록될 수 있었다. 습지에 대한 인식 변화를 보여주는 또 다른 사례로 간척지의 둑을 허물고 자연 상태로 되돌리는 시도가 있다. 기후변화의 원인으로 꼽히는 탄소를 흡수하는 양은 염생습지인 갯벌이 열대우림보다 4배나 많고, 흡수 속도는 16배나 빠르다는 연구에 따라 습지의 중요성이 재조명된 것이다.

갯벌을 되살리는 것도 중요하지만 자연 그대로 보전하는 것이 가장 중요하다. 순천만은 습지를 자연 그대로 보호하면서 관광자원으로 활용한 사례이다. 골재 채취로 사라질 뻔한 순천만을 시민, 환경단체와 함께 지킨 순천시는 동천 하구 주변 농경지를 매입하여 친환경 농업을 실시하고, 농민을 설득해 전깃줄과 전신주를 제거하여 순천만 갯벌까지 관리하는 등 재두루미 보호를 위해 노력했다. 순천만이 1호 국가 정원, 순천시가 세계 1호 람사르 습지도시로 인증받은 것은 순천시와 시민, 시민단체가 합심한 노력의 결과라고 할 수 있다.

남한의 습지 보호 노력에 자극을 받은 것일까. 북한 역시 습지 보전 및 세계자연유산 등록에 관심을 보이고 있다. 2017년 동아시아 람사르지역센터 워크숍에 참여한 북한은 서해안 습지 관리와 보전을 위해 정보를 공유하고 협력하겠다고 약속했다. 당시 워크숍에서 남북한은 순천만과 문덕습지의 생태계 유사성에 주목해 국제두루미재단과 함께 두루미 서식지 복원을 추진하기로 했다.

2018년 북한도 람사르협약에 가입하고 청천강 하구의 문덕습지를 북한 최초의 람사르 습지로 등록했다. 같은 해 남북한은 한강 하구 수로를 함께 조사하고, 2020년 1월에는 접경 지역인 한강 하구의 생태조사까지 실시했다. 남북한의 지속적인 협력이 이루어진다면 한강·임진강 하구 및 접경 지역을 함께 연구하고, 한강 하구 습지를 남북이 공동으로 관리하는 람사르 습지로 등록하는 일도 가능해질 전망이다.

한강 하구가 람사르 습지로 등록되면 규제가 늘어날까봐 걱정하는 목소리가 있다. 그러나 습지 보호에 따른 친환경 이미지가 생태관광이나 농산물 판로에 도움이 될 수 있다. 각종 개발 규제로 40년 동안 침체되었던 제주 동백동산 습지는 람사르 습지로 지정된 후 생태관광으로 활기를 되찾았다. 1971년 보호지역으로 묶이면서 거의 자연 상태 그대로 보전되어 온 선흘 곶자왈과 마을 주변 4·3 유적을 연계하여 생태관광지로 활용하고, 마을주민은 습지 보호를 위한 협의체를 운영하고 질토래비길 안내자를 이르는 제주말로 활동하며 지역 경제 활성화의 밑거름이 되고 있다.

습지의 보전과 현명한 이용이라는 람사르협약의 지향점을 보여주는 사례는 점차 늘어나는 추세다. 하지만 습지의 중요성과 가치를 계속 강조하는 상황에서도 습지 개발이 완전히 멈춘 것은 아니다. 가령 제주 동백동산 습지 주변은 개발이 가속화되면서 마을 주민과 환경단체가 단호하게 저항하고 있다. 제주도 습지를 비롯해 한반도 곳곳의 습지가 지금도 초지나 농지, 도로, 골프장 등으로 개발되고 있다. 이런 개발이 불러올 후폭풍을 걱정하는 목소리를 듣기가 쉽지 않은 것이 지금 우리의 현실이다.

람사르 습지로 등록되면 좋은 점이 있나요?

람사르협약은 자연자원 보호를 위한 국제협약인 만큼 가입국은 국제사회에서 대외 이미지를 높이고, 가입국의 습지 생태계를 효율적으로 보전하고 활용하는 계기를 만들 수 있어요. 한편 람사르협약은 습지를 공유하는 나라끼리 적극적으로 협력하도록 권고하는데요. 이는 서로 다른 나라가 함께 습지를 관리하기 위한 국제적인 틀을 제공하는 것이에요.

우리나라는 한강 하구를 람사르 습지로 등록하려고 노력하고 있어요. 한강 하구를 람사르 습지로 등록하면, 남한과 북한이 함께 습지 보호를 위해 협력할 수 있을지도 몰라요. 남한은 이미 1997년에 람사르협약에 가입했고, 북한 역시 2018년 람사르협약에 가입한 만큼 남북한이 함께 한강 하구를 관리하며 관계를 발전시키는 것도 충분히 기대해볼 수 있어요.

지구 온난화의 영향

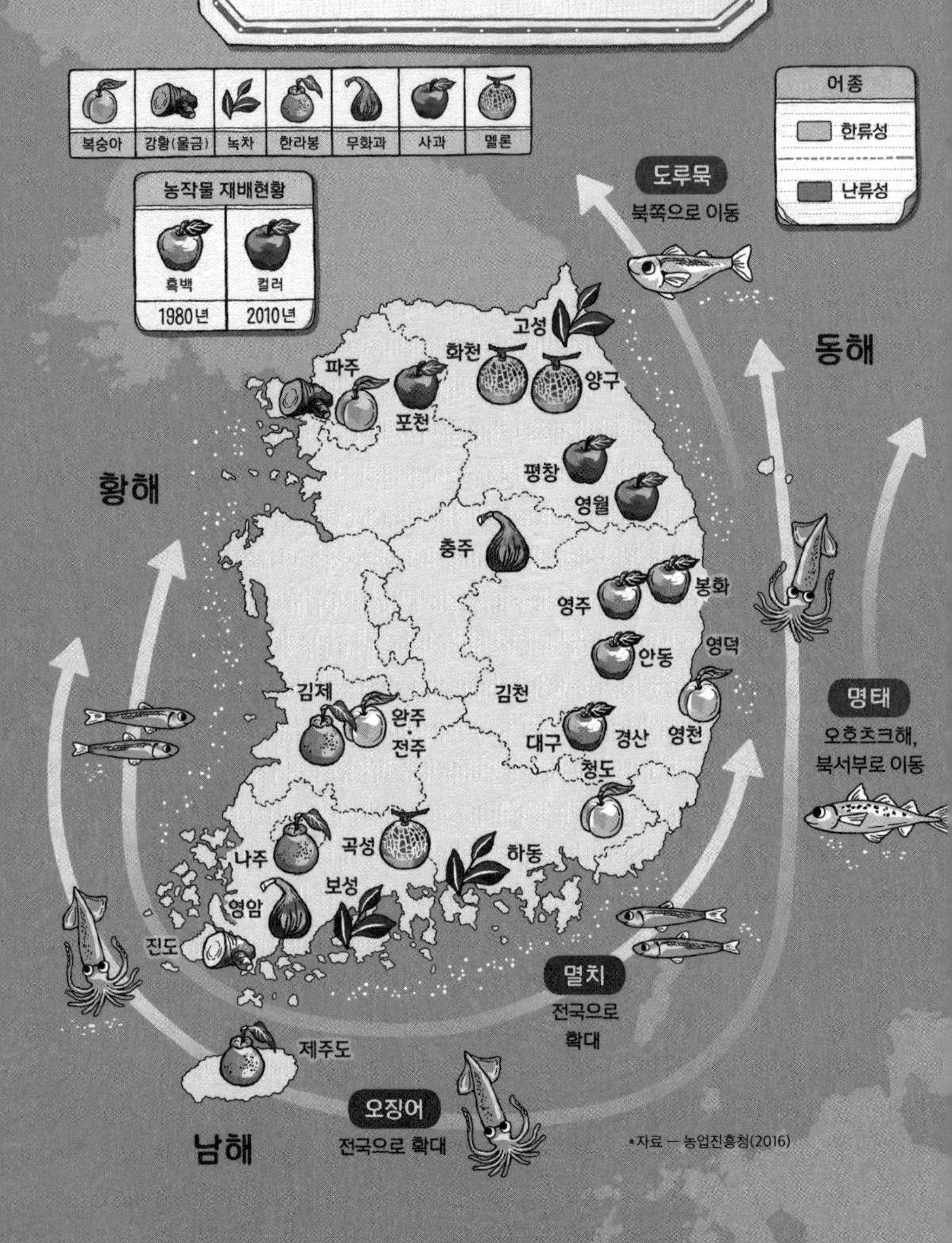

복숭아
강황(울금)
녹차
한라봉
무화과
사과
멜론
농작물 재배현황
흑백
컬러
1980년
2010년
어종
한류성
난류성
도루묵
북쪽으로 이동
동해
황해
남해
고성
화천
양구
파주
포천
평창
영월
충주
영주
봉화
안동
영덕
김천
김제
완주·전주
대구
경산
영천
청도
나주
곡성
하동
보성
영암
진도
제주도
명태
오호츠크해,
북서부로 이동
멸치
전국으로
확대
오징어
전국으로 확대
*자료 — 농업진흥청(2016)

지구온난화

그 많던 명태는
다 어디로 갔을까?

대한민국 국민이라면 모르는 사람이 거의 없을 노래 〈독도는 우리 땅〉의 가사가 2012년에 달라졌다. 노래가 처음 발표된 1982년으로부터 30년이 지나, 그동안 바뀐 독도의 정보를 반영하여 개사한 것이다. 도량형 단위의 변경에 따라 울릉도에서 독도까지의 거리를 '200리'里에서 실제 거리 87.4킬로미터를 반영한 '87K'(팔칠케이)로 수정했다. 주소 표기법이 지번주소에서 도로명주소로 정비되면서 '울릉군 남면 도동'은 '울릉읍 독도리'로 역시 수정되었다.

개사 내용에서 특히 눈에 띄는 건 명물의 변화다. 명태와 거북이가 가사에서 빠지고 홍합과 따개비가 빈자리를 대신했다. 이

거리: 울릉도 동남쪽 뱃길 따라 200리 → 울릉도 동남쪽 뱃길 따라 87K
주소: 경상북도 울릉군 남면 도동 일번지 → 경상북도 울릉군 울릉읍 독도리
기후: 평균기온 12도 강수량은 1300 → 평균기온 13도 강수량은 1800
명물: 오징어 꼴뚜기 대구 명태 거북이 → 오징어 꼴뚜기 대구 홍합 따개비

바뀐 〈독도는 우리 땅〉 가사

는 기후변화와 관계가 깊다. 노래가 발표된 이후 30년 동안 독도의 평균기온은 1도 상승했고 강수량은 500밀리미터 증가했다. 독도 인근 바다가 높아진 대기열을 흡수하면서 수온이 상승한 것이다. 별것 아닌 것 같지만, 수온이 1도 오르면 물고기의 체감온도는 6도 이상 상승한 것으로 실제 영향력은 매우 크다. 수온 상승으로 한류성 어종인 명태는 독도를 떠나 더 서늘한 북쪽 바다로 이동했다.

이제는 동해에서 만나기 어려운 명태

산업화와 도시화가 진행되면서 온실가스 배출이 증가하고 지구온난화가 진행되면서 지난 100년(1918~2017) 동안 전 세계 평균 기온은 1.55도, 표층 수온은 0.62도 상승했다. 한반도 주변

해역의 수온은 최근 50년간(1968~2017) 전 세계 평균에 비해 약 2.2배 높은 1.1도 상승했다. 수온 변화는 해역별로 편차를 보이는데, 같은 기간 동해는 수온이 1.7도 상승해 서해나 남해보다 상승폭이 컸다. 해수 온도 1도 상승의 영향력은 육지 온도 10도 상승과 맞먹는다.

수온이 상승하면서 한반도 근해에서 잡히는 어종에도 커다란 변화가 생겼다. 1990년 이후 연근해 어획량을 살펴보면 고등어·멸치·살오징어 등 난류성 어종이 증가했고, 명태·꽁치·도루묵 등 한류성 어종은 감소했다. 특히 명태 어획량 변화는 급변하는 해양 생태계의 심각성을 보여준다. 1990년 이전까지 명태의 어획고는 매년 만 톤 이상을 기록했다. 그러나 동해 수온 상승과 노가리 명태 새끼 남획으로 2000년 이후 어획량이 급감했고, 이제 명태의 1년 어획량은 1톤에도 미치지 못한다. 〈독도는 우리 땅〉 가사에서 명태가 빠질 수밖에 없는 것이다. 대한민국의 명태 소비량은 여전히 세계 1위지만, 우리 식탁에 오르는 명태는 대부분 러시아나 미국의 알래스카 인근 북태평양에서 잡은 수입산이다.

지구온난화는 해양생태계에 각종 이상 현상까지 일으키고 있다. 최근 동해는 '바다의 사막화'라 불리는 갯녹음 문제로 골머리를 앓는다. 수온이 상승해 산호가 고사하고 해조류는 감소한다. 그러면 물고기의 안식처와 먹거리가 동시에 사라지면서 어장이 급속하게 황폐화되는데, 이런 현상을 갯녹음이라고 한다. 이는 말할 것도 없이 관광업과 어업과 양식업에 막대한 영향을 끼친다.

또 다른 문제도 있다. 수온이 상승하면서 열팽창으로 해수면이 상승하고 있다. 1990년부터 2019년까지 우리나라 연안의 해수면은 매년 평균 3.12밀리미터씩 상승했다. 해역별 평균 해수면 상승률은 제주 부근(연 4.20㎜)이 가장 높고, 그 뒤로 동해안(연 3.83㎜), 남해안(연 2.65㎜), 서해안(연 2.57㎜) 순으로 나타났다. 제주도의 유명한 관광지인 용머리해안 탐방로가 물에 잠기는 기간이 길어지고 있는데, 이는 제주도 해수면 상승률이 세계 평균(연 2.6㎜)의 두 배에 가까운 것과 무관하지 않다.

지구온난화로 골머리를 앓는 농가

사과 하면 대구, 대구 하면 사과였던 때가 있다. 대구와 경상북도는 여전히 남한 최대 사과 산지이지만 도시화와 산업화로 사과 과수원 수가 크게 줄었고, 사과 생산에도 다양한 문제가 발생하고 있다. 최근에는 사과 표면이 빨갛게 익지 못한 '하얀 사과'가 문제다. 사과는 일교차가 커야 착색이 제대로 이루어지고 당도가 높아진다. 기온이 높은 낮에 광합성하고 기온이 낮은 밤에 사과를 붉게 만드는 색소를 만들기 때문이다. 하지만 최근 여름철마다 열대야가 찾아오면서 밤에도 기온이 내려가지 않아 색소를 충분히 만들지 못하면서 사과가 하얗게 나오는 것이다.

사과 주산지에도 변화의 조짐이 나타난 지 오래다. 사과 주산지는 대구와 경상북도 남부(경산, 영천, 경주 등)에서 점차 경상북도 북부(청송, 안동, 영주 등)로 이동하고 있다. 남부 고랭지농업은 지난 10년간 재배 면적이 절반가량 줄었고, 2010년 이후 강원도의 고랭지 채소밭도 감소 추세에 접어들었다. 머지않아 고랭지 배추밭이 과수원으로 변하는 모습을 보게 될지도 모른다.

원인은 지구온난화를 비롯한 기후변화다. 대한민국의 기온 상승은 세계 평균보다 가파르다. 최근 30년(1981~2010) 동안 세계 평균 기온이 0.84도 상승하는 동안, 대한민국 평균 기온은 1.22도 상승했다. 더욱 걱정스러운 점은 온실가스 배출이 현재 추

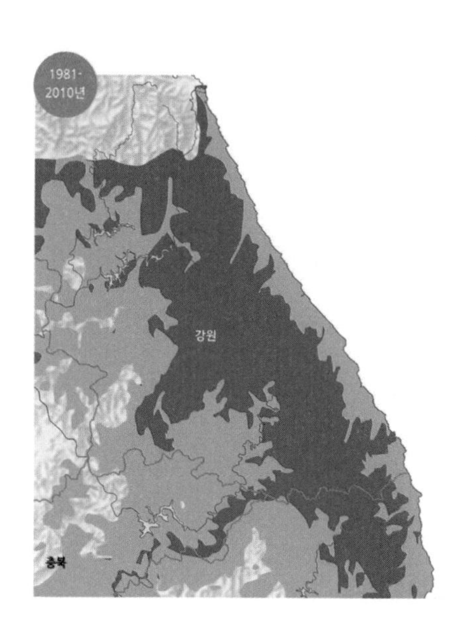

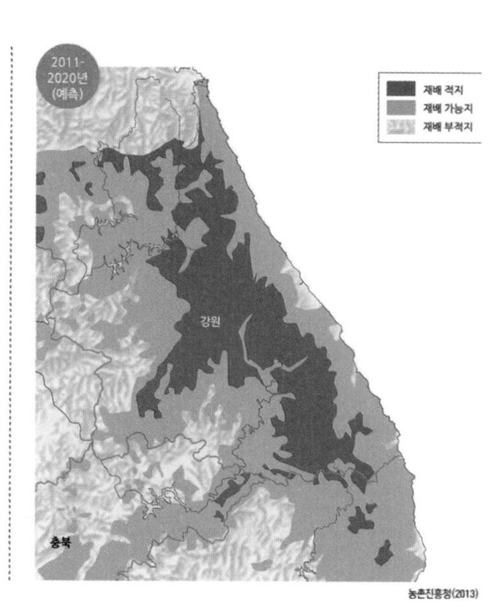

강원도 고랭지 배추 재배지 변화

세 대로 지속될 경우 70년 뒤에는 사과나 포도를 대한민국에서 거의 재배할 수 없다는 전망이다.

2018년 이후 제주도에서는 온실 난방 없이 파파야를 재배한다. 한반도 남부 기후가 아열대기후로 바뀐 결과다. 예전에는 열대과일을 온실이나 비닐하우스에서 재배했으나 지금은 아열대작물과 함께 일부 노지에서도 재배하고 있다. 제주에서는 감귤이나 한라봉이 제주도만의 특산물이기 힘들다고 여겨 2000년대 초반부터 열대과일 품종을 확충하고 있다. 전국에서 커피, 용과, 올리브, 망고, 파파야 등 다양한 열대과일을 재배하는 상황에서 제주도의 고민은 꽤 현실적으로 보인다.

달라지는 산의 모습과 식탁 위의 풍경

동식물 모두 지구온난화로 큰 피해를 입고 있는 상황에서 이동이 쉽지 않은 수목의 상황은 더욱 암담하다. 특히 침엽수인 구상나무와 분비나무가 1,100미터 이상 고산지대에서 빠르게 사라지고 있다. 다른 침엽수의 사정도 별반 다르지 않다. 고산지역 침엽수림의 분포면적은 1990년대 이후 20년간 25퍼센트 감소했는데, 특히 한라산과 설악산 일대 침엽수림의 감소는 더욱 두드러진다.

잡초와 해충으로 입는 피해도 해마다 커지고 있다. 논에서 자라는 잡초인 피의 발생이 증가하고, 해외에서 유입된 등검은말

벌이나 갈색날개매미충 같은 아열대 해충도 활동 범위를 넓히고 있다. 제주도에서는 아열대 조류인 검은머리직박구리가 2002년 처음 발견된 이후 지금은 아예 텃새로 정착하기도 했다.

식탁 위 풍경 역시 빠르게 바뀌고 있다. 노지에서 재배하는 마늘과 고추는 기후변화에 민감하기 때문에 한식에서 마늘과 고추가 빠지는 날이 올지도 모른다. 강원도에서는 여름철 고온 현상으로 배추가 짓무르고 썩는 현상이 빈번하자 배추 대신 사과를 재배하기 시작했다. 2020년 여름 이상기후로 토마토 수확량이 크게 감소하면서 한때 토마토 없는 햄버거가 등장하기도 했다. 이는 지구온난화가 먼 미래의 일이 아니라 바로 현재의 문제라는 사실을 말해준다.

지구온난화로 작황에 고민이 빠진 곳이 우리나라만은 아니다. 아프리카와 남아메리카에서는 고온과 가뭄으로 주요 식량작물인 옥수수와 감자 재배에 어려움이 증가하고 있다. 생산량 저하로 곡물과 채소 가격이 상승하면 전 세계 빈곤층의 식생활과 건강에 악재로 작용할 것이 불 보듯 뻔하다. 게다가 콩과 옥수수 생산의 감소는 가축 사료 가격 상승으로 이어지고, 이는 다시 육류 가격 상승을 초래하므로, 지구온난화로 바뀔 식생활을 걱정하는 일에 빈부의 차이는 없다.

빨간 사과를 계속 먹고 싶다면

이미 일상생활 곳곳에서 지구온난화의 여파가 나타나고 있다. 평균기온이 올라가고 특히 겨울과 봄 기온 상승폭이 커졌다. 모든 계절에서 최고 기온보다 최저 기온이 큰 폭으로 상승했다. 아직은 난방에너지 사용량이 높지만 냉방에너지 사용량이 더 많아지는 건 시간문제다. 폭염은 모든 사람에게 힘든 상황이지만 고령자와 사회 취약계층에게 더욱 치명적이다. 보건과 복지 문제에서 폭염이 주요 변수로 자리를 잡을지도 모른다.

2020년은 사상 유례가 없는 긴 장마와 혹독한 한파로 우리 모두가 기후변화의 심각성을 체감하는 계기가 되었다. 이상기후의 원인이 지구온난화에 있다는 사실을 더 많은 사람이 이해하고 기후 문제 해결에 동참할 필요가 있다. 개인은 물론 기업과 국가도 기후변화에 좀더 예민하게 반응하고 적극적으로 행동해야 한다. 빨간 사과를 앞으로도 계속 먹고 싶다면 지금 바로 움직여야만 한다.

지구온난화로 식생활에 생긴 변화가 있을까요?

최근 지구온난화에 대한 대응으로 채식의 필요성이 대두하면서 채식의 날을 운영하는 학교나 자치단체가 늘고 있어요. 육류 소비가 지구온난화를 심화하고 식량난과 식수난까지 가져올 것이라는 경각심 때문이에요.

지구온난화는 전 세계적인 식량난을 일으키고 있어요. 기온 상승으로 콩과 옥수수를 비롯한 곡물 생산량이 줄었지만, 곡물을 사용해 만드는 가축 소비량은 줄지 않았어요. 결국 부족한 곡물이 가난한 사람들의 식량이 아니라 부유한 사람들이 먹을 가축의 사료로 쓰이는 것이에요.

소고기 1킬로그램을 생산하려면 물 1만 5,000리터가 필요해요. 심지어 소고기 1킬로그램을 생산하는 과정에서 배출되는 이산화탄소 양은 27킬로그램에 달해요. 전 세계적인 식량난과 식수난을 극복하고 지구의 건강을 지키려면 육류 소비를 줄일 필요가 있지 않을까요?

한반도 주변의 갈등 지역

서해 북방한계선

- 남한과 북한 사이의 해상 군사분계선
- 남한 어선 피랍 및 해상 교전 발생

쿠릴열도 / 북방영토

- 러시아 실효 지배
- 러시아와 일본의 영유권 분쟁 지역

독도

- 대한민국 실효 지배
- 일본의 일방적인
국제 분쟁화 시도로 갈등

중국

북한

남한

일본

국제 영토
분쟁 지역

한반도 주변
갈등 지역

이어도

- 대한민국 배타적경제수역 내 위치
- 중국의 이어도 주변 관할권 주장으로 갈등

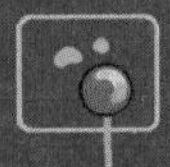

센카쿠열도 / 댜오위다오

- 일본 실효 지배
- 일본과 중국·타이완의 영유권 분쟁 지역

타이완

한반도 평화

한반도는 어떻게 평화를 되찾을 수 있을까?

"바라건대 우리나라는 국외의 문제에 대해서 중립을 보전할 것입니다." 1903년 11월 대한제국 고종 황제가 이탈리아 국왕에게 보낸 편지 내용이다. 1897년 2월 대한제국 수립 이후 고종은 제국주의의 풍파에서 벗어나기 위해 중립국 선언을 추진했다. 1904년 1월 대한제국은 간신히 국외중립을 선언하지만, 다음 달인 2월에 일본이 인천 앞바다에서 러시아 군함을 격침하고 대한제국과 강제로 한일의정서를 체결하면서 중립국 선언은 허무하게 빛이 바랬다.

대한제국의 중립국론은 100년이 더 지난 한반도에서 여전히 생동한다. 2020년 11월 국제심포지엄에서 박태균 서울대 국제대학원장은 "영세중립국이 우리의 비전이 되지 못할 이유가 뭔가?"라고 반문했다. 중립국론이 여전히 사람들 입에 오르내리는 이유는 한반도의 지정학적 위기에서 기인한다. 대양과 해양을 잇는 반도라는 지리적 특성으로 한반도 주변에서는 각국의 이해관계가 자주 충돌한다. 특히 일본의 침략과 한반도 분단 과정은 한반도 평화를 위해 우리가 풀어야 할 숙제가 무엇인지 생각해 보게 만든다.

일본은 왜 한반도를 침략했을까?

1895년 명성황후 시해를 주도한 주한일본공사 미우라 고로, 1909년 만주 하얼빈에서 안중근에게 암살당한 조선통감부 초대 통감 이토 히로부미, 1910년 8월 경술국치 이후 일본이 한반도 통치를 위해 설치한 조선총독부의 초대 총독 데라우치 마사타케, 2020년 9월 사퇴하기 전까지 일본에서 네 차례나 내각총리대신을 역임하며 역대 최장 임기를 기록한 아베 신조. 이들 네 사람에게는 중요한 공통점이 존재한다. 바로 출신지다.

네 사람은 지금의 일본 야마구치현山口県, 과거의 조슈번長州藩에 정치적 뿌리를 두고 있다. 그리고 조슈번 출신의 일본 사상가 요시다 쇼인에게 깊은 영향을 받았다. 앞의 세 사람은 요시다 쇼인의 제자였고, 아베는 존경하는 인물로 스스럼없이 요시다 쇼인을 꼽는다. 요시다 쇼인은 1850년대 한국을 정복하자는 이른바 정한론征韓論을 주장한 대표적인 인물이다. 국제사회에서 약육강식 논리를 당연하게 받아들인 요시다 쇼인은 일본이 서양에게 빼긴 것을 조선과 만주를 정복함으로써 되찾자고 주장했다. "일본은 서양의 기술과 문물을 배워서 열강과 대등한 관계가 되어야 한다. 서양 열강에게 빼앗긴 것은 조선 등 아시아의 약소국에서 되찾아 오면 된다."

주변국을 침략하자는 주장이 힘을 얻은 배경에는 일본의 경제 성장이 있다. 19세기 후반 이후 일본은 산업혁명을 통해 경제가 비약적으로 성장한다. 하지만 내수 시장만으로 팽창하는 산업을 뒷받침하기에는 역부족이었다. 국내에서 각종 사회문제도 곪고 있었다. 자본가와 노동자의 빈부격차가 심해졌고 노동쟁의가 빈번했다. 일본 정부는 해외 식민지를 경영하여 원료 공급과 수출 시장을 확보하고 국내 불만을 해소하고자 했다. 여기에 사무라이 계급의 몰락도 한몫했다. 임진왜란 이후 성립된 에도 막부 시대에 상공업이 발달하고 상인 계층이 성장하면서 사무라이 계급의 불만은 꾸준히 커져만 갔다. 한반도를 비롯한 해외 정복 주장은 사무라이의 불만을 잠재우고 침략 욕구를 자극하기에 충분했다.

메이지유신으로 국력을 키운 일본은 제국주의를 표방하면서 주변 여러 나라를 침략하기 시작한다. 한반도를 시작으로 만주와 중국대륙까지 단숨에 진출한 일본은 서쪽으로는 동남아시아, 북쪽으로는 연해주, 동쪽으로는 미국 하와이까지 세력을 확장했다. 일

↑ 요시다 쇼인 동상, ↓ 쇼인 신사

일본 이즈반도 시모다시에 있는 요시다 쇼인의 동상. 1854년 그는 제자 카네코 시게노스케와 함께 시모다에서 미국 밀항을 시도하다 실패하고 투옥된다. 1855년 출옥한 요시다 쇼인은 1858년 만 29세의 나이로 사망하지만, 1907년 그의 제자였던 이토 히로부미 등은 그를 기리자는 취지에서 야마구치현 하기시에 쇼인 신사를 창설한다.

본에 상응하는 국력을 키우지 못했던 조선은 1876년 강화도조약을 시작으로 점차 일본의 식민지가 되어 간다. 1905년 '을사늑약'이라고 불리는 제2차 한일협약으로 일본에 외교권을 빼앗겼고, 1910년 8월 한일병합조약으로 대한제국이 일본제국에 강제 병합되면서 1945년 8월 해방까지 일본의 식민지 지배를 받게 된다.

해방 직후 복잡했던 한반도의 정세

1945년 8월 8일, 소련이 일본에 선전 포고를 하고 만주와 사할린과 한반도를 향해 진격한다. 미국이 일본 히로시마에 원자폭탄을 투하하고 이틀이 지난 시점이었다. 소련은 일본의 항복으로 무주공산이 된 한반도에 사회주의 국가 수립이 절실했다. 한반도에 사회주의 동맹 국가가 수립된다면 일본에게 빼앗긴 지역을 되찾기에 용이했기 때문이다. 무엇보다 극동아시아 지역의 헤게모니 싸움에서 우위를 점하고 싶었다. 미국의 영향이 일본을 넘어 한반도로 확산되는 것을 막을 필요가 있었다. 미군 함대가 태평양에 머무르는 동안 소련군은 일본에 선전포고하고 이틀 만에 한반도에 진입한다.

미국 역시 소련이 주도하는 사회주의 이념의 확산을 막고자 했다. 일본의 항복으로 제2차 세계대전이 끝날 무렵 미국 외교 정책의 핵심은 소련이 이끄는 사회주의 세력을 봉쇄하는 것이었다.

1947년 미국은 유럽 국가를 상대로 통상 마셜 플랜Marshall Plan으로 불리는 대규모 경제 지원 정책을 단행한다. 마셜 플랜의 표면상 목적은 유럽 국가들의 경제 회복을 위한 기술·경제 지원이었지만, 실상은 유럽에서 확산하는 사회주의의 영향력을 경제 지원을 통해 차단하는 것이었다. 소련은 이에 몰로토프 플랜Molotov Plan을 통해 마셜 플랜을 거부한 동구권 국가를 경제적으로 지원하며 대항했다.

마셜 플랜

1949년 마셜 플랜에 따라 미국은 그리스에 100만 톤 규모의 식량을 지원한다.
사진은 당시 미국의 원조를 기념하는 퍼레이드 장면.

한반도는 소련과 미국이 만든 소용돌이에 빠져들었다. 소련이 재빠르게 한반도에 진군했으나, 미국은 한반도 전체가 소련의 영향력 아래에 귀속되는 것을 가만히 지켜보고만 있지 않았다. 미국은 일본이 항복하기 나흘 전인 1945년 8월 11일부터 급하게 한반도를 소련과 분할할 수 있을지 검토했다. 8월 15일 미국은 북위 38도선을 경계로 한반도를 남북으로 나누어 미국과 소련이 각각 점령하자는 내용을 소련에 제안했다. 소련은 이의를 제기하지 않고 미국의 제안을 수용했다. 1945년 8월 26일 소련군이 평양에 진주하고, 같은 해 9월 8일 미군이 인천에 상륙하여 다음 날 서울에 도착했다.

냉전 속에서 치러진 6·25전쟁의 전개

1945년 8월 15일 광복을 맞이한 한반도의 정치 지형은 매우 복잡했다. 정치 집단은 극단적 좌파부터 극단적 우파에 이르기까지 스펙트럼이 다양했다. 독립운동가들 역시 정치 성향에 따라 진영을 나누고 주도권을 쥐려고 분투했다. 흔히 김일성과 박헌영은 극단적인 좌파, 여운형은 온건 좌파, 김규식과 김구는 온건 우파로 분류하며, 심지어 이승만 지지 세력에는 지주와 경찰 등 친일파까지 섞여 있었다. 정치 세력의 첨예한 분화는 한반도에 하나의 통일 국가를 만들기 어렵게 한 결정적인 요인이었다.

북한에서는 소련군 아래에서 영향력을 키운 김일성이 사회주의 국가 체제를 확립한다. 김일성은 소련의 스탈린에게 남한 선제공격을 승인하고 군사력을 지원해 달라고 수십 차례 요청하지만, 스탈린은 제2차 국공내전으로 혼란을 겪은 중국을 이유로 북한의 요청을 만류했다. 중국대륙을 통일했지만 여전히 정치·경제적으로 혼란스러운 중국도 한반도 전쟁에 부정적이긴 마찬가지였다. 아시아 지역에서 소련의 영향력을 경계한 미국이 전쟁에 개입하면 승리하기 어렵다는 우려가 전쟁 부정론에 무게를 실었다.

그럼에도 거듭된 김일성의 요청에 소련은 전쟁 지원 요청을 승인한다. 중국은 소련과 김일성의 요청으로 후방 지원을 약속했다. 1950년 6월 25일 결국 전쟁이 발발한다. 미국과 한국을 비롯한 유엔군이 불리했던 초반의 전세를 인천상륙작전으로 역전시키고 평양을 향해 진격할 무렵, 중국은 북한이 무너지면 중국 국경과 만주가 위험하다고 판단했다. 미군이 만주를 공격하면 중소 협약에 따라 소련군이 만주로 들어오게 되어 있었다. 중국에게는 북한이라는 완충국이 필요했다. 1950년 10월 18일을 기점으로 중국 공산당은 25만 명이 넘는 인민지원군을 압록강 남쪽으로 투입했다. 압록강 부근까지 진출했던 유엔군은 인민지원군에 밀렸고, 현재의 휴전선 부근에서 전선이 고착된 상태에서 1953년 7월 27일 정전 협정이 진행되었다.

일촉즉발! 21세기 한반도 정세

6·25전쟁이 멈춘 지 70년이 지나고 세기가 바뀌었지만 한반도 주변 정세는 여전히 복잡하다. 한반도가 북한·중국·러시아로 이어지는 대륙세력과 남한·미국·일본으로 연결되는 해양세력의 충돌지점이라고 말하기도 하지만, 각국의 이해관계는 단순한 이분법으로 나뉘지 않는다.

오늘날 한반도 국제 관계의 핵심은 당연 북핵문제다. 북핵문제가 본격적으로 불거진 시기는 1993년 북한이 핵확산방지조약NPT을 탈퇴하면서부터다. 이후 30년 가까운 시간 동안 북핵문제는 해결되지 못한 숙제로 남았다. 1994년 미국과 북한의 제네바 합의, 2000년대의 6자회담 개최를 통해 진전을 보이기도 했지만 북핵문제를 완전히 해결하는 데에는 실패했다. 2018년 두 차례의 남북정상회담과 최초의 북미정상회담이 개최되어 북핵문제 해결을 타진했지만 그 이상 진전하지 못한 채 소강상태가 이어지고 있다.

한반도 주변국 사이의 영토 분쟁도 첨예하다. 대표적인 영유권 분쟁 지역은 러시아와 일본이 다투고 있는 쿠릴열도와 중국·타이완과 일본이 다투는 센카쿠열도다. 쿠릴열도 남단의 4개 섬은 1945년 소련이 점령한 이후 지금도 러시아가 실효 지배하고 있으며 일본은 러시아에게 반환을 요구하고 있다. 반면 센카쿠열도는 일본이 실효 지배하는 지역이다. 중국과 타이완은 본래 중국 영토였으므로 자국으로 반환하라고 요구하고 있지만, 일본은 센카쿠열도는 애초에 무인도였으므로 반환 의무가 없다고 맞서고 있다. 두 지역은 군사적 요충지이자 자원 확보 측면에서 중요한 지점이기에 분쟁은 쉽게 끝나지 않고 있다.

한국 역시 분쟁에서 자유롭지 않다. 독도를 영토 분쟁화하려는 일본의 시도를 현명하게 대처하는 우리 정부의 노력은 이미 여러 차례 언급되었다. 한국 정부는 독도를 실효 지배하면서 국제 분쟁 지역이 아닌 엄연한 대한민국 영토라는 점을 강조하고 있다. 최근에는 이어도를 두고 중국과 갈등이 심화되는 상황이다. 마라도 서남쪽 150킬로미터에 있는 이어도는 대한민국의 해양과학기지가 건설된 수중암초다. 이어도는 영토 분쟁 지역은 아니지만, 중국이 자국의 배타적 경제수역 내에 자리한다며 관할권을 주장하고 있어 문제다. 이에 한국 정부는 이어도가 국제해양법상 원칙에 따라 엄연히 한국의 배타적 경제수역 내에 있다고 반박하는 상황이다.

국제 관계 변화와 남북 교류의 필요성

1953년 7월 27일 한반도에서 정전 협정이 체결되고 약 70년이 흘렀다. 한반도 주변의 국제 정세는 크게 바뀌었고, 지금도 빠르게 바뀌고 있다. 광복 직후 한반도를 남북으로 나누는 데 결정적인 원인을 제공한 냉전의 그림자는 1991년 소련의 해체로 끝났다. 소련 해체 후 러시아는 자본주의 경제 체제로 탈바꿈했다. 1978년부터 이미 개혁개방 정책을 추진한 중국은 자본주의 경제를 적극적으로 수입했다. 러시아와 중국은 1990년과 1992년에 차례로 대한민국과 수교하고 정치·경제·문화 등 다방면에서 교류

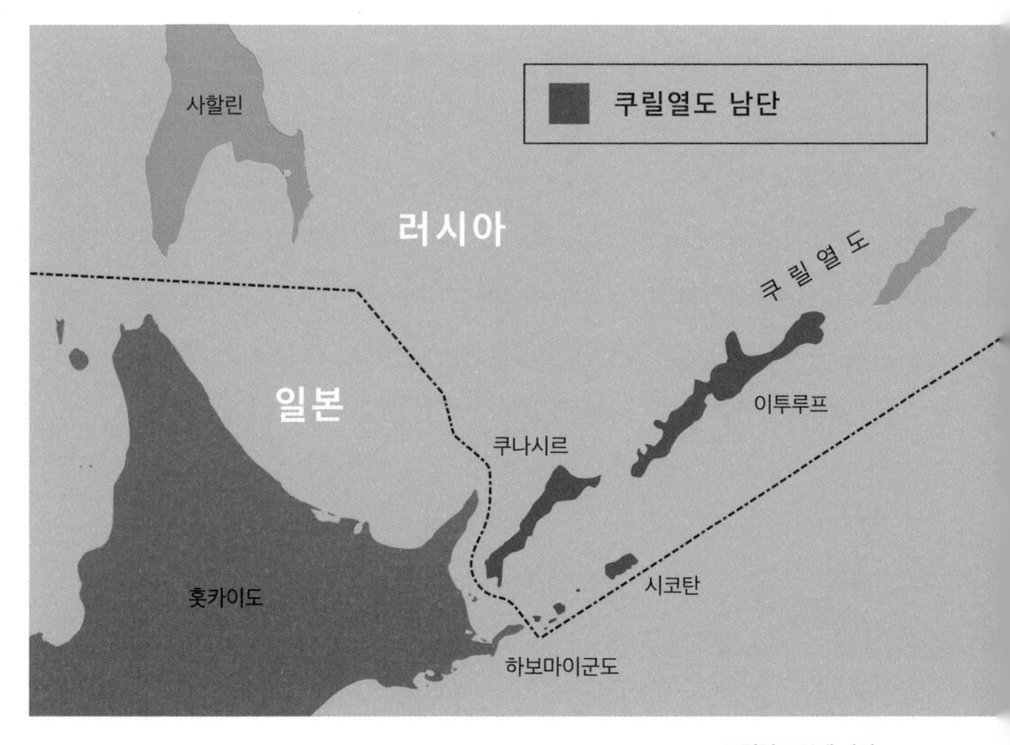

쿠릴열도 분쟁 지역

쿠릴열도는 1945년 세계대전이 끝난 이후 소련이 점령했고, 지금까지 러시아가 실효 지배하고 있다. 일본은 쿠릴열도 남부 4개 섬이 홋카이도 부속 섬이라며 러시아에게 반환을 요구하지만, 러시아는 4개 섬 모두 러시아 영토라며 반환 요구를 거절하는 상황이다.

하고 있다.

냉전 갈등은 사라졌지만 한반도 평화를 말하기는 아직 이르다. 한반도 주변은 각국의 영토 분쟁과 알력 다툼으로 갈등을 겪고 있기 때문이다. 일본은 쿠릴열도와 센카쿠열도를 두고 러시아, 중국과 영유권 다툼을 하고 있다. 독도에 대한 일본의 일방적인 영유권 주장과 일본군 성노예 문제에 대한 의미 있는 사과와 배상 거부 문제는 동아시아의 평화를 방해한다. 경제 성장으로 급부상한 중국과 미국의 경제 갈등 역시 한반도 정세를 이야기할 때 간과할 수 없다. 무엇보다 북핵문제를 해결하지 않고서 한반도에서 평화를 이야기하기란 어불성설이다.

스스로 안전을 지킬 수 없다면 어지러운 국제 관계 속에서 평화도 얻을 수 없다. 대한제국의 국외중립 선언이 한 달 만에 일제에 의해 의미를 잃어버린 것에서 배울 수 있는 교훈이다. 각자 영향력을 확장하고자 하는 한반도 주변의 열강들 사이에서 평화를 이야기하려면 먼저 힘을 키워야만 한다. 힘이 꼭 군사력을 말하는 것은 아니다. 남북 대화 재개와 교류 확대를 통한 남북 협력 체제는 한반도 평화를 위한 첫 단추가 될 수 있지 않을까.

강대국 사이에서 중립국이 된 나라가 있나요?

중립국으로 유명한 나라로 스위스가 있어요. 스위스처럼 자국을 보호하는 목적을 제외하고 영구히 전쟁에 참여하지 않는 나라를 영세중립국永世中立國이라고 해요. 영세중립국은 외국군을 군사적으로 지원하지 않고 국내에 외국군이 주둔하는 것도 허용하지 않으며, 타국과 군사동맹을 맺지 않아요.

스위스 이외에 영세중립국으로는 유럽의 오스트리아, 중앙아메리카의 코스타리카, 중앙아시아의 투르크메니스탄이 있어요. 스위스가 1815년 채택된 파리선언을 통해 중립국으로 인정 받았다면, 오스트리아는 제2차 세계대전이 끝나고 1955년 미국과 소련의 승인을 얻어 중립국이 되었어요. 1983년 영세중립국을 선언한 코스타리카는 평화헌법을 제정하고 군대를 보유하지 않는 대신 시민경비대를 운영하고, 투르크메니스탄은 1995년 유엔의 승인을 거쳐 영세중립국이 되었어요.

21세기 실크로드
러시아
상트페테르부르크
모스크바
예카테린부르크
옴스크
노보시비르스크
크라스노야르스크
이르쿠츠크
울란우데
하바롭스크
블라디보스토크
카자흐스탄
몽골
중국
카피쿨레
이스탄불
앙카라
테헤란
카불
이슬라마바드
뉴델리
다카
네피도
양곤
방콕
프놈펜
호치민
하노이
광저우
우한
정저우
베이징
평양
서울
부산
후쿠오카
도쿄
시베리아 횡단 철도
아시안 하이웨이 1호선
*자료 — 대한민국 국가지도집(2019)

실크로드

냉전이 만든 섬나라는
현대판 실크로드로 거듭날까?

JTBC 예능프로그램 〈비정상회담〉에 출연했던 이탈리아 출신 방송인 알베르토 몬디는 사랑하는 사람을 만나려고 한국으로 온 것으로 유명하다. 그는 열차를 타고 한반도 코앞까지 이동했다. 고향 베네치아에서 출발한 열차는 모스크바를 지나고 시베리아를 횡단하여 태평양과 두만강이 만나는 블라디보스토크에 도착했고, 블라디보스토크에서 내린 몬디는 배를 타고 속초로 이동해 한국으로 입국했다.

다만, 배를 타고 속초로 이동한 건 그가 원해서 내린 결정은 아니었다. 만약 남한과 북한 사이에 열차가 달리고 있었다면 그는 열차만으로 베네치아에서 서울까지 이동하는 선택지를 고려할 수 있었을 것이다. 분단으로 대륙과 단절되어 섬처럼 고립된 우리나라의 현실을 보여주는 사례라고 할 수 있겠다. 그런데 최근 우리나라와 대륙을 다시 연결하려는 노력이 '현대판 실크로드'라는 이름으로 등장했다. 심지어 현대판 실크로드는 철로만이 아니라 도로와 항로를 포함해 세 가지 길을 놓는 방향으로 추진되고 있다.

과연 철마는 다시 달릴 수 있을까

일제강점기에는 부산에서 출발한 열차가 만주까지 내달렸다. 많은 독립운동가가 열차에서 신분을 감춘 채 가슴을 졸이며 압록강과 두만강을 건넜다. 1930년대 동아일보와 조선일보를 보면 만주로 수학여행을 떠나는 고등학생을 소개하는 기사가 종종 등장한다. 하지만 1945년 9월 11일 서울과 신의주를 연결하는 열차 운행이 중단되면서 철마는 남한 밖으로 달리지 못하고 있다.

철로가 끊긴 지 70년도 더 지나서 남북한 사이의 철로를 다시 연결하는 움직임이 급물살을 탄다. 시작은 2018년 4월 27일에 문재인 대통령과 북한의 김정은 국무위원장이 함께 발표한 판문점 선언이었다. 선언문에서 두 정상은 경의선과 동해선 철도 연결과 북한의 철도 현대화를 추진하겠다고 밝혔고, 같은 해 9월 평양공동선언에서는 연내에 남북의 철도와 도로 연결 공사를 시작하겠다고 공언했다. 10월에는 북한 경제제재의 고삐를 쥔 유엔이

↑ 도라산역 철로, ↓ 평양방면 알림 표시

2000년 남북정상회담 이후 경의선 복구 사업의 일환으로 만들어진
도라산역은 북한과 가장 가까운 전철역이다.
2021년 연말께 경의중앙선이 도라산역까지 이어질 계획이다.

남북의 철도 공동 조사를 승인하면서 남북 공동조사단이 경의선과 동해선을 차례로 조사했다.

조사 결과에 따르면 북한의 철도 인프라는 매우 열악했다. 철로, 열차, 전력까지 모든 면에서 노후화한 수준이다. 일제강점기에 사용하던 철로와 열차를 그대로 사용하는 경우도 있으며, 지은 지 110년이 넘은 교량도 버젓이 남아 있었다. 철도 인프라 확충이 필요한 북한, 북한과 철도 연결을 통해 안보 문제를 해결하고 경제적 이익을 꾀하려는 남한, 양쪽의 이해가 맞물리면서 한반도 종단철도 프로젝트가 매끄럽게 추진되는 듯했다. 그러나 2020년 6월에 북한이 일방적으로 평양공동선언을 파기하면서 남북한 철도 연결과 현대화 작업은 다시 교착 상태에 빠지고 만다.

바닷길보다 빠른 기찻길의 효율성

글로벌 종합 물류 기업 현대 글로비스는 한국에서 출발하는 화물을 러시아까지 두 가지 방법으로 운송한다. 하나는 해상운송이고 다른 하나는 철도운송이다. 부산항을 출발하는 해상운송은 인도양, 지중해, 대서양을 거처 러시아 상트페테르부르크까지 2만 2,000킬로미터를 가는데 약 45일이 소요된다. 반면 화물을 배를 통해 부산에서 블라디보스토크 옮긴 다음 시베리아철도로 상트페테르부르크까지 이동하는 철도운송의 거리는 1만 600킬로미터, 소요일은 22일 정도다. 거리와 소요일이 해상운송의 절반가량으로 줄어든다. 배를 이용하지 않고 열차가 한반도에서 바로 연결된다면 소요시간은 더 단축된다.

해상운송과 비교할 때 철도운송이 가지는 가장 큰 장점은 속도와 안전이다. 기상변화에 이동과 경로가 크게 영향을 받는 선박과 달리 열차는 날씨의 영향을 크게 받지 않는다. 해적의 위협에서도 안전하다. 화물의 장거리 운송비를 고려한다면 해상운송이 철도운송보다 효율이 높지만, 부피가 작고 무겁지 않은 고가의 첨단제품이라면 소요시간과 정시성을 고려해 철도운송이 효과적이다.

이러한 장점으로 시베리아철도 운송량이 꾸준히 상승하고 있으며, 상승세는 앞으로 가속화할 것으로 보인다. 한국해양수산개발원은 시베리아 철도를 이용하는 컨테이너 물동량TEU이 2030년에는 8만 1,235TEU, 2040년에는 29만 4,656TEU으로 증가할 것으로 예상한다. 남북 관계가 호전되어 한반도종단철도TKR가 개통된다면, 해상운송을 이용하지 않고 철도만 이용해 우리나라에서 생산한 제품을 아시아와 유럽에 판매할 수 있다. 태평양 연안 국가와 유럽을 잇는 국제 물류 허브로서 입지를 다질 수 있을 것이다.

지구 최대의 시장, 아시아를 하나로 잇다

아시아 주요 국가를 도로로 연결하자는 획기적인 아이디어가 처음 제안된 때는 1959년이다. 당시 유엔의 아시아태평양경제사회위원회ESCAP에서 현대판 실크로드 계획이 처음 제기되는데, 철도와 도로 연결을 통해 유럽연합이 단일 시장을 이룬 것처럼 아시아 15개 주요 국가를 도로로 연결해 거대한 시장을 만들자는 것이다. 이 계획은 정치 갈등, 재정 부족, 교통 기준 불일치로 난항을 겪었지만, 필요성에 대한 공감대를 바탕으로 2000년대에 32개국이 국제 협정을 맺기에 이른다.

아시아 주요 지역과 도시 사이에 그물망처럼 고속도로를 설치해 연결하려는 계획의 이름은 아시안 하이웨이Asian Highway다. 아시아의 전체 면적은 약 4,500만 제곱킬로미터로 지구 육지 전체 면적의 3분의 1에 해당하고, 인구는 45억 명 이상으로 세계 인구의 절반 이상이 아시아에 거주한다. 광대한 아시아 지역을 빠르게 오갈 수 있도록 도로로 연결한다면 지구상에서 이보다 큰 시장이 없을 것이다.

아시안 하이웨이는 서울을 비롯해 아시아의 주요 도시를 지난다. 전체 길이는 14만 5,000킬로미터로 지구 둘레의 세 바퀴 반에 이르며, 8개의 주요 간선 및 간선과 만나는 58개 지선으로 촘촘하게 구성된다. 한반도에는 아시안 하이웨이 1호선AH1과 6호선AH6의 두 간선이 지난다. 1호선은 총 14개 나라를 지나는데, 그중 11개 나라의 인구가 5,000만 명을 넘는다. 6호선은 부산에서 출발해 북한의 원산과 시베리아 횡단 열차가 출발하는 블라디보스토크를 지나 러시아와 벨라루스 국경까지 이어진다.

도쿄(일본 수도)-후쿠오카-대한해협-부산-서울(대한민국 수도)-평양-신의주-단둥-선양-베이징(중국 수도)-광저우-난닝-하노이(베트남 수도)-호치민-프놈펜(캄보디아 수도)-양곤(미얀마 수도)-만달레이-다카(방글라데시 수도)-콜카타-뉴델리(인도 수도)-라호르-이슬라마바드(파키스탄 수도)-카불(아프가니스탄 수도)-헤라트-테헤란(이란 수도)-타브리즈-앙카라(터키 수도)-이스탄불

아시안 하이웨이 1호선 노선

아시아가 꿈꾸는 21세기 실크로드

과거 실크로드가 동서양 문물을 교류하는 창구로서 경제적 이익과 문화적 풍요를 가져다준 것처럼, 아시안 하이웨이가 아시아 지역에 이익과 풍요를 가져올 수 있을까? 만약 아시아 국가 사이에 사람과 물자가 오가면서 경제적·문화적 유대를 강화한다면, 현재 아시아의 잠재력을 좀먹는 긴장과 대립, 전쟁의 위험으로부터 벗어날 수 있을지도 모른다. 경제적 이익과 문화적 풍요는 그런 평화 속에서 천천히 움틀 것이다.

같은 맥락에서 아시안 하이웨이는 남한과 북한을 포함해 중국 만주, 몽골, 러시아 극동 지역을 하나의 경제권으로 묶는 연결

고리가 될 수 있다. 한반도와 만주를 중심으로 하는 동북아시아 인구는 1억 2,000만 명으로 결코 작지 않은 시장이다. 또한 이 지역에는 천연가스를 비롯한 각종 지하자원이 많이 매장되어 세계적인 공업 지대로 성장할 잠재력이 무궁무진하다.

높은 잠재력에도 21세기 실크로드의 미래를 낙관하기에는 이르다. 아시안 하이웨이의 설계 기준이나 교차로나 표지판 등 교통체계는 2018년에야 통일이 되었다. 아시안 하이웨이 국제협정에서 각국이 도로 안전을 위해 노력한다고 명시만 하고 구체적인 규정을 마련하지 못하다가 2018년에 이르러서야 우리나라가 제안한 설계 기준에 합의한 것이다. 설계 기준만이 걸림돌은 아니다. 사실상 국경이 폐쇄된 북한, 전후 복구가 제대로 되지 않은 아프가니스탄, 중동 문제로 불안한 이란-터키 구간 등 아시안 하이웨이를 달리기 위해서는 아직 넘어야 할 산이 많다.

수에즈운하보다 유용한 북극항로의 발견

우리나라에서 유럽으로 이동하는 화물선은 통상 수에즈운하를 통과한다. 아프리카 최남단에 자리한 희망봉을 돌아가는 항로보다 최대 9,000킬로미터를 단축할 수 있기 때문이다. 그런데 최근에는 수에즈운하보다 운송 시간을 더 단축할 수 있는 신항로가 주목받고 있다. 바로 북극항로다.

부산에서 '유럽의 관문'이라 불리는 로테르담까지 거리는 수에즈운하를 이용하면 2만 1,000킬로미터인데, 북극항로를 이용하면 1만 2,700킬로미터로 8,300킬로미터 단축된다. 항해 시간도 40일에서 30일로 줄어든다. 무엇보다 북극항로의 가장 큰 장점은 안전이다. 수에즈운하 주변은 불안한 정치 상황, 해적 출몰, 인도양의 사이클론 등으로 이용에 따른 부담이 존재한다.

북극항로의 활용성을 더욱 높이는 건 지구온난화이다. 북극해의 얼음 두께는 평균 1.5미터이며 겨울에는 2미터 이상으로 두텁다. 이전에는 얼음의 두께가 얇아지고 면적이 좁아지는 여름에만 북극항로를 이용할 수 있었는데, 지구온난화가 계속되면서 얼음으로 덮여 있는 바다의 면적이 점차 줄어들어 항해가 가능한 날이 늘고 있다. 2030년대 이후에는 연중 항해가 가능할 정도로 얼음이 줄어든다는 예측이 나오고 있다. 지구온난화로 북극항로를 더 쉽게 이용할 수 있는 환경이 만들어지는 것이다.

북극항로는 지금도 빠르게 개발중

북극해에 인접한 러시아는 북극항로 개발의 선두에 있다. 러시아 정부는 2010년 이전부터 북극항로를 이용하는 물동량이 증가하리라 예측하고 북극권 개발을 체계적으로 추진했다. 북극항로를 국가 운송 사업의 동맥으로 발전시키고, 북극 해저에 매장된 지하자원 개발까지 염두에 두고 있다. 이를 위해 러시아는 한국의 쇄빙유조선을 수입하고 있다. 2017년 대우조선해양으로부터 세계 최초의 쇄빙 LNG 선박을 수입했고, 수입 물량을 계속 늘려나갈 예정이다.

중국 역시 북극항로의 중요성을 일찌감치 깨달았다. 이미 북극항로를 이용해 유럽으로 화물을 운송하는 중국은 북극항로에 '북극 실크로드'라고 이름을 붙이고 개발에 매진한다. 중국은 특히

무르만스크 항구

바렌츠해에 접한 무르만스크는 러시아의 최서북단 도시로
쇄빙선 운용의 거점 도시이자 북극항로가 지나는 경유지로 주목받는다.

북극항로 주변에 매장된 석유·천연가스와 수산자원에 큰 관심을 보인다. 북극해 연안국인 미국과 러시아는 중국에게 인접국이 아니니 빠지라고 하지만 중국은 요지부동이다. 세 나라는 북극해의 자원과 무역로인 북극항로를 놓고 치열하게 경쟁하고 있다.

한반도와 유럽을 잇는 신항로라는 점에서 우리나라 역시 북극항로를 예의주시하고 있다. 북극항로의 허브로 거론되는 항구가 바로 부산이다. 북극경제이사회 의장 테로 바우라스테Tero Vauraste 역시 부산항이 교역의 허브가 될 것이라고 말한다. 북극경제이사회는 북극 연안 8개국 및 옵서버 38개 국가와 비정부기구로 구성되어 있는데, 북극권 국가 간 시장 네트워크 강화가 목적이다. 한국과 중국과 일본은 옵서버 자격으로 참여한다.

21세기 실크로드는 어떤 미래를 만들까?

한반도와 대륙을 연결하는 것은 정권을 막론하고 역대 정부의 공통된 비전이다. 2013년 박근혜 대통령은 부시 전 미국 대통령과 하토야마 전 일본 총리가 참석한 아시안리더십컨퍼런스에서 한반도와 유라시아대륙을 연결해 동아시아의 새로운 성장 동력으로 삼겠다고 말했다. 2018년 문재인 대통령은 광복절 경축사에서 '동북아시아 철도 공동체'를 언급했다. 남북한 철도 연결을 통해 경제적 이익과 동북아시아 평화 체제를 이끌어내겠다는 이야기다.

국경을 초월한 교통 인프라 확보는 이동거리 단축을 통한 교류 활성화, 운송비 절감을 통한 경제적 이익을 만든다. 철도와 고속도로로 촘촘히 연결된 유럽을 보며, 아시아 국가들도 광대한 대륙을 연결해 단일한 시장 만들기에 도전하는 모양새다. 우리나라 역시 이러한 열망에 동참하고 있다. 한반도를 유럽까지 교통, 물류로 이어지도록 함으로써 국제 협력을 강화하는 프로젝트는 제5차 국토종합계획에서 중요한 목표의 하나로 설정되어 있다.

우리나라가 냉전이 만든 섬나라에서 현대판 실크로드의 중심으로 거듭나려면 반드시 넘어야 할 산이 하나 있다. 바로 북한이다. 분단 이후 우리나라는 대륙과의 육상 연결로가 끊기며 섬처럼 고립되었다. 북한은 지금까지도 대한민국 국민이 자유롭게 여행할 수 없는 지역이다. 국제 정세와 남북 관계 개선을 바탕으로 21세기 실크로드를 통해 남북한이 연결된다면, 우리는 이전과 전혀 다른 환경에서 미래의 새로운 삶을 상상할 수 있을 것이다.

아시안 하이웨이와 같은 국제고속도로망이 또 있을까요?

유럽에도 아시안 하이웨이와 같은 국제고속도로인 유럽 고속도로International E-road network가 있어요. 유엔 유럽경제위원회가 주도하여 지역의 경제 성장과 교류 및 평화를 위해 만든 국제고속도로로 프랑스와 독일 등 유럽의 대평원을 중심으로 중앙아시아까지 거미줄처럼 뻗은 모양새예요. 히말라야산맥처럼 높고 험난한 산과 중앙아시아의 건조한 기후로 도로 건설이 어려운 아시아와 달리, 유럽은 비교적 온화한 기후와 평야가 많은 지형 덕분에 도로 건설이 상대적으로 어렵지 않았어요.

아메리카 대륙의 가장 북쪽인 미국 알래스카에서 가장 남쪽인 칠레와 아르헨티나까지 남북으로 길게 늘어선 국제고속도로 팬아메리칸 하이웨이Pan-American Highway도 있어요. 팬아메리칸 하이웨이는 세계에서 가장 긴 고속도로로 꼽혀요. 북쪽의 경제 선진국과 남쪽의 개발도상국을 연결하는데, 중앙아메리카와 남아메리카의 경계인 파나마와 콜롬비아 사이의 일부 짧은 구간은 아쉽게도 배를 이용해야 해요.

참고문헌

기본자료

국가법령정보센터 https://www.law.go.kr/

국가통계포털 https://kosis.kr/

기상청 https://www.kma.go.kr/

대한민국 국가지도집 http://nationalatlas.ngii.go.kr/

서울연구데이터서비스 http://data.si.re.kr/

한국민족문화대백과사전 http://encykorea.aks.ac.kr/

지도

이기봉, (2011), 『김정호의 꿈, 대동여지도의 탄생』, 국립중앙도서관

강승철, (2010.02.01), "콜럼버스의 '오해' 세계역사를 바꾸다", 《부산일보》

최선웅, (2012.06.13), "1000년이 지난 뒤에 빛을 본 프톨레마이오스의 세계지도", 《조선일보》

KBS, (2012), 〈문명의 기억, 지도〉, 2012.03.03~11 방영

위치

김재일, (2011), 『세상을 보여주는 똑똑한 세계지도』, 북멘토

윤경철, (2011), 『대단한 지구여행』, 푸른길
이우평, (2002), 『Basic 고교생을 위한 지리 용어사전』, 신원문화사
재레드 다이아몬드, 김진준 옮김, (2013), 『총, 균, 쇠』, 문학사상사
김기덕, (2005.05.25), "한국 표준시 30분 늦추면 '대충대충' 풍토 사라진다", 《신동아》
배용진, (2015.08.17), "표준시의 정치학", 《주간조선》
한경닷컴 뉴스룸, (2018.04.29), "남북 30분 시차 언제부터 났나?", 《한국경제》

영역

김범수, (2019), 「북한 주민은 '우리 국민'인가?」, 『통일과 평화』 11(2), 서울대학교 통일평화연구원
외교부 독도 홈페이지 https://dokdo.mofa.go.kr

행정구역

박철웅 외, (2018), 『고등학교 한국지리 교과서』, 미래엔
남성욱·황주희, (2018), 「북한 행정구역 개편의 함의와 행정통합에 관한 연구」, 『통일정책연구』 27(7)—, 통일연구원
통일교육원 연구개발과, (2019), 「2020 북한 이해」, 통일부 국립통일교육원
한동호·김수경·이경화, (2017), 「북한 내 이동의 자유」, 통일연구원

산맥

박수진·손일, (2005), 「한국 산맥론(Ⅰ) : DEM을 이용한 산맥의 확인과 현행산맥도의 문제점 및 대안의 모색」, 『대한지리학회지』 40(1), 대한지리학회
강경원, (2005.07.23), "우리나라 '산맥'에 관한 논쟁, 제대로 알자", 《오마이뉴스》
박근태, (2009.09.26), "2005년 '새산맥지도' 둘러싼 산맥 개념 논쟁 2라운드", 《동아일보》

하천

고철환, (2001), 『한국의 갯벌』, 서울대학교출반부

김진철, (2020.10.18), "강릉수력(도암댐) 20년 恨 풀까?…한수원 인고 끝 해법 찾아", 《에너지타임즈》

조용휘, (2020.08.05), "낙동강 하굿둑 개방 가시화… 생태복원 가능성 높아졌다", 《동아일보》

허정원, (2021.01.08), "한강 지류 곳곳에서 수달 발견…"상처, 뱃속 스티로폼 등 서식지 열악"", 《중앙일보》

해안

해양수산부, (2015.03.12), "美 FDA, 한국산 패류의 안전성 인정", 보도자료

해양수산부, (2015.12.11), "16년간 남해안 수온 최대 1.3도 상승", 보도자료

해양수산부, (2019.06.24), "지난 5년간 갯벌면적, 여의도 면적 1.79배 감소", 보도자료

김동호, (2020.08.06), "[분석] 오징어 싹쓸이한 중국 불법조업 규모, 어떻게 밝혀졌나", 《농수축산신문》

이석우, (2010.07.14), "우리나라 서쪽 바다의 공식 표기는 '황해'(黃海)인가 '서해'(西海)인가?", 《조선일보》

정석근. (2020.06.08), "그 많던 쥐치는 다 어디로 갔을까?", 《현대해양》

최고기온

기상청, (2018.08.01), "홍천, 전국 최고기온 역대 1위, 서울도 극값 경신", 보도자료

기상청, (2018.08.17), "2018년과 1994년 폭염 비교", 보도자료

서울연구원, (2019.06.17), "'서우디' vs '대프리카', 서울·대구의 폭염 기록은?", 서울인포그래픽스

고경석, (2019.07.23), "최근 10년간 폭염일수 급증…'대구' 압도적으로 더웠다", 《한국일보》

헤럴드경제, (2018.07.17), "대구 〉 아프리카 (a.k.a. 대프리카)", 《헤럴드경제》

강수량

기상청, (2021.01.14), "2020년, 날씨가 증명한 기후위기", 보도자료

기상청, (2020.01.15), "2019년, 두 번째로 기온 높았다", 보도자료

강찬수, (2019.03.23), "한국서 물 부족 못 느낀 이유…석유 180배 되는 양 수입으로", 《중앙일보》

권충원, (2020.03.20), "식량 위협하는 '물 스트레스'…WRI "한국위험도 높은국가"", 《REALFOODS》

권혁준, (2021.01.10.), "국민 1인당 수돗물 하루 295리터 쓴다…수도요금은 지역별 격차", 《뉴시스》

마이워터 https://www.water.or.kr/

도시 변화

이기봉, (2016), 『슬픈 우리 땅이름』, 새문사

이기봉, (2012), 『고지도를 통해 본 충청지명연구』, 국립중앙도서관

통계청, (2020), 「인구주택총조사」

인구분포

김현창·강지민·김수진·김현명, (2017), 「경기도 산업단지를 재조명하다」, 경기도경제과학진흥원

천승훈·김성민·이채영, (2017), 「국가 교통정책 평가지표 연구사업-교통혼잡비용」, 한국교통연구원

박진만, (2020.11.14.), "끝나지 않는 '폭탄돌리기'의 역사... 쓰레기 매립지 갈등", 《한국일보》

유영호, (2018.10.07.), "'불도저 서울시장', 이명박이 원조 아니었구나", 《오마이뉴스》

최태우, (2021.03.09.), "EPO, '4차 산업혁명 기술 혁신 클러스터 1위는 서울시'", 《아이티비즈뉴스》

인구구조

손열 외, 윤영관 엮음, (2019), 『저출산·고령화의 외교안보와 정치경제』, 사회평론아카데미

조영태 외, (2019), 『아이가 사라지는 세상』, 김영사

조영태, (2016), 『정해진 미래』, 북스톤

전상진, (2018), 『세대 게임』, 문학과지성사

전영수, (2018), 『한국이 소멸한다』, 비즈니스북스

마쓰타니 아키히코, 김진효 옮김, (2005), 『고령화 저출산 시대의 경제공식』, 명진출판사

요시카와 히로시, 최용우 옮김, (2017), 『인구가 줄어들면 경제가 망할까』, 세종서적

한국행정연구원, (2021), 「2020년 사회통합실태조사」

한국청소년정책연구원, (2017.03.30.), "청소년 10명중 7명 "우리사회에서 세대갈등심각"", 보도자료

김기범, (2021.01.09.), "덮어놓고 산아제한, 저출산 심각성 못 알아챈 한국사회", 《경향신문》

문광민, (2021.01.15.), "저출산 여파에 줄줄이 폐교…문닫은 초중고 3834곳, 대부분이 '수도권 밖'", 《매일경제》

송현숙, (2019.01.07.), "사회·경제문제가 다 내 탓? '인구'는 억울하다", 《경향신문》

다문화

김지혜, (2019), 『선량한 차별주의자』, 창비

이희용, (2018), 『세계시민교과서』, 라의눈

최영민, (2018), 『모두 다 문화야』, 풀빛

여성가족부, (2019.04.18), "2018년 국민 다문화수용성 조사", 보도자료

여성가족부, (2019.05.20), "2018년 전국 다문화가족 실태조사", 보도자료

행정안전부, (2020.10.29), "2019 지방자치단체 외국인주민 현황", 보도자료

지역갈등

박상옥 외, (2012),『지식정보사회의 지리학 탐색』, 한울아카데미

김형국, (1989),「환경논총 제25권, 제13대 대통령 선거의 투표 행태에 대한 지정학적 연구」,『환경논총』 2, 서울대학교 환경대학원

문우진, (2016),「한국 선거경쟁에 있어서 이념 갈등의 지속과 변화: 15대 대선 이후 통합자료 분석」,『한국정당학회보』 15(3), 한국정당학회

최태욱, (2019),「권역별 비례대표제: 연동형 vs. 병립형」,『현안과 정책』 93, 좋은나라 연구원

홍원표, (1999.07.17), "한국의 지역주의와 해소방안",《서울신문》

관광산업

김다영, (2020),『여행의 미래』, 미래의 창

김인철 외, (2020),『세상을 담는 여행지리』, 푸른길

박종관 외, (2015),『고등학교 여행지리』, 천재교과서

문화체육관광부, (2019.09.09), "대한민국 관광경쟁력 세계 16위, 역대 최고 수준", 보도자료

한국관광공사, (2020.06.18), "2019년 외래 관광객 조사", 보도자료

(2016.07.04), "최인철 교수 행복=여행을 가라", 유튜브, https://www.youtube.com/watch?v=H-doXUGdGqQ&t

지하자원

이헌석, (2019.05.22.), "한국은 석유 한 방울 안 나는 나라? 15년째 산유국이다",《뉴스톱》

조계완, (2018.05.02.), "북한 광물자원 어마어마…땅 밑에 '삼성·현대' 있는 셈",《한겨레》

최경수, (2019.08.18.), "일본의 한반도 지하자원 침탈 역사",《경향신문》

최종일, (2020.07.10.), "미국 중국과 분쟁 더욱 격화될 것 대비, 희토류 찾고 있어",《뉴스1》

한국시멘트협회 http://www.cement.or.kr/

균형발전

박준, (2009), 「한국의 사회갈등과 경제적 비용」, 『CEO Information』 710, 삼성경제연구소

국토교통부, (2016.12.01), "제1~4차 국토종합계획", 정책자료

국토교통부, (2019.12.11), "제5차 국토종합계획", 정책자료

김규원, (2020.07.17), "수도권 집중 개발할수록 집값 오르는 '부동산의 역설'", 《한겨레》

김지영, (2021.01.25), "'서울서 취직해야 성공'… 20대 52만 명 수도권 몰렸다", 《이투데이》

김태훈, (2017.05.27), "지역균형은 빠진 지역발전특별회계?", 《경향신문》

김희진, (2020.12.05), "김경수 '동남권 메가시티는 선택 아닌 생존 위한 필수전략'", 《경남신문》

박형윤, (2019.01.20), "사회적 불신이 성장률 갉아먹어..韓, 갈등관리 비용만 매년 240조", 《서울경제》

발전소

에너지국제협력센터 해외정보분석팀, (2019-05-16), 「세계 에너지시장 인사이트」 19(18), 에너지경제연구원

환경운동연합, (2015.05.26.), "풍력발전은 왜 지역에서 환영받지 못하나", 보도자료

민동훈, (2020.12.25), "앞으로 원전 11기 더 멈춘다…폐쇄 이후가 더 문제", 《머니투데이》

서민준, (2019.02.24), "원전 비중 뚝…34년 만에 최저", 《한국경제》

JTBC, (2013.09.30), "정부, 5년간 만든 '송전선 발암 보고서' 왜 공개 않나", 《JTBC》

유통망

한국교통연구원, (2020), 「2017년 국가물류비 산정」, 『월간 교통』 2020년 5월호, 한국교통연구원

통계청, (2020.10.20), "2020년 상반기 지역별고용조사 취업자의 산업 및 직업별 특성", 보도자료

한국은행, (2019.12.01), "주요국 물가수준의 비교 및 평가", 보도자료

고은이, (2016.01.20.), “7단계 거쳐 산지 → 소비자…양파값 68%·닭고기값 58%는 ‘상인 몫’”, 《한국경제》

설승은, (2013.08.29.). “농협, 안성 물류센터 개장…농산물 유통구조 단순화”, 《연합뉴스》

국가물류통합정보센터 https://www.nlic.go.kr/

식량 문제

통계청, (2019.10.24), “통계로 본 쌀 산업 구조 변화”, 보도자료

한국농촌경제연구원, (2020.04.30), “통계로 본 세계 속의 한국농업”, 보도자료

김영하, (2019.01.28), “기후변화 따른 식량위기 가속…‘취약계층의 위기’ 배가”, 《민주신문》

김해동, (2020.11.03), “세계식량계획의 무서운 예측... 한국은 꼴찌 수준”, 《오마이뉴스》

이병로, (2021.02.26), “독립, 국산화 그리고 식량자급의 미덕”, 《한국영농신문》

하지혜, (2020.06.17), “곡물자급률 22.5% ‘세계 최하위’…경지면적도 ‘뚝뚝’”, 《농민신문》

현재욱, (2020.02.23), “[스트레이트 연재-보이지 않는 경제학] 〈75〉식량 시장의 지배자”, 《스트레이트뉴스》

농수축산신문, (2019.05.31), “[창간특집기획] 8.식량자급률 이대로 좋은가-전문가 좌담회-농업분야”, 《농수축산신문》

람사르 습지

권동희, (2020), 『한국의 지형』, 한울아카데미

국립환경과학원·국립습지센터, (2017), 『습지의 기능과 현명한 이용 사례』, 국립환경과학원

조화룡, (1987), 『한국의 충적평야』, 교학연구사

람사르협약 사무국, (2018), 「지구 습지 전망」, 람사르협약 사무국

환경부, (2017.07.24.), “사자평 고산습지와 무제치늪, 육지화 우려 벗고 국내 대표 생태습지로 거듭나”, 보도자료

환경부, (2019.01.04.), “습지가 사라지고 있다”, 보도자료

해양환경정보포털, (2020.07.21.), “2019년 국가 해양생태계 조사”, 보도자료

MBN, (2021), 〈특집다큐 기후 위기 대응 탄소사회의 종말〉, 2021.04.03 방영

지구온난화

김은숙 외, (2019),「아고산 침엽수림 분포 면적의 20년간 변화 분석」,『한국산림과학회지』 108(1), 국립산림과학원 기후변화연구센터

한인성 외, (2018),「기후변화에 따른 남해안과 제주 연안 어업인들의 체감실태와 인식에 관한 연구」,『수산해양교육연구』 30(6), 한국수산해양교육학회

국립수산과학원, (2018.06.28), "제주바다에 아열대성 산호 정착화 진행 중", 보도자료

국립수산과학원, (2020.08.13), "경북, 강원 해역에 독성해파리 출현", 보도자료

통계청, (2018.04.10), "기후 변화에 따른 주요 농작물 주산지 이동현황", 보도자료

통계청, (2018.06.25), "기후(수온)변화에 따른 주요 어종 어획량 변화", 보도자료

통계청, (2020.07.28), "한국 기후 변화 평가보고서", 보도자료

해양과학조사연구실, (2020.12.14), "지난 30년 동안 우리나라 해수면 매년 3.12mm씩 높아져", 보도자료

김성우, (2020.12.03), "'기후 폭탄'의 시작..하얀 사과가 온다",《헤럴드경제》

서영민, (2020.12.07), "'탄소 불량국가' 한국의 '내일 없는 경제?'",《KBS》

권남근 외, (2018.02.02), "고랭지 찾아 올라온 사과…재배지가 줄어든다",《리얼푸드》

이성규, (2018.11.03), "기후재앙 막으려면 '소고기' 먹지 마라",《더사이언스타임즈》

실크로드

이언경, (2019),「항만(부산항 등)-대륙철도 해륙복합운송으로 유라시아 지역 물동량 유치해야」,『한국해양수산개발원 동향분석』 140, 한국해양수산개발원

이현주, (2020),「대륙과 해양을 잇는 평화국토 조성」,『국토』 459, 국토연구원

예병환, (2016),「러시아의 북극전략: 북극항로와 시베리아 거점항만 개발을 중심으로」,『한국 시베리아연구』 20(1), 한국시베리아 센터

강재훈, (2018.11.28), "10년 만에 북으로 달리는 '철마'…남북 30일부터 철도 공동 조사〉,《한겨레》

김덕훈, (2018.01.04), "러시아 북극해 항로 운송 현황과 전망",《코트라해외시장뉴스》

쉬핑뉴스넷, (2020.08.07), "러시아 북극 개발 선박 수요와 한·중 경쟁 구도 '관심 모아'",《SNN쉬핑뉴스넷》

최진형, (2018.01.03), "러시아 조선업 발전 현황",《코트라해외시장뉴스》

홍대선, (2018.08.14), "현대 글로비스, 1만km 시베리아 횡단철도 '논스톱으로 달린다'",《한겨레》

찾아보기

인명

서명

영화/노래/게임

키워드

사진 및 지도 출처

국립중앙박물관 42

논산시 미디어소통센터 85

대구광역시 117, 217

대한민국 국가지도집 15, 40, 55~57, 62~63, 71, 105, 111, 122, 126, 128, 136, 139, 141, 161, 167, 172, 174, 178, 180, 189, 191, 229, 241, 245, 248, 254, 258, 274, 285~286, 288, 291, 313

부산광역시 92

셔터스톡 27, 75, 89, 98, 101, 301, 322, 324 ,329, 335, 342

E-나라지표 220

Vincent Garton 199, 203

Kurykh 205

Momocalbee 209

United States Mission Geneva, ©Eric Bridiers: 297

●이 책에 쓰인 사진과 자료는 저작권자의 허락을 받아 사용했습니다.

●저작권자를 찾지 못한 자료와 저작권자와 연락이 닿지 않은 자료는 확인되는 대로 저작권 상의를 하여 다음 쇄에 반영하겠습니다.